U0280896

国家出版基金项目

“十三五”国家重点图书出版规划项目

“十四五”时期国家重点出版物出版专项规划项目

中国水电关键技术丛书

水库岸坡蠕变机理与灾变效应

石立　赵志祥　吕庆超　涂国祥　等　著

· 北京 ·

内 容 提 要

本书系国家出版基金项目《中国水电关键技术丛书》之一，以黄河上游龙羊峡、拉西瓦、李家峡、公伯峡、积石峡等水电站大型水库的岸坡工程为典型案例，对水库岸坡蠕变机理与灾变效应进行了系统性介绍。全书共7章，第1章简要介绍了库岸失稳案例及国内外研究现状；第2～3章从地质角度出发，对库岸滑坡蠕变破坏模式、变形机理进行了归类及分析；第4章重点介绍了水库蓄水过程中塌岸的破坏模式及形成机理；第5～6章分别对库岸水位消落时浸润线的分布规律及稳定分析方法进行了介绍；第7章重点研究了库岸滑坡涌浪及堵江灾变效应。

本书可供大型水利水电工程科研、设计、施工技术人员及相关高校师生参考使用，相关研究成果也可服务于水库沿岸的高速公路、铁路、厂矿、城镇、码头，以及国土、农林等行业和领域。

图书在版编目（CIP）数据

水库岸坡蠕变机理与灾变效应 / 石立等著. -- 北京：中国水利水电出版社，2024.5
（中国水电关键技术丛书）
ISBN 978-7-5226-2140-1

Ⅰ. ①水… Ⅱ. ①石… Ⅲ. ①水库－坍岸－蠕变－研究 Ⅳ. ①TV697.3

中国国家版本馆CIP数据核字(2024)第077354号

书　名	中国水电关键技术丛书 **水库岸坡蠕变机理与灾变效应** SHUIKU ANPO RUBIAN JILI YU ZAIBIAN XIAOYING
作　者	石　立　赵志祥　吕庆超　涂国祥　等 著
出版发行	中国水利水电出版社 （北京市海淀区玉渊潭南路1号D座　100038） 网址：www.waterpub.com.cn E-mail：sales@mwr.gov.cn 电话：(010) 68545888（营销中心）
经　售	北京科水图书销售有限公司 电话：(010) 68545874、63202643 全国各地新华书店和相关出版物销售网点
排　版	中国水利水电出版社微机排版中心
印　刷	北京印匠彩色印刷有限公司
规　格	184mm×260mm　16开本　15.25印张　371千字
版　次	2024年5月第1版　2024年5月第1次印刷
印　数	0001—1000册
定　价	**140.00元**

《中国水电关键技术丛书》编撰委员会

编委会办公室

《中国水电关键技术丛书》组织单位

中国大坝工程学会

中国水力发电工程学会

水电水利规划设计总院

中国水利水电出版社

丛书序

历经70年发展，特别是改革开放40年，中国水电建设取得了举世瞩目的伟大成就，一批世界级的高坝大库在中国建成投产，水电工程技术取得新的突破和进展。在推动世界水电工程技术发展的历程中，世界各国都作出了自己的贡献，而中国，成为继欧美发达国家之后，21世纪世界水电工程技术的主要推动者和引领者。

截至2018年年底，中国水库大坝总数达9.8万座，水库总库容约9000亿m^3，水电装机容量达350GW。中国是世界上大坝数量最多的国家，也是高坝数量最多的国家：60m以上的高坝近1000座，100m以上的高坝223座，200m以上的特高坝23座；千万千瓦级的特大型水电站4座，其中，三峡水电站装机容量22500MW，为世界第一大水电站。中国水电开发始终以促进国民经济发展和满足社会需求为动力，以战略规划和科技创新为引领，以科技成果工程化促进工程建设，突破了工程建设与管理中的一系列难题，实现了安全发展和绿色发展。中国水电工程在大江大河治理、防洪减灾、兴利惠民、促进国家经济社会发展方面发挥了不可替代的重要作用。

总结中国水电发展的成功经验，我认为，最为重要也是特别值得借鉴的有以下几个方面：一是需求导向与目标导向相结合，始终服务国家和区域经济社会的发展；二是科学规划河流梯级格局，合理利用水资源和水能资源；三是建立健全水电投资开发和建设管理体制，加快水电开发进程；四是依托重大工程，持续开展科学技术攻关，破解工程建设难题，降低工程风险；五是在妥善安置移民和保护生态的前提下，统筹兼顾各方利益，实现共商共建共享。

在水利部原任领导汪恕诚、张基尧的关心支持下，2016年，中国大坝工程学会、中国水力发电工程学会、水电水利规划设计总院、中国水利水电出版社联合发起编撰出版《中国水电关键技术丛书》，得到水电行业的积极响应，数百位工程实践经验丰富的学科带头人和专业技术负责人等水电科技工作者，基于自身专业研究成果和工程实践经验，精心选题，着手编撰水电工程技术成果总结。为高质量地完成编撰任务，参加丛书编撰的作者，投入极大热情，倾注大量心血，反复推敲打磨，精益求精，终使丛书各卷得以陆续出版，实属不易，难能可贵。

21世纪初叶，中国的水电开发成为推动世界水电快速发展的重要力量，形成了中国特色的水电工程技术，这是编撰丛书的缘由。丛书回顾了中国水电工程建设近30年所取得的成就，总结了大量科学研究成果和工程实践经验，基本概括了当前水电工程建设的最新技术发展。丛书具有以下特点：一是技术总结系统，既有历史视角的比较，又有国际视野的检视，体现了科学知识体系化的特征；二是内容丰富、翔实、实用，涉及专业多，原理、方法、技术路径和工程措施一应俱全；三是富于创新引导，对同一重大关键技术难题，存在多种可能的解决方案，并非唯一，要依据具体工程情况和面临的条件进行技术路径选择，深入论证，择优取舍；四是工程案例丰富，结合中国大型水电工程设计建设，给出了详细的技术参数，具有很强的参考价值；五是中国特色突出，贯彻科学发展观和新发展理念，总结了中国水电工程技术的最新理论和工程实践成果。

与世界上大多数发展中国家一样，中国面临着人口持续增长、经济社会发展不平衡和人民追求美好生活的迫切要求，而受全球气候变化和极端天气的影响，水资源短缺、自然灾害频发和能源电力供需的矛盾还将加剧。面对这一严峻形势，无论是从中国的发展来看，还是从全球的发展来看，修坝筑库、开发水电都将不可或缺，这是实现经济社会可持续发展的必然选择。

中国水电工程技术既是中国的，也是世界的。我相信，丛书的出版，为中国水电工作者，也为世界上的专家同仁，开启了一扇深入了解中国水电工程技术发展的窗口；通过分享工程技术与管理的先进成果，后发国家借鉴和吸取先行国家的经验与教训，可避免走弯路，加快水电开发进程，降低开发成本，实现战略赶超。从这个意义上讲，丛书的出版不仅能为当前和未来中国水电工程建设提供非常有价值的参考，也将为世界上发展中国家的河流开发建设提供重要启示和借鉴。

作为中国水电事业的建设者、奋斗者，见证了中国水电事业的蓬勃发展，我为中国水电工程的技术进步而骄傲，也为丛书的出版而高兴。希望丛书的出版还能够为加强工程技术国际交流与合作，推动“一带一路”沿线国家基础设施建设，促进水电工程技术取得新进展发挥积极作用。衷心感谢为此作出贡献的中国水电科技工作者，以及丛书的撰稿、审稿和编辑人员。

中国工程院院士 马洪琪

2019年10月

丛书前言

水电是全球公认并为世界大多数国家大力开发利用的清洁能源。水库大坝和水电开发在防范洪涝干旱灾害、开发利用水资源和水能资源、保护生态环境、促进人类文明进步和经济社会发展等方面起到了无可替代的重要作用。在中国，发展水电是调整能源结构、优化资源配置、发展低碳经济、节能减排和保护生态的关键措施。新中国成立后，特别是改革开放以来，中国水电建设迅猛发展，技术日新月异，已从水电小国、弱国，发展成为世界水电大国和强国，中国水电已经完成从“融入”到“引领”的历史性转变。

迄今，中国水电事业走过了70年的艰辛和辉煌历程，水电工程建设从“独立自主、自力更生”到“改革开放、引进吸收”，从“计划经济、国家投资”到“市场经济、企业投资”，从“水电安置性移民”到“水电开发性移民”，一系列改革开放政策和科学技术创新，极大地促进了中国水电事业的发展。不仅在高坝大库建设、大型水电站开发，而且在水电站运行管理、流域梯级联合调度等方面都取得了突破性进展，这些进步使中国水电工程建设和运行管理技术水平达到了一个新的高度。有鉴于此，中国大坝工程学会、中国水力发电工程学会、水电水利规划设计总院和中国水利水电出版社联合组织策划出版了《中国水电关键技术丛书》，力图总结提炼中国水电建设的先进技术、原创成果，打造立足水电科技前沿、传播水电高端知识、反映水电科技实力的精品力作，为开发建设和谐水电、助力推进中国水电“走出去”提供支撑和保障。

为切实做好丛书的编撰工作，2015年9月，四家组织策划单位成立了“丛书编撰工作启动筹备组”，经反复讨论与修改，征求行业各方面意见，草拟了丛书编撰工作大纲。2016年2月，《中国水电关键技术丛书》编撰委员会成立，水利部原部长、时任中国大坝协会（现为中国大坝工程学会）理事长汪恕诚，国务院南水北调工程建设委员会办公室原主任、时任中国水力发电工程学会理事长张基尧担任编委会主任，中国电力建设集团有限公司总工程师周建平、水电水利规划设计总院院长郑声安担任丛书主编。各分册编撰工作实行分册主编负责制。来自水电行业100余家企业、科研院所及高等院校等单位的500多位专家学者参与了丛书的编撰和审阅工作，丛书作者队伍和校审专家聚集了国内水电及相关专业最强撰稿阵容。这是当今新时代赋予水电工作者的一项重要历史使命，功在当代、利惠千秋。

丛书紧扣大坝建设和水电开发实际，以全新角度总结了中国水电工程技术及其管理创新的最新研究和实践成果。工程技术方面的内容涵盖河流开发规划，水库泥沙治理，工程地质勘测，高心墙土石坝、高面板堆石坝、混凝土重力坝、碾压混凝土坝建设，高坝水力学及泄洪消能，滑坡及高边坡治理，地质灾害防治，水工隧洞及大型地下洞室施工，深厚覆盖层地基处理，水电工程安全高效绿色施工，大型水轮发电机组制造安装，岩土工程数值分析等内容；管理创新方面的内容涵盖水电发展战略、生态环境保护、水库移民安置、水电建设管理、水电站运行管理、水电站群联合优化调度、国际河流开发、大坝安全管理、流域梯级安全管理和风险防控等内容。

丛书遵循的编撰原则为：一是科学性原则，即系统、科学地总结中国水电关键技术和管理创新成果，体现中国当前水电工程技术水平；二是权威性原则，即结构严谨，数据翔实，发挥各编写单位技术优势，遵照国家和行业标准，内容反映中国水电建设领域最具先进性和代表性的新技术、新工艺、新理念和新方法等，做到理论与实践相结合。

丛书分别入选“十三五”国家重点图书出版规划项目和国家出版基金项目，首批包括50余种。丛书是个开放性平台，随着中国水电工程技术的进步，一些成熟的关键技术专著也将陆续纳入丛书的出版范围。丛书的出版必将为中国水电工程技术及其管理创新的继续发展和长足进步提供理论与技术借鉴，也将为进一步攻克水电工程建设技术难题、开发绿色和谐水电提供技术支撑和保障。同时，在“一带一路”倡议下，丛书也必将切实为提升中国水电的国际影响力和竞争力，加快中国水电技术、标准、装备的国际化发挥重要作用。

在丛书编写过程中，得到了水利水电行业规划、设计、施工、科研、教学及业主等有关单位的大力支持和帮助，各分册编写人员反复讨论书稿内容，仔细核对相关数据，字斟句酌，殚精竭虑，付出了极大的心血，克服了诸多困难。在此，谨向所有关心、支持和参与编撰工作的领导、专家、科研人员和编辑出版人员表示诚挚的感谢，并诚恳欢迎广大读者给予批评指正。

《中国水电关键技术丛书》编撰委员会

2019年10月

前言

我国高坝大库集中分布于青藏高原及其周边的西南诸河与黄河上游。由中国电建集团西北勘测设计研究院有限公司勘测设计的龙羊峡、李家峡、公伯峡、积石峡、刘家峡等水电站已安全运行最长达34年，形成了黄河上游超500km河段独具特色的高坝大库群，像一颗颗璀璨的明珠镶嵌在九曲黄河上，为国家的基础设施建设和经济发展作出了巨大的贡献。但同时由于水库库岸赋存条件的复杂性、机理模式的特殊性及作用因素的多样性，库岸再造波及面广、发生频繁、规模巨大，特别是在水库初期蓄水及运行期消落带水位频繁波动作用下，岸坡稳定性分析预测困难倍增，致使有些水库长期不能在正常蓄水位运行，一旦发生水库滑坡将直接危及电站的正常运行和人民生命财产安全。水库岸坡的稳定与安全问题成为水电站正常运行的制约因素，影响着电站效益的正常发挥。

就黄河流域大型水利水电工程而言，龙羊峡水电站近坝库岸再造历经十余年后开始变形，其时间的滞后性大大突破了以往对该问题的预计；李家峡水电站坝前Ⅱ号滑坡采用生产性促滑措施进行安全控制，已成为重要的示范性项目，不仅取得了可观的经济价值，也积累了宝贵的工程经验，并取得了丰富的理论研究成果；公伯峡水电站水库古什群倾倒变形体在水库运行的十多年间持续变形，库岸拉裂宽度达3m，目前仍处于等速蠕变中。上述水电站的水库滑坡在电站的建设和运行中都取得了多年乃至数十年的变形监测资料，对水库岸坡及滑坡的变形动态和机制转异等问题研究有了新的认识和成果。因此，总结提升长期运行条件下水库岸坡的认识水平，进一步开展水库滑坡的蠕变机理、稳定性分析、破坏效应等理论研究，对于指导青藏高原后续水利水电工程开发建设具有重要的实践意义。

在水利水电工程建设向更高海拔、更加复杂水库地质条件推进的今天，研究长期运行条件下库岸破坏模式、蠕变机理、灾变演化趋势、滑坡入库涌浪破坏效应、安全防控理论体系等问题显得尤为重要和迫切。

本书是在数十年研究成果的基础上，以黄河上游龙羊峡、拉西瓦、李家峡、公伯峡、积石峡等大型水电工程的实践为基础，结合长江、LCJ、JSJ等流域十余个工程的勘察设计资料和丰硕的专题研究资料，通过开展一系列前瞻性、基础性技术攻关，取得了多项创新成果和行业领先技术，成功地解决了水库滑坡模式分类、破坏机理、消落带滑坡体浸润线变化规律、长期运行库岸蠕变机理及破坏效应、水库滑坡涌浪灾变影响范围和程度等技术性难题，为水利水电工程建设和安全运行提供理论支撑，并可服务于水库沿岸的高速公路、铁路、厂矿、城镇、码头，以及国土、农林等行业和领域。

本书由中国电建集团西北勘测设计研究院有限公司石立、赵志祥、吕庆超、杨发军、李钰强、曹钧恒，以及成都理工大学涂国强、邓辉、董秀军、李为乐共同编写而成，何小亮、杨贤、王有林、黄旭斌、吕宝雄、包健、李泽前、梁海参加了部分章节的资料整理、图件绘制等工作。水电水利规划设计总院原副院长袁建新、中国电建集团中南勘测设计研究院有限公司副总工程师张永涛，对全书进行了审核。本书编撰过程中，参考借鉴了国内外同仁的诸多研究成果，在此一并表示衷心感谢。

鉴于库岸蠕变机理的复杂性和灾变后果的严重性，以及水库滑坡监测预警、安全防控、治理技术及研究方法的飞速发展，加之作者的水平和经验有限，书中难免有纰漏或不当之处，希望各位读者批评指正。

编者

2023年11月于西安

目录

第 1 章

绪论

自新中国成立以来，我国已修建了成千上万座大中型水库，为社会经济发展提供了重要保障。这些水库大多位于深山峡谷地区，地质条件复杂多变，岸坡结构类型多种多样。在水库初期蓄水、长期运行等不同工况下，受水库消落带水位变化速率、周期性涨落以及其他环境条件的影响，水库岸坡或多或少地都出现了一些滑坡和崩塌，有些甚至诱发了规模巨大的地质灾害，给水库两岸的人民的生产生活造成了直接的威胁。

1.1 水库岸坡失稳案例及影响

水库蓄水或长期运行引发的库岸蠕变或库岸滑坡失稳是伴随水利水电工程建设而产生的一种地质灾害，国内外因修建水库而诱发滑坡的实例并不鲜见，有些造成了巨大的经济损失和人员伤亡，甚至导致工程报废。

20 世纪 60 年代初期，国内外发生了一些灾害性滑坡事件，库岸滑坡逐渐引起了人们的重视。如 1961 年 3 月 6 日，我国柘溪水库 165 万 m^3 的塘岩光滑坡，是国内第一例由水库蓄水触发的大型高速滑坡。该滑坡是在砂岩夹板岩层内沿顺坡的破碎夹层产生的顺层滑坡，滑速达 25m/s，涌浪高达 21m。剪切蠕动使滑面逐渐贯穿，滑面强度从峰值突然降低到残余值和滑面平直是产生高速滑动并引起涌浪翻坝的主要原因。本次事故造成了重大损失，引起了我国工程地质界的重视。

1963 年 10 月 9 日，意大利瓦依昂（Vajont）水库发生了库岸滑坡，滑坡方量达 2.75 亿 m^3，该滑坡为古滑坡。水库于 1960 年 2 月开始蓄水，在发生剧滑前该滑坡曾有 3 年多的蠕滑过程，曾经两次因水位升高引起的蠕滑加速都通过降低水位的方法得到控制，但是在第三次降低水位时，滑坡从蠕滑进入剧滑，酿成涌浪翻坝的灾难，致使 1925 人丧生、水库报废，令世人震惊。目前，从蠕滑进入剧滑的机理在学术界仍有不同看法。

奥地利界帕齐（Gepatsch）水库于 1964 年开始蓄水。坝前一体积约 2000 万 m^3 的滑坡发生缓慢滑动，该滑坡为沿冰碛土滑动的堆积物老滑坡。经对该冰碛土蠕变特性进行研究，证明其黏滞系数有很强的再生特性，其剪切试样在剪应力维持不变或略有降低时，其剪切速率即可逐渐降低到 0；加之滑面前缘变缓并略有反翘，滑坡下滑使其稳定性逐渐增高。通过采用分期蓄水的方式，该滑坡在发生减速且缓慢下滑水平位移 11.15m 后，水库于 1966 年 9 月蓄水到设计正常蓄水位。

新西兰克莱得（Clyde）水库内有 16 个蠕滑或静止的老滑坡，其体积一般为 300 万～8000 万 m^3，最大在 10 亿 m^3 以上。由于滑坡数量多，体积巨大，预测蓄水后各滑坡稳定系数将下降 2%～20%，风险巨大，因此决定采用增稳措施进行处理。其处理原则是抵消蓄水效应并使失稳风险降低到可以接受的程度，治理措施是以兼作勘探的排水洞为基础，结合公路建设做压脚。处理工程共投资 2.5 亿美元，于 1992 年 4 月完工，同期水库开始蓄水，1996年6月蓄水至正常蓄水位，各滑坡未发生明显的加速变化迹象。

随着我国高坝大库的建设，库岸稳定与安全防控问题愈来愈突出。如龙羊峡水电站近坝库岸南岸距坝前1.5～15.8km的地段，由第四系中、下更新统河湖相超固结呈半成岩状的黏性土夹薄层砂土类地层组成，出露厚度400～550m，产状近水平，相对坡高达300～500m，坡度35°～45°。在黄河高漫滩侵蚀期至近代，该地段曾发生了一系列大型滑坡。这些滑坡的共同特点是规模大、滑速高、滑程远。水库蓄水以来，库岸失稳引起的涌浪可能对电站安全运行构成重大威胁，这一直是龙羊峡水电站安全监测的重点内容之一。举世瞩目的长江三峡水利枢纽工程的水库塌岸问题也较为突出，自三峡库区建成蓄水以来，坝前水位一直在145.00～175.00m变动，而库水位的变化非常容易引起库岸滑坡失稳等工程地质灾害的发生。据统计，三峡库区已查证滑坡约3884处，其中涉水滑坡达2000余处。前期工程已治理了557处，但尚有数以千计的滑坡未加治理，在未治理的滑坡中，纳入搬迁避让的有600余处，实施专业监测的有251处，其中体积大于100万m^3的重大涉水滑坡有400余处，因此对于三峡库区的滑坡灾害应给予广泛的关注和重视，避免给库区移民安置和船只航行带来较大影响。

综上所述，在水库运行条件下，一旦发生库岸滑坡失稳或产生涌浪将带来巨大的经济损失和人员伤亡。由于滑坡产生条件复杂、作用因素较多、波及面广，特别是在蓄水初期、长期运行等不同工况下，加之受水库消落带水位变化速率、周期性涨落以及其他环境条件的影响，使得库岸滑坡的发生更具多样性和复杂性，以致库岸蠕变机理与模式、失稳破坏效应、稳定性分析、滑坡涌浪预测及灾变效应等的研究难度倍增。库岸的安全防控技术尚不成熟，水库的安全运行缺乏系统的理论、方法和技术支撑，因此研究库岸蠕变与破坏机理、评价其稳定性、预测涌浪的传播与爬高所产生的灾害影响范围、制定切实可行的监测预警措施，已成为水利水电工程规划决策、建设和运行维护的重大研究课题。

1.2　研究现状与成果

库岸滑坡一直是水利水电工程勘察、设计、施工和运行中关注的重大工程地质问题之一。国内外的科研机构、大专院校和设计院所均做过大量的研究工作，并结合各自开展的工程作了某些理论研究和探讨，出版和发表了许多专著、研究报告和论文。据资料检索和归纳总结，国内外取得的主要研究成果如下。

(1) 库岸滑坡复活与蓄水位的关系。Jones等调查了Roosevelt湖附近地区的一些库岸滑坡，其中49%的库岸滑坡发生在蓄水初期，30%发生在水位骤降情况下；在日本，大约60%的库岸滑坡发生在库水位骤降时期，40%发生在水位上升时期（包括水库蓄水初期）[1]；Riemer研究指出，85%的库岸滑坡发生在水库建设或蓄水期，或是在工程完工后的两年内[2]；国际大坝委员会（International Commission on Large Dams，ICOLD）指出，75%的库岸滑坡为古滑坡复活。

(2) 库岸滑坡失稳因素。王思敬等[3]认为岩土介质和地下水失去平衡及恢复平衡的过程是形成库岸滑坡的主要因素；王士天等[4]认为库岸滑坡分为滑坡滑体内孔隙水压力达到新的平衡过程产生的滑坡和发生在库水位快速消落期的滑坡两种；田一德等[5]研究认为滑坡在库水较长时间的浸泡下，滑带土的黏聚力和摩阻力降低，部分蓄水前处于临界状态的滑坡体将失稳变形，本就不稳定和正在变形的滑坡将加剧变形；严福章等[6] 研究认为滑坡是水库蓄水后产生的材料力学效应和水力学效应综合作用的结果，库水位突然抬升或突然下降对滑坡变形的影响较大；简文星等[7] 认为万州区水平地层古滑坡之所以得到控制，是因为富含蒙脱石的软弱夹层具有一定的膨胀性。库岸滑坡失稳并非发生在水库蓄水终止时刻，而是发生在库水涨落的某一时刻。

（3）库岸滑坡渗流场与浸润线规律分析。在一定的渗流场下，产生的渗透力可以作为荷载，对滑坡的应力场进行分析，进而对滑坡的稳定性进行评价。滑坡应力场的存在和变化会改变其渗透系数，进而影响渗流场，而渗流场产生的渗透荷载又对应力场产生直接影响，所以这种评价方法并不精确。库水涨落影响库岸滑坡的渗流场和浸润线分布。Richards[8] 根据水力学连续方程和达西定律推导得到非饱和渗流的基本微分方程，在实际工程中得到广泛应用；彭华等[9] 采用饱和-非饱和渗流方法模拟滑坡的渗流场，得出滑坡地下水位变化的规律；陈野鹰等[10] 运用基于竖直平面二维流的渗流自由面计算方程得到岸坡渗流自由面随时间的变化规律；林志红等[11] 利用浸润线计算公式，分析得到浸润线的动态变化特性和库水位升降速度对浸润线的影响；魏进兵等[12] 建立饱和-非饱和渗流有限元计算模型，利用等效连续介质模型模拟裂隙岩体，有限元计算结果与监测结果基本一致；孙飞[13] 通过大型试验模拟库水涨落时边坡的动水压力变化；吴琼等[14] 将稳态渗流情况下的浸润线作为瞬态渗流的初始值，近似得到库水涨落下浸润线的解析解；杨金等[15] 通过对浸润线的变化过程进行模拟，得出滑坡前缘浸润线影响区范围；黄志全等[16] 对岸坡在库水位升降暂态渗流场进行模拟，得出坡体内渗流场在库水位变动下具有明显分带性；周建烽[17] 等通过建立非饱和非稳定渗流作用下有限元极限分析下限法模型，得出滑坡在库水骤降下的稳定性。

（4）库岸滑坡渗流场与稳定性分析。王锦国等[18] 模拟了不同工况下滑坡的渗流场，发现库水位骤降时，坡内动水压力远大于正常蓄水位时的动水压力；廖红建等[19] 模拟各向同性土库岸滑坡非稳定渗流场，得出渗流场在不同骤升速率下的规律，并用于边坡稳定性分析；Hammouri 等[20] 分别采用极限平衡法和有限元法分析均质和非均质斜坡在库水位快速降落时滑坡体的稳定性；Simoni 等[21] 提出了一种耦合的分布式水文-岩土模型 GEOtop - FS，用来模拟浅层滑坡和泥石流发生的概率；Mukhlisin 等[22] 研究了土体的厚度和有效孔隙度对降雨型滑坡稳定性的影响。

（5）库水位升降作用下非饱和滑坡的瞬态渗流场及基于有限元强度折减法的稳定性分析。Arnone 等[23] 基于随空间-时间动态变化的水文模型 tRIBS，将其运用于无限斜坡法边坡稳定性分析中；Lu 等[24] 采用局部稳定系数法，分析了降雨诱发的山体滑坡的不稳定性；Ling 等[25] 利用离心模型试验，模拟研究认为降雨和库水位升降会导致边坡失稳；Lanni[26] 提出了滑坡模型应该考虑地表下基岩的地形，才能更好地采用数学公式描述山坡水文响应过程及对滑坡稳定性的分析；向杰等[27] 依据相似理论建立土质库岸模型，提出在水位上升阶段，孔隙水压力的升高是坡体形成裂缝的催化剂，在水位降落阶段，动水压力是影响其稳定性的关键因素。

（6）库水位升降时滑坡坡体内浸润线变化规律。当库水位下降速率较快时，由于滑坡体内的浸润线并没有即时下降，坡体内会产生动水压力，进而影响滑坡的稳定性。滑坡的稳定性随库水位的快速变化而变化，因此研究水库水位下降速率与坡体稳定性的演变，一定程度上对于控制或减缓地质灾害的发生具有实际意义。国内外学者通过试验分析和数值计算研究渗透固结机理、起始水力梯度和达西定律在不同土体的应用。Lane 等[28] 采用有限元法分析滑坡在库水位骤降条件下的渗流场，并计算滑坡的稳定性；Desai[29] 利用有限元法模拟不同下降速率条件下的渗流场，用 Fellenius 法计算滑坡在不同速率条件下的稳定性；丁秀丽等[30] 通过数值模拟和极限平衡分析法，研究认为随着库水位的上抬，滑坡滑体和滑带产生明显的变位，表明滑坡在水库蓄水后将产生失稳；刘新喜等[31] 研究认为库水位下降会影响滑坡的稳定性，这种影响由滑坡体的渗透系数控制；郑颖人[32] 对比了水位下降时坡体内浸润面位置的解析解与数值解，认为采用经验概化确定的浸润面位置进行稳定性分析存在一定误差；刘红岩等[33] 模拟分析坝体在库水位上升条件下的渗流场，指出在坝体上部松散堆积体与基岩渗透系数相差较大的情况下，库水位上升对坝体上部松散堆积体的影响较为明显；柳群义等[34] 研究滑坡在库水位变化条件下动水压力的变化，认为地下水位随着渗透系数的增高而降低，由于滑坡体的动水压力减小，滑坡更加稳定；库水位升降速率增大时，地下水位滞后显著，滑坡体的动水压力增大，滑坡稳定性降低；郝飞等[35] 运用 Bishop 与强度折减法，研究得到在库水位骤降或骤升时，滑坡安全系数均小于水位缓慢下降时的安全系数，且水位约达到坡体高度的 0.3 倍时安全系数最小的结论；谭建民等[36] 基于滑坡地下水运动模型和稳定性评价的极限平衡模型，研究库水位升降条件下滑坡稳定性极小状态的形成机理和影响因素，认为滑坡稳定性极小状态的形成时间和稳定性系数受到含水层渗透系数和库水位升降速率的影响，相比于蓄水期，在库水位下降阶段滑坡失稳的风险更高；肖先煊等[37] 考虑降雨及地表水体造成滑坡体地下水位变化及控制面抗剪强度削减从而改变其稳定性的过程，研究得出在暴雨强度 220mm/d 持续 3d 后，库水位下降至 169m 时，滑坡前缘失稳；彭浩等[38] 通过数值模拟滑坡渗流场在不同水位下降速率条件下的影响，结合极限平衡法分析得出滑坡稳定性系数随着库水位下降速率的增加而降低；张少琴等[39] 研究得出随着库水位下降速率的增大，滑坡的稳定系数逐渐减小，且在速率变化的初期阶段，稳定系数出现明显的陡降。

综上所述，尽管前人在水库区大型滑坡的稳定性研究方面已取得丰富的研究成果，有力提高了水利水电工程的勘察与设计、建设与运行等技术水平，但目前仍有许多问题亟待研究解决。例如：在大型水库高水位运行工况下，近坝库区高边坡、大型滑坡变形机制的转变问题、新环境条件下的稳定问题、高速下滑所产生涌浪的影响范围和程度问题、库岸滑坡的危险性和安全性问题等，都必须在水库库岸稳定性研究中面对和解决。因此，开展长期运行环境下库岸的蠕变机理、灾变效应、安全防控措施研究，对水利水电工程的勘察设计、施工建设、安全运营、防灾减灾、地质与生态环境保护具有重要的工程实践意义和理论价值。

第 2 章

水库岸坡蠕变破坏模式与类型

2.1 库岸滑坡的基本特点

滑坡是指斜坡上的岩土体受河流冲刷、降雨入渗、地下水活动、地震及人工开挖等因素的影响，在重力作用下沿着一定的软弱面或软弱带整体或分散地顺坡向下滑动的自然现象。库岸滑坡与水库工程建设、运行密切相关，一般将位于水库两岸（包括支沟、支流）蓄水前就已形成的或者蓄水后新增的滑坡和塌岸等统称为库岸滑坡。库岸滑坡除具有一般滑坡的特点外，还有以下特点：

（1）滑坡与库水及其变化密切相关。库水的升降会使库岸坡体中的渗流场发生变化，进而引起水压力和岩土体的物理力学参数的变化，影响滑坡稳定性。

（2）如果滑坡体失稳高速滑入水库，会产生巨大涌浪，对水库大坝、电站的正常运行及周边建筑物造成影响或危害。

（3）大量滑坡体滑入水库内，将会减少有效库容，对于较小的水库甚至会形成库中坝，严重者将影响水库的正常运行。

2.2 库岸滑坡形成的主要影响因素

库岸滑坡的内因和外因是滑坡发生发展的基础和动力，分析滑坡形成的主要影响因素是滑坡分类的基础和前提条件。

1. 滑坡与岩组的关系

大规模顺层滑动是顺层结构滑坡的典型破坏形式，易滑地层是产生滑坡的主要物质基础。

2. 滑坡与软弱夹层的关系

易滑地层中软弱夹层是滑坡形成和发展的控制因素。

3. 滑坡与水库蓄水的关系

水库蓄水及运行成为水库滑坡的主要和重要诱发因素。水库蓄水时，随着水位的上升，周围的地下水位也随之上升，使地下水和库水共同作用于岩土体介质中和岸坡表面，对岩土体产生物理、化学和力学的作用。其中，物理作用主要是软化和泥化岩土体中断层带物质和软弱夹层物质，从而使岩土体的强度降低；化学作用主要是通过水岩土体离子交换、溶解、水化等作用来改变岩土体的结构而降低其强度；力学作用主要通过孔隙静水压力和孔隙动水压力改变水对岩土体的作用，孔隙静水压力减小岩土体中法向应力而降低岩土体强度，孔隙动水压力对岩土体产生推力而降低岸坡的稳定系数。水库蓄水后，岸坡土体饱和度增加，基质吸力降低直至消失，土体强度降低，从而诱发岸坡失稳。

4. 滑坡与降雨的关系

水库蓄水后，库区涉水滑坡的变形和破坏仍与降雨（或暴雨）有极大的关系，几乎所有涉水滑坡的变形都不同程度地受到降雨的影响，大部分涉水滑坡在滑坡变形破坏前均伴随有长时间降雨，其中部分涉水滑坡的变形破坏是由暴雨主导诱发的。

2.3　库岸滑坡分类

多年来已有多种滑坡分类方法问世，这是本书滑坡分类研究的基础。按物质组成可将滑坡分为岩质滑坡与土质滑坡。典型的结构分类如刘广润等[40]建立的斜坡结构类型划分模式，按结构面与坡面之间的关系，将岩层走向与斜坡走向平行的斜坡结构分为顺倾仰倾坡、顺倾俯倾坡、逆倾坡三大基本类型。斜坡变形破坏机制分类最具代表性的是成都理工学院张倬元等[41]针对层状或含层状岩体组成的斜坡变形机制提出的5种基本组合模式：蠕滑-拉裂、滑移-压致拉裂、弯曲-拉裂、塑流-拉裂、滑移-弯曲，这充分表明了斜坡演化中内部应力状态的调整轨迹、途径和现象，表征直观。按斜坡岩土体运动特征的典型分类，如Varns将斜坡移动类型分为崩塌、倾倒、滑动、侧向扩展、流动和复合移动。晏同珍等[42]以滑坡发生的初始条件、根本原因及滑动方式等为基础，概括了9种滑动机理类型：流变倾覆滑坡、应力释放平移滑坡、震动崩落或液化滑坡、潜蚀陷落滑坡、地化悬浮-下陷滑坡、高势能飞越滑坡、孔隙水压浮动滑坡、切蚀-加载滑坡、巨型高速远程滑坡，这是一种多因素的混合分类。崔政权等[43]根据地质条件的综合分析并借鉴近代变形、失稳的崩滑体的变形，以及失稳条件与主诱发因素将三峡库区斜坡变形失稳实例概括为8种类型：新滩型、鸡扒子型、黄腊石型、解体型与局部性浅层失稳型、小周场型、豆芽棚型、沙河小学型、宋家湾型。此外，还有许多不同目的、不同类型的滑坡分类方法，如柳侃等[44]的区域滑坡分类方法，孙英勋[45]、戴敬儒等[46]、谢宝堂[47]的工程治理分类方法。刘广润等[40]建立了库岸滑坡综合分类体系，将滑坡体按类、型、式、性或期进行分类，其中滑体组构按“类”进行分类，动力成因按“型”进行分类，变形运动特征按“式”进行分类，发育阶段按“性”或“期”进行分类，采用该滑坡分类体系进行分类，可以对滑坡有一个基本和全面的认识，但是该体系较烦琐，在实际应用中受到一定限制。肖诗荣等[48]针对三峡库区2000余处涉水滑坡，特别是其中大于100万m^3的特大型滑坡以及库区蓄水以来发生变形（破坏）的151个特大型滑坡，在分析滑坡主控因素和滑坡复活机理的基础上，提出了水库复活型滑坡的地质结构分类方案及诱发机理分类方案。

2.3.1　库岸滑坡地质结构分类

依据多年来的研究成果，在综合分析了库岸滑坡的内外影响因素后，针对1000余处涉水滑坡，特别是其中大于100万m^3的大型滑坡，在统计分析的基础上，本书提出了基于物质组成和地质结构的库岸滑坡分类方案，将滑坡分为岩质滑坡、碎屑堆积层滑坡以及黏黄土滑坡。

2.3.1.1 分类方案

滑坡的物质组成和地质结构是滑坡的形成基础和主控要素，滑坡地质结构分类已使用多年，由于它简单明了、应用方便，且突出滑坡的主控地质结构，是地质学家和工程师们耳熟能详的一种分类方法。所以，库岸滑坡的分类是在库区岸坡地质结构分析研究的基础上，提出的库岸滑坡地质结构分类方案。库岸滑坡地质结构分类如图 2.3-1 所示。

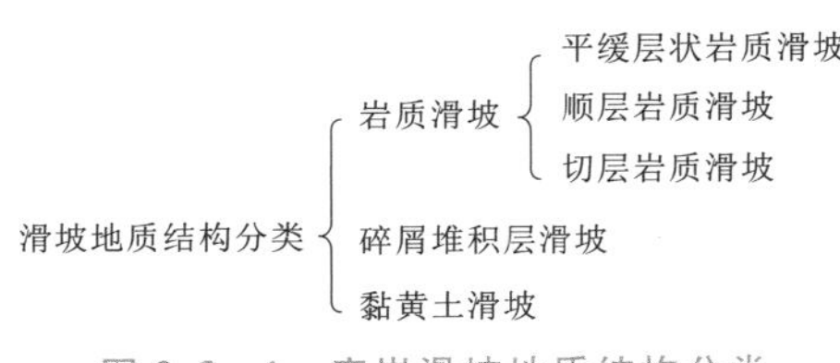

图 2.3-1 库岸滑坡地质结构分类

2.3.1.2 各类滑坡的基本特征

1. *岩质滑坡*

(1) 平缓层状岩质滑坡。平缓层状岩质滑坡是指岩层倾角小于 10°的滑坡，近乎水平。平缓层状岩质滑坡的诱发机理有强降雨推移说和滑带敏感土膨胀作用说。在库水作用下，平缓层状岩质滑坡主要表现为前缘库岸坍塌，但在强降雨推移或滑带敏感土膨胀作用下，滑坡可能被诱发。

该类滑坡破坏模式有塑流破坏、剪切破坏和平推滑移三种，暴雨是促进其失稳的重要因素。一般情况下，风化卸荷带范围内以泥岩类软化塑流引起的缓慢变形破坏为主，但在陡坡附近可因下伏岩石风化、冲刷或人工开挖引起小规模崩塌或滑坡。平缓层状岩质滑坡应具备地形三面临空、后缘有利于汇水和一定的临界降雨强度等条件。

(2) 顺层岩质滑坡。顺层岩质滑坡是指坡面走向和倾向与岩层走向和倾向一致或接近一致的层状结构岩体斜坡。顺层岩质滑坡最主要的结构面是层面和软弱夹层或层间错动面，顺层滑坡多以此为滑面（带）（图 2.3-2）。

顺层滑坡特别是下凹型顺层滑坡规模大、滑带埋藏深，在库水作用下可出现突发、高速滑坡。

(3) 切层岩质滑坡。切层岩质滑坡是指发生在切层岸坡，由近顺岸坡的切层结构面作为滑带控制，在重力作用下形成的岩质滑坡；或是切层岸坡岩体受重力作用蠕变弯曲（点头哈腰），经弯曲-剪切-滑移，即以次生结构面（重力弯曲剪切形成）作为滑带的岩质滑坡。

在库水作用下，切层岩质滑坡的变形破坏方式介于顺层岩质滑坡与碎屑堆积层滑坡之间，但多以蠕变慢速解体的变形破坏方式为主，少数埋藏深、规模大的

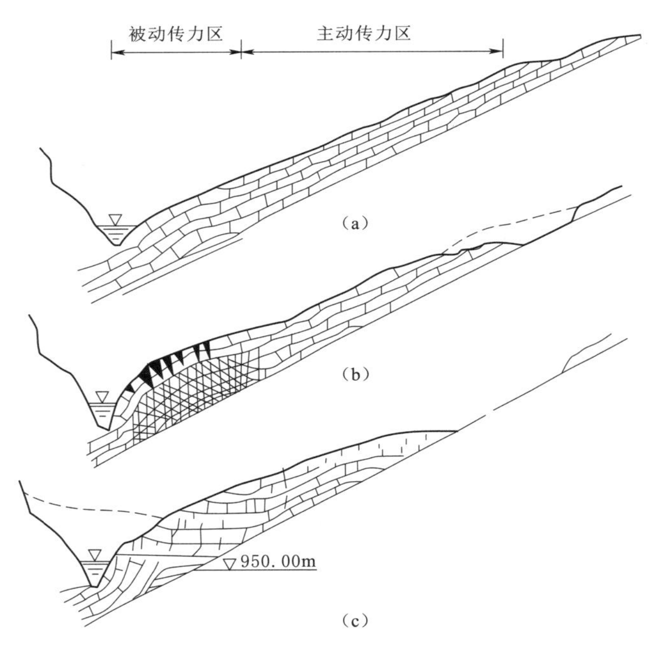

图 2.3-2 顺层岩质滑坡失稳破坏过程

切层岩质滑坡易形成高速滑坡。

2. 碎屑堆积层滑坡

碎屑堆积层滑坡是指发生在第四系及近代松散堆积层的一类滑坡，碎屑粒径大于2mm，具有分布广、规模大、突发性强、危害性严重的特点，在库区滑坡中的比例相当大。由于这类滑坡物质结构构成的特殊性，决定了降雨及地下水的作用常常是导致失稳的最主要动因。在库水作用下，碎屑堆积层滑坡变形破坏的方式主要是牵引式解体、慢速滑移。

碎屑堆积层滑坡主要发生于崩坡堆积或基岩老滑坡堆积。其中，崩坡堆积多因累积加载而导致滑坡；基岩老滑坡堆积在一定条件下可能整体或局部复活形成新的滑坡。

3. 黏黄土滑坡

黏黄土滑坡受库水影响而浸水湿陷，从而引起坡脚失稳形成滑坡，常见于高阶地前缘斜坡局部圆弧滑塌或黄土层沿下伏岩层而整体滑动。此类典型滑坡有巫山的桂花移民新村滑坡和老鼠错滑坡。

2.3.2　基于水库诱发机理的库岸滑坡分类

2.3.2.1　分类方案

滑坡的内外因素作用原理及导致滑坡变形破坏的作用方式就是滑坡的变形破坏机理。不同类型的滑坡的变形破坏机理完全不一样，而相同类型的滑坡的变形破坏机理和变形破坏过程基本相同甚至高度一致。如意大利瓦依昂滑坡、湖南柘溪塘岩光滑坡和三峡库区千将坪滑坡就是十分相似的一类滑坡，都是在水库初期蓄水上升浸泡约30d后高速下滑的，即为库水浮托和软化作用诱发的滑坡。以滑坡机理分类，能突出滑坡的诱发因素、主控结构及其作用方式或滑坡变形破坏方式。

按照诱发机理，本书提出了基于滑坡复活机理的水库复活型滑坡分类方案，即库岸滑坡大致可分为库水浮托型、动水压力型和库水浸泡软化型三类（图2.3-3）。

水库复活型滑坡
- 库水浮托型
- 动水压力型
- 库水浸泡软化型

图2.3-3　库岸滑坡诱发机理分类

库岸滑坡诱发机理较为复杂，图2.3-3所示的分类方法较为单一，一个滑坡的发生往往是多个单项机理的组合，如库水浮托型滑坡除受库水浮托作用外，还受到库水浸泡软化作用。而对于水库复活型滑坡，动水压力型是其主要的作用机理。

2.3.2.2　各类滑坡的基本特征

（1）库水浮托型。这类滑坡滑体透水性弱，滑坡（带）呈上陡下缓靠椅状，以岩质滑坡为主。滑坡的变形破坏主要发生在水库蓄水初期或水库骤升时期，滑坡阻滑段在库水的浮托作用下发生变形破坏，如图2.3-4所示。

（2）动水压力型。这类滑坡滑体多为孔隙介质，透水性微弱，以土质为主，孔隙水难以消散。滑坡的变形破坏往往发生在库水骤降时期，滑体孔隙水的消散滞后于库水的消落，形成滑体或局部滑体的动水压力，如图2.3-5所示。

（3）库水浸泡软化型。这类滑坡滑带含有伊利石、蒙脱石等遇水易膨胀软化的黏土矿物，浸泡后滑带土易软化，力学强度大幅度降低，导致滑坡启动失稳。意大利瓦依昂滑

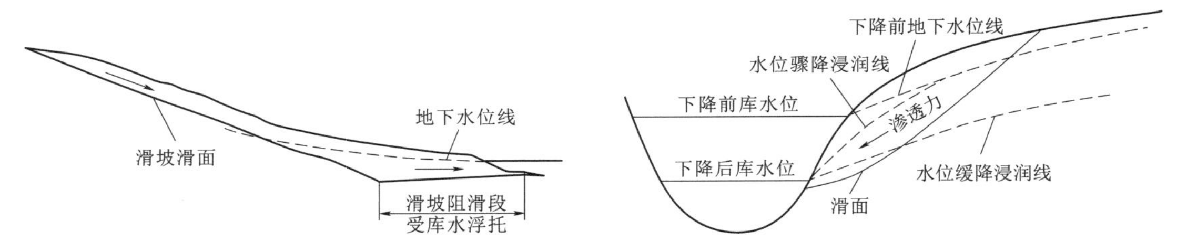

图 2.3-4　滑坡阻滑段受库水浮托作用失稳模式　　图 2.3-5　动水压力型滑坡失稳模式

坡、三峡库区千将坪滑坡就属于这类典型滑坡，而且都是在蓄水浸泡 30d 后滑坡开始高速失稳。根据 Semenza 等[49] 的研究，意大利瓦依昂滑坡滑带经库水浸泡后的残余摩擦角仅为 8°～10°。三峡库区千将坪滑坡前缘切层滑带部分的泥岩经库水饱和软化后的黏聚力仅为天然状态时的 1/10，如此大的峰残差值是诱发千将坪滑坡快速启动和高速滑动的主要原因。

2.3.3　基于多因素、多指标的岸坡分类方法

依托数十个大中型水库岸坡的调查研究，本书建立了服务于不同目的（如岸坡稳定性评价、岸坡失稳灾变机理、塌岸范围预测预报、岸坡失稳诱发涌浪预测预报等）的多因素、多指标的岸坡分类方法（图 2.3-6）。该方法从岸坡物质组成和坡体结构、岸坡失稳破坏模式、诱发驱动机理以及岸坡失稳运动方式入手，对大中型水库数千公里的岸坡进行

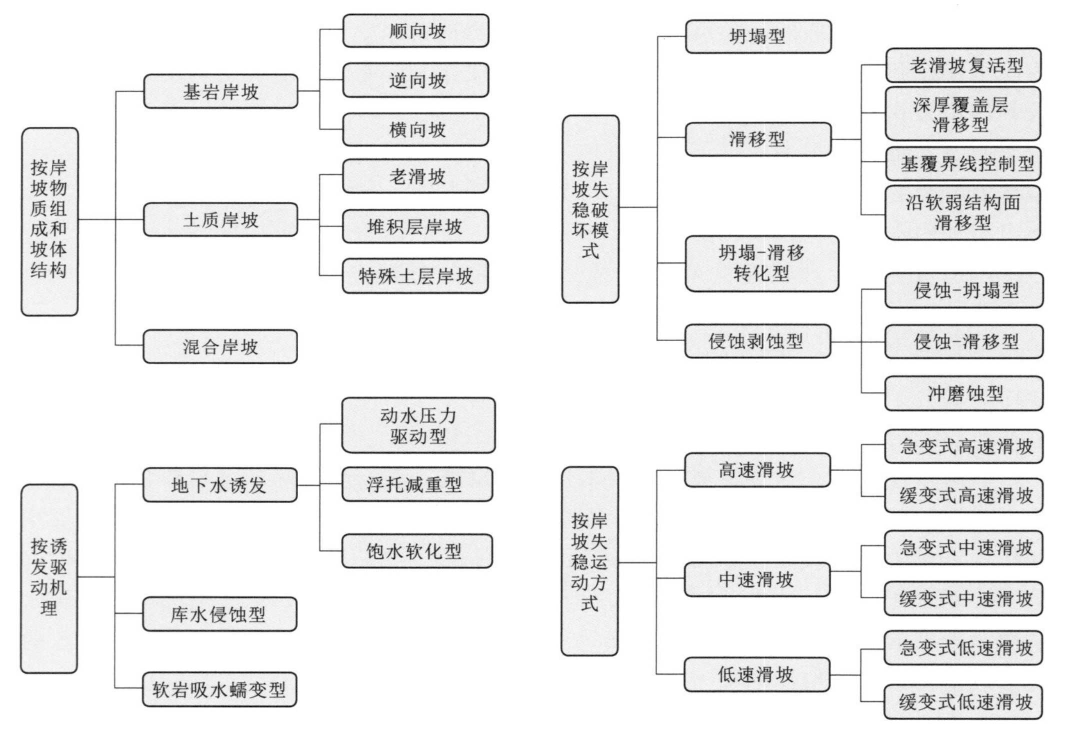

图 2.3-6　多因素、多指标岸坡分类体系

了系统分类，为岸坡的稳定性评价、塌岸范围预测预报以及岸坡失稳诱发涌浪的预测预报提供了坚实的基础。该分类体系已在多个项目研究过程中得到了较好的应用和检验。

2.4 库岸滑坡地质概念模型

滑坡形成是一个内受赋存地质环境因素控制，外受大气降雨、库水变动、地震等扰动因素控制的自组织协调系统，该系统由内动力物质系统（类）、外动力激励系统（型）和变形状态演化系统（式）三个子系统组成，地质概念模型则是诠释滑坡三个子系统的纽带。本书从斜坡组构、诱发因素、动力效应、变形运动形式、变形力学模式五个主控要素出发，构建了库岸滑坡的地质概念模型，并给出了库岸滑坡地质概念模型命名的原则。

2.4.1 系统建模基本原理

水库复活型滑坡地质模型的建立是对库岸滑坡的复活条件和规律进行科学的模式概括，能把握库水诱发滑坡的基本规律和主控因素，宏观反映滑坡稳定态势、变形趋势及破坏方式，是构建力学模型、监测模型和预测模型的基础。一般来说，滑坡地质模型分类的目的是对滑坡作用的各种表象特征以及各种影响因素进行组合概括，以便扼要地反映滑坡作用的内在和外在规律。科学的滑坡分类不仅能深化对滑坡的认识，而且对滑坡的勘查、评价、预测和防治工作起到指导作用。

系统建模过程的实质是以系统的先验知识为前提，运用系统分割与组合的思想对信息系统进行抽象表示的过程。一个完整的信息系统模型主要包括以下四个方面的内容：①信息系统结构模型，旨在从系统总体结构角度明确系统—子系统—要素之间的层次关系及各层次要素间的相互作用关系；②信息系统静态模型，旨在从系统静态结构对系统物理结构（实体）进行抽象化描述，建立系统的实体概念模型；③信息系统动态模型，旨在从系统动态结构角度对系统驱动结构（事件或信号）进行抽象化描述，建立系统的驱动机制模型；④信息系统功能模型，旨在从系统静态模型与动态模型相互作用过程的角度对系统的状态演化特征进行抽象化描述，建立系统的状态演化模型。

2.4.2 库岸滑坡地质概念模型系统框架

库岸滑坡是一个内受地质环境要素控制，外受大气降雨、库水变动、地震以及人类工程活动等扰动因素控制的系统，在内外因素共同作用下，滑坡系统表现出极其复杂且难以预测的变形演化特征。根据滑坡系统的特征描述，可将其划分为内动力物质系统（类）、外动力激励系统（型）和变形状态演化系统（式）三个子系统。

1. 斜坡组构（类）

滑坡物质系统主要由滑体、滑带和滑床三部分组成，这三个部分的组合即为斜坡组构。

（1）根据滑体物质组成成分的不同，可将其划分为土质滑坡和岩质滑坡两大类。其中土质滑坡又可划分为黏性土、黄土和碎石土三大类；岩质滑坡又可划分为层状岩体、块状岩体和碎裂状岩体三大类。

（2）根据滑带成因类型的不同，可将其划分为堆积层面滑坡、同生面滑坡、层面滑坡和构造面滑坡四大类。其中前两者主要是针对土质滑坡而言的，后两者则主要是针对岩质滑坡而言的。①堆积层面滑坡是指沿着第四系堆积物在堆积过程中形成的物质分异面产生滑移的滑坡；②同生面滑坡是指沿着土体内部随机的剪切面产生滑移的滑坡；③层面滑坡是指沿着沉积岩在沉积过程中形成的层面产生滑移的滑坡；④构造面滑坡是指沿着构造作用过程中形成的节理面或断层面产生滑移的滑坡。

（3）根据滑动面运动方向与滑床岩层倾向关系的不同，可将其划分为顺层滑坡、切层滑坡和无层滑坡。其中，顺层滑坡是指滑动面运动方向与滑床岩层倾向基本相同的滑坡；切层滑坡是指滑动面运动方向与滑床岩层倾向相切的滑坡；无层滑坡即滑床为土体，该类滑坡滑动面多以同生面为主。

2. 诱发因素（型）

导致滑坡状态发生变化的诱发因素（驱动事件）主要有大气降雨、库水变动、地震以及人类工程活动等。对于库岸滑坡而言，大气降雨和库水变动是其中最为活跃的两个因素。

大量库岸滑坡的调查结果和监测资料分析成果显示，库岸滑坡的显著变形既可能发生在强降雨期间，也可能发生在水库蓄水期间，还可能发生在水库泄水期间。据此，可将库岸滑坡的诱发因素划分为降雨入渗型、水库蓄水型和水库泄水型三种基本类型。

3. 动力效应（型）

对库岸滑坡而言，大气降雨和库水变动对斜坡岩土体的作用效应主要体现在两个方面，即材料力学效应和水动力学效应。材料力学效应与岩土介质的浸泡软化作用密切相关，可通过滑体物质这个建模要素得以体现；水动力学效应仅指地下水动力学效应。大气降雨和库水变动过程中产生的地下水动力学效应主要集中在两个方面，即孔隙静水压力效应和孔隙动水压力效应。以土骨架为研究对象，前者主要以浮力形式、后者主要以渗透力形式得以体现。据此可将库岸滑坡的动力效应划分为浮力主导型、渗透力主导型和浮力＋渗透力复合型三种基本类型。

4. 变形运动形式（式）

不同类型的滑坡在不同的诱发因素作用下，其变形运动形式是不相同的。突然滑动型滑坡在启动之前往往没有明显的变形破坏迹象，该类滑坡在变形表现形式上似乎意味着滑带土抗剪强度是在瞬间同时达到极限抗剪强度的。渐进破坏型滑坡在启动之前往往具有明显的变形迹象，地表常出现一些诸如裂缝、沉陷和隆起的局部变形迹象。复活蠕滑型滑坡与上述两种滑坡类型具有较大差别，主要发生于具有先存滑动面的老滑坡体上。

5. 变形力学模式（式）

根据滑坡变形起始部位和滑动力学性质的不同，可将滑坡变形力学模式划分为前缘牵引式、后缘推移式和前牵后推混合式三种类型（图 2.4－1）。前缘牵引式滑坡是指滑坡前缘首先发生滑移，随后牵引中后部失去支撑的滑体产生滑移，其空间变形形式为自前向后发展。后缘推移式滑坡是指滑坡后缘首先发生滑移，随后不断挤压中前部滑体产生滑移，其空间变形形式为自后向前发展，该类滑坡多以受后缘加载或降雨等影响为主。前牵后推混合式滑坡是指滑坡始滑部位在某一时间段内以前缘牵引式为主，而在另一时间段内则以后缘推移式为主。

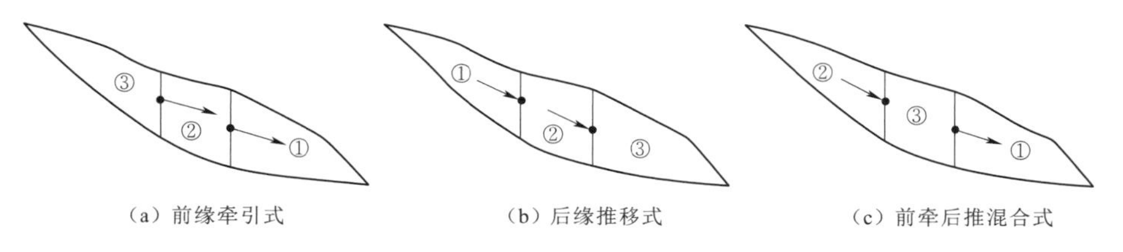

图 2.4-1　滑坡变形力学模式

通过上述建模主控要素的分析，结合滑坡系统的构成，建立的库岸滑坡地质概念模型系统框架如图 2.4-2 所示。

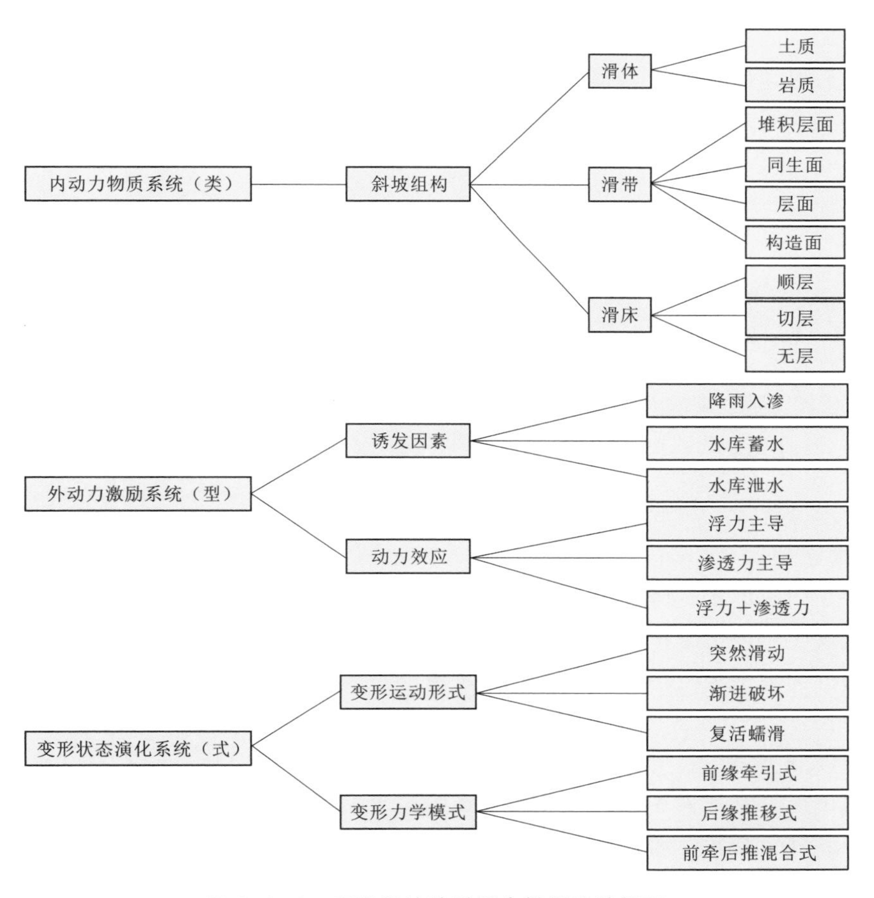

图 2.4-2　库岸滑坡地质概念模型系统框架

2.4.3　长期运行岸坡失稳破坏模式

根据对数十个水库岸坡的调查和案例分析，并依据岸坡物质组成、坡体结构、失稳破坏机理，将我国山区水库长期运行期间岸坡失稳模式分为坍塌型、滑移型、坍塌-滑移转化型和侵蚀剥蚀型四种基本模式，每种基本模式又可进一步划分为若干类型。

2.4.3.1 坍塌型

坍塌型指土质岸坡坡脚在库水长期作用下，基座被软化或淘蚀，岸坡上部物质失去平衡，从而造成局部下错或坍塌，而后被库水逐渐搬运带走的一种岸坡变形破坏模式。它的显著特点是垂直位移大于水平位移，与土体自重直接相关。这种类型的库岸再造分布范围大、涉及岸线长，一般发生在地形坡度较陡的土质岸坡内。该库岸再造模式具有突发性，特别容易发生在暴雨期和库水位急剧变化期。

坍塌型岸坡失稳模式示意如图 2.4－3 所示。在水流冲刷、侧蚀作用下，岸坡坡脚被淘蚀成凹槽状，随后在岸坡重力、地下水外渗等作用下发生条带状或窝状的错落、倾倒型运动。形成这种库岸再造模式的基本条件有：①岸坡的土体抗冲刷能力差；②水流直接作用于岸坡，且水流的冲刷强度高于岸坡土体的抗冲能力。坍塌型一般表现为错落、倾倒两种方式，坍塌后的土体脱离了原坡体，坍塌体的垂直运动位移大于水平运动位移。这种塌岸具有坍塌后退速度快、后退幅度大、分布岸线长、持续时间长的特点，多呈条带状，少数为窝状，具有突发性，是一种最主要、最常见的库岸再造方式。

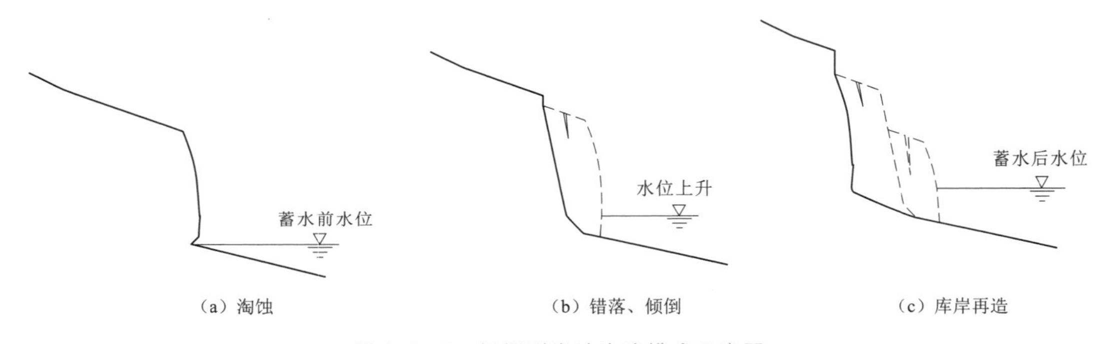

图 2.4－3 坍塌型岸坡失稳模式示意图

2.4.3.2 滑移型

滑移型是指在库水、降雨及其他因素的影响下，岸坡物质沿着软弱结构面或已有的滑动面向江河发生整体滑移的库岸再造形式，即发生滑坡。依据岸坡物质组成和坡体结构又可进一步细分为老滑坡复活型、深厚覆盖层滑移型、基覆界线控制型和沿软弱结构面滑移型四种模型。

1. 老滑坡复活型

在我国山区，水库两岸往往发育有众多的、早期形成的各类大中型滑坡，在水库蓄水前这些滑坡多处于稳定状态。但在水库长期运行过程中，受库水浸润和库水长期、反复涨落作用的影响，坡体受最大剪应力作用面控制，向临空方向发生剪切蠕变-松动扩容，变形体后缘发育自地表向深部发展的拉裂变形，当其达到潜在剪切面时，将造成剪切面上剪应力集中，促使剪切变形进一步加剧发展，坡体沿潜在剪切面从前缘开始逐级向后缘滑移解体。其变形发展机制属典型的牵引式“滑移-拉裂”模式（图 2.4－4）。

2. 深厚覆盖层滑移型

主要表现为库区两岸深厚覆盖层在库水浸润和水位涨落作用下产生的失稳破坏，一般表现为后退式（牵引式）“滑移-拉裂”模式（图 2.4－5）。

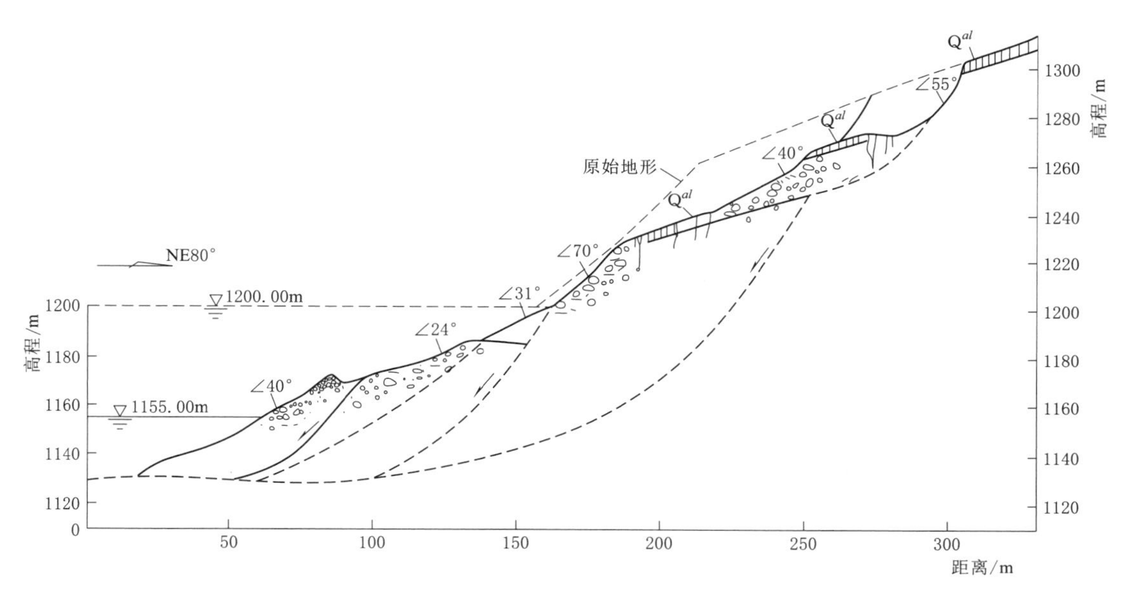

图 2.4-4 老鹰岩老滑坡复活模式

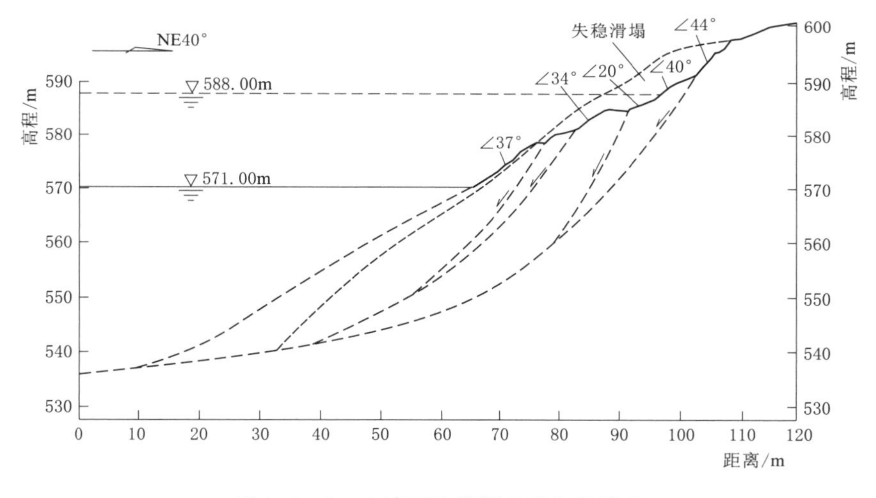

图 2.4-5 麻铺咀深厚覆盖层失稳模式

3. 基覆界线控制型

基覆界线控制型是指基岩上覆厚层堆积体在外部营力作用下，沿着基覆界面发生整体性滑动的岸坡破坏形式。发生这种类型的滑移一般需具备以下几个方面的条件：①有明显的基覆界面，可形成滑动面；②由于库水或地下水的作用，界面较易发生软化；③前缘临空或坡体前缘被淘蚀，导致坡体下滑力大于抗滑力，这种促滑动力主要来源于土体自重产生的下滑分力、动水压力、静水压力以及水位上升而引起的浮托力等。伴随库水的涨落，这类模式常常表现出后退式“蠕滑-拉裂”的特点（图 2.4-6）。

4. 沿软弱结构面滑移型

这类模式常常发生在顺层岸坡中，但在发育有贯通性好的顺向软弱结构面的逆向坡或

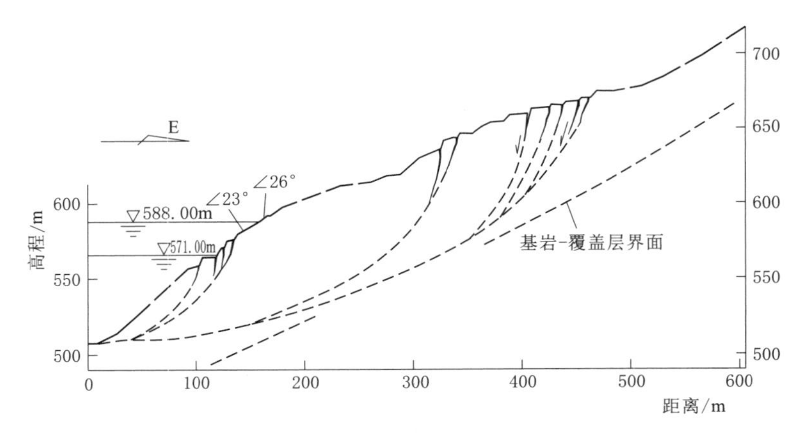

图 2.4-6 冯家坪蠕滑变形体失稳模式

者横向坡中也可以孕育这类岸坡失稳模式。其演变过程包括三个发展阶段：①坡脚岸坡受到水流的侵蚀、软化作用，导致坡脚临空，使滑移变形获得良好临空条件，软化作用导致岸坡抗滑力降低；②在顺软弱结构面方向的下滑力作用下，岸坡沿软弱层面向下变形，导致岸坡后缘出现拉裂变形；③一旦变形达到一定程度，或者在坡脚软化作用下导致下滑力明显大于抗滑力就会导致岸坡出现失稳下滑（图 2.4-7）。

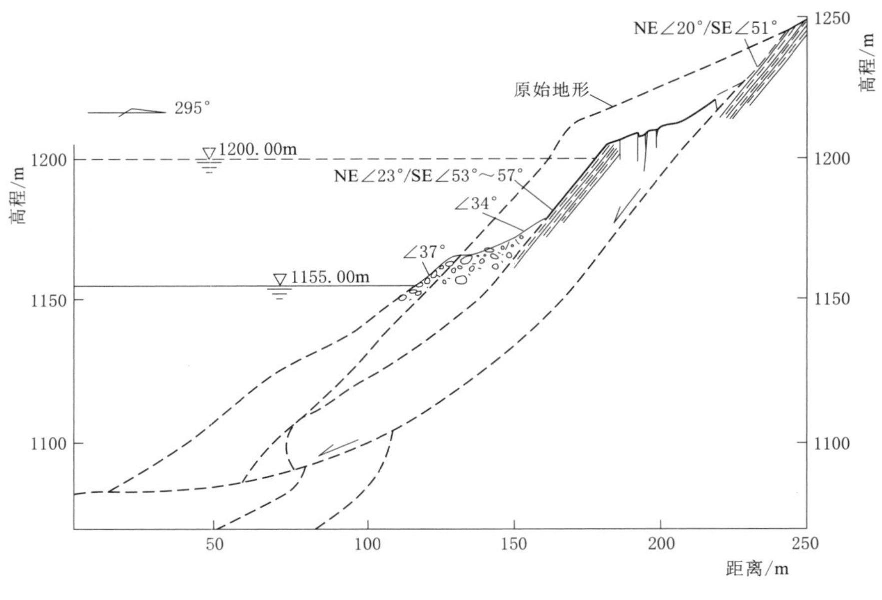

图 2.4-7 湾子河岸坡失稳模式

2.4.3.3 坍塌-滑移转化型

这类破坏模式多发生于岸坡蓄水位附近坡度较缓、后缘易滑岩土厚度较大的岸坡中。其失稳模式可分为以下三个阶段（图 2.4-8）：①由于岸坡前缘蓄水位附近的坡度较缓，易滑岩土体厚度较大，潜在滑移面的前缘坡度也较缓，因此岸坡前缘抗滑作用明显，水流在前缘的软化作用下不足以诱发岸坡失稳下滑；②在水流的侵蚀作用下，岸坡前缘岩土体出现局部的坍塌型塌岸现象，从而导致岸坡前缘起抗滑作用的岩土体厚度减小，抗滑能力降低；③一旦岸坡前缘抗滑力减小到小于岸坡上部岩土体的下滑力时，就可能诱发上部岩土体出现失稳下滑，岸坡的塌岸模式由坍塌型转化为滑移型。

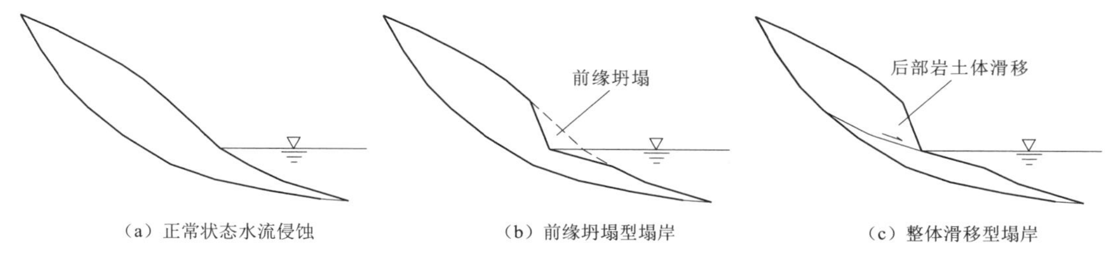

图 2.4－8　坍塌-滑移转化型岸坡失稳模式示意图

2.4.3.4　侵蚀剥蚀型

侵蚀剥蚀型是指在库水、风浪冲刷、地表水，以及其他外部营力的作用下，岸坡物质逐渐被冲刷、磨蚀，而后被搬运带走，从而使岸坡坡面缓慢后退的一种库岸再造模式。它是近似河岸再造的一种库岸再造模式，是非淤积且稳定性较好的岸坡中存在的一种较普遍的岸坡变形改造方式。这种类型的塌岸模式一般发生在地形坡度较缓的土质岸坡及软岩岩质岸坡的残坡积层和强风化带中，具有缓慢性和持久性，再造规模一般较小，常见于平原型水库，在山区峡谷型水库中较为少见，仅见于库区河流交汇处的宽谷缓坡地带。

2.4.4　库岸滑坡地质概念模型命名原则

库岸滑坡地质概念模型的命名原则：以所罗列的 5 个建模要素为基础，采用两段式综合命名法，即由“修饰名称（式＋型）＋主体名称（类）”构成。其中，修饰名称由“变形运动形式＋变形力学模式”和“诱发因素＋动力效应”两部分组成，前者修饰名后附“式”字，后者修饰名后附“型”字；主体名称由“滑体＋滑床＋滑带”构成，主体名称后附“类”字。例如：渐进破坏前缘牵引式＋水库蓄水浮力主导型＋土质切层堆积层面类滑坡。

2.4.5　典型库岸滑坡地质概念模型建模

（1）斜坡组构。库岸滑坡滑体主要由碎块石夹黏性土组成，滑体中后部较薄，中前部厚度较大，厚度一般为 10～30m；滑带位于第四系覆盖层与基岩接触面附近，物质成分主要为含碎石粉质黏土，厚 80～120cm；滑床由侏罗系中统地层组成，岩性为砂、泥岩不等厚互层，属软硬相间地层，泥质、砂质结构，薄～中厚层状构造。从斜坡组构上看，该滑坡为土质切层堆积层面类滑坡。

（2）诱发因素。库岸滑坡变形监测信息显示，滑坡中前部及后部各监测点变形与库水变动之间具有明显的相关性。蓄水期间滑坡变形始终处于上升趋势，且高水位运营水库蓄水期间的变形是低水位运营水库蓄水期间的 7.6 倍，其变形速率在 0.14～1.52mm/d 之间；泄水期间滑坡变形呈现出先急剧下降后缓慢上升的演化趋势，其变形速率约为 0.17mm/d。从主控诱发因素上看，该滑坡属水库蓄水主导型。

（3）动力效应。库岸滑坡地下水位监测信息显示，蓄水期间中前部监测孔地下水位与库水位之间具有高度一致性。这说明滑坡滑体渗透性相对较好，地表水容易入渗，蓄水期间地下水对滑坡的浸泡面积较大，产生的浮力也较大。从动力效应上看，该滑坡属浮力主导型。

（4）变形运动形式。库岸滑坡变形监测信息显示，库水变动期间滑坡中前部变形较大，其累计水平位移约 141.6mm，变形速率约为 2.80mm/月；滑坡后部变形较小，其累计水平位移约为 107.0mm，变形速率约为 1.10mm/月，即滑坡变形在空间上不具有一致性。这说明该滑坡中前部滑面的贯通性较好，而中后部滑面的贯通性较差。从变形运动形式上看，该滑坡变形为渐进破坏型。

（5）变形力学模式。库岸滑坡变形监测信息显示，滑坡中前部变形较大，而中后部变形较小，中前部变形速率约为中后部的 2.7 倍；地表宏观变形也显示地表裂缝主要集中在中前部。从变形力学模式上看，该滑坡变形属前缘牵引式。

综上所述，该库岸滑坡属于渐进破坏前缘牵引式＋水库蓄水浮力主导型＋土质切层堆积层面类滑坡。

第 3 章

库岸蠕变规律及内在破坏机理

3.1 库岸滑坡变形破坏空间演化规律

3.1.1 滑坡地表裂缝发展演化基本特征

滑坡在整体失稳之前，一般要经历一个较长的变形发展演化过程。大量的滑坡实例表明，不同成因类型的滑坡，在不同变形阶段会在滑坡体不同部位产生拉应力、压应力、剪应力等的局部应力集中，并在相应部位产生与其力学性质对应的裂缝。

尽管不同物质组成（如岩质和土质等）、不同的成因模式和类型、不同的变形破坏行为（如突发型、渐变型及稳定型）的滑坡，其地表裂缝的空间展布、出现顺序会有所差别，但裂缝的发展演化也会遵循以下的普适性规律：

（1）分期配套特性。滑坡裂缝体系的分期是指裂缝的发生、扩展与滑坡的演化阶段相对应。同一成因类型的滑坡，不同变形阶段裂缝出现的顺序、位置及规模具有一定的规律性。配套是指裂缝的产生、发展不是随机散乱的，而是有机联系的，在时间和空间上是配套的。当滑坡进入加速变形阶段后，地表各类裂缝会逐渐相互贯通，并趋于圈闭。

（2）有序性。根据非线性科学观点，开放系统内事物的发展都具有从无序向有序的演化过程，滑坡地表裂缝的发展演化也具有此特点。在滑坡变形的初期，地表裂缝主要呈散乱状分布，随着时间的延续变形不断增大，在单条裂缝的长度和裂缝的总数目不断增加的同时，裂缝的展布也逐渐由散乱向未来滑坡周界集中发展。

（3）圈闭性。在裂缝由无序向有序、由分散向集中的发展演化过程中，随着坡体内部滑动面的逐渐贯通，地表裂缝也会沿滑坡边界逐渐圈闭，体现出滑坡地下与地表变形、深部与浅部变形的协同性。只有当滑动面完全贯通、地表裂缝完全圈闭时，滑坡才可能发生。因此，从滑坡变形的空间演化规律来讲，可得到以下推论：地表裂缝的圈闭是滑坡发生的前提。至于地表裂缝的圈闭时间是否与滑动面全面贯通的时间相对应，以及究竟对应于变形-时间曲线的哪个阶段（初步研究认为基本与滑坡加速变形初期相对应），有待进一步观测研究。上述推论可在滑坡预警预报中加以充分利用。如三峡库区 2 号滑坡，就曾根据其地表裂缝还未完全圈闭判断滑坡还不会发生。

大量的滑坡实例表明，不同受力状态和成因类型的滑坡体，其裂缝体系发展变化顺序有所不同。本章就推移式滑坡、渐进后退式滑坡以及两者复合型滑坡裂缝体系发展变化规律进行论述。

3.1.2 推移式滑坡裂缝体系发展变化规律

大量的滑坡实例表明，推移式滑坡的滑动面一般呈前缓后陡的形态，滑坡的中前段为抗滑段，后段为下滑段，促使滑坡变形破坏的“力源”主要来自于坡体后缘的下滑段。因此，在坡体变形过程中，其后段因存在较大的下滑推力而首先发生拉裂和滑动变形，并在滑坡体后缘产生拉张裂缝。随着时间的延续，后段岩土体的变形不断向前和两侧（平面）以及坡体内部（剖面）发展，变形量级也不断增大，并推挤中前部抗滑段的岩土体产生变形。在此过程中，其地表裂缝体系往往显示出以下的分期配套特性。

1. 形成后缘拉裂缝

滑坡在重力或外部营力作用下，稳定性逐渐降低。当稳定性降低到一定程度时，坡体开始出现变形。推移式滑坡的中后段滑面倾角往往较陡，滑体所产生的下滑力往往远大于相应段滑面所能提供的抗滑力，由此在坡体中后段产生下滑推力，并形成后缘拉张应力区。因此，推移式滑坡的变形一般首先出现在坡体后缘，且主要表现为沿滑动面的下滑变形。下滑变形的水平分量使坡体后缘出现基本平行于坡体走向的拉张裂缝，而竖直分量则使坡体后缘岩土体产生下错变形。随着变形的不断发展，一方面拉张裂缝数量增多，分布范围增大；另一方面，各断续裂缝长度不断延伸增长，宽度和深度加大，并在地表相互连接，形成坡体后缘的弧形拉裂缝。在拉张变形发展的同时，下错变形也在同步进行，当变形达到一定程度后，在滑坡体后缘往往会形成多级弧形拉裂缝和下错台坎，在地貌上表现为多级断壁，从地表看滑坡中后段主要表现为拉裂和下陷等变形破坏迹象。

2. 产生中段侧翼剪张裂缝

在滑坡体后段发生下滑变形并逐渐向前滑移的过程中，随着变形量级的增大，后段的滑移变形及所产生的推力将逐渐传递到坡体中段，并推动滑坡中段向前产生滑移变形。中段滑体被动向前滑移时，将在其两侧边界出现剪应力集中现象，并由此形成剪切错动带，产生侧翼剪张裂缝。随着中段滑体不断向前滑移，侧翼剪张裂缝呈雁形排列的方式不断向前扩展、延伸，直至坡体前部。一般条件下，侧翼剪张裂缝往往在滑坡体的两侧同步对称出现。如果滑坡体滑动过程中具有一定的旋转性，或坡体各部位滑移速率不均衡，侧翼剪张裂缝也会在滑坡体一侧先产生，然后在另一侧出现。

3. 形成前缘隆胀裂缝

如果滑坡体前缘临空条件不够好，或滑动面在前部具有较长的平缓段甚至反翘段，滑体在由后向前的滑移过程中将会受到前部抗滑段的阻挡，并在阻挡部位产生压应力集中的现象。随着滑移变形量的不断增大，其变形和推力不断向前传递，无法继续前行的岩土体只能以隆胀的形式协调不断从后面传来的变形，并由此在坡体前缘产生隆起带。隆起的岩土体在纵向（顺滑动方向）上受中后部推挤力的作用产生放射状的纵向隆胀裂缝，而在横向上岩土体因弯曲变形而形成横向隆胀裂缝。

当上述的整套裂缝都已出现并形成基本圈闭的地表裂缝形态时，表明坡体滑动面已基本贯通，坡体整体失稳破坏的条件已经具备，滑坡即将发生。

3.1.3　渐进后退式滑坡裂缝体系发展变化规律

渐进后退式（又称牵引式）滑坡是指坡体前缘临空条件较好（如坡体前缘为一陡坎），或前缘受流水冲蚀（淘蚀）或库水位变动、人工切脚等因素的影响，在重力作用下前缘岩土体首先发生局部垮塌或滑移变形，前缘的滑动形成新的临空条件，导致紧邻前缘的岩土体又发生局部垮塌滑移变形。以此类推，在宏观上表现出从前向后逐渐扩展的“渐进后退式”滑动模式。

图 3.1-1 为四川省白龙江宝珠寺水库东山村八社滑坡典型剖面。宝珠寺水电站于 1996 年 11 月下闸蓄水；1997 年 3 月水位快速消落，滑坡体下部首先发生拉裂-塌落变形；1998 年 2 月水位急剧下降时，古滑体中部正常高水位附近（588.00m）发生较大规模的拉裂-错落变形，最大水平位移 0.24m、垂向下错 1.40m；1999—2000 年的两年中，坡体中部、下部的拉张-错落变形在水位消落期仍持续发展；2001 年 3 月，随着水位的持续下降，堆积体上部发生拉裂错落变形，主裂缝宽 6～7cm，并向变形体两侧发展延伸，形成贯通性滑移控制面。显然，该古滑坡体的复活变形经历了一个从前缘向后缘牵引后退的发展过程，属于典型的“渐进后退式”滑动模式。

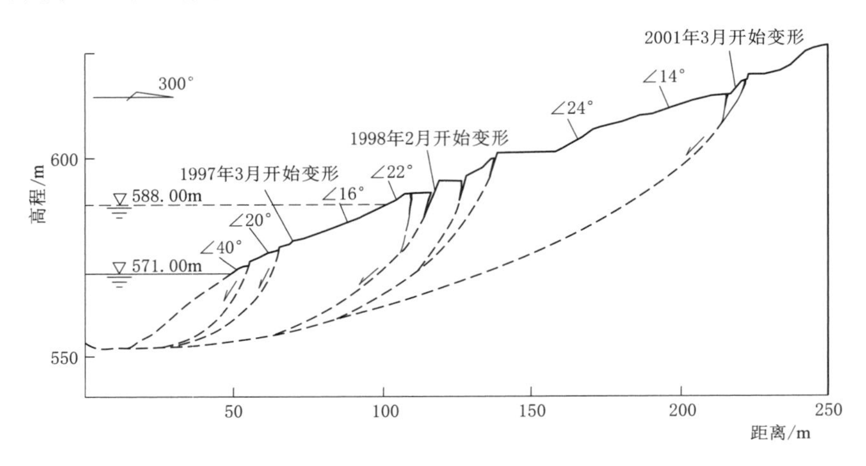

图 3.1-1 四川省白龙江宝珠寺水库东山村八社滑坡典型剖面

（1）前缘及临空面附近产生拉张裂缝。当坡体前缘临空条件较好，尤其是坡脚受流（库）水侵蚀、人工开挖切脚等因素的影响时，在坡体前缘坡顶部位出现拉应力集中，并产生向临空方向的拉裂-错落变形，出现横向拉张裂缝。

（2）前缘局部塌滑、裂缝向后扩展。随着变形的不断增加，前缘裂缝不断增长、加宽、加深，形成前缘次级滑块。随着前缘次级滑块不断向前滑移，其逐渐脱离母体，为其后缘岩土体的变形提供了新的临空条件。紧邻该滑块的坡体失去前缘岩土体的支撑，逐渐产生新的变形，形成拉张裂缝，并向后扩展，形成第二个次级滑块。以此类推，逐渐形成从前至后的多级弧形拉裂缝、下错台坎和多级滑块。

当坡体从前向后的滑移变形扩展到后缘一定部位时，受滑坡体地质结构和物质组成等因素的限制，变形将停止向后的继续扩展，进一步的变形主要表现为呈叠瓦式向前滑移，直至最后的整体失稳破坏。当然，如果整个坡体的坡度较大，或岩土体力学参数较低，坡体稳定性较差时，也有可能出现从前向后各次级滑块依次独立滑动的情况，而不一定以整体滑动的形式出现。

（3）侧翼剪裂缝的产生。在滑坡的拉张变形从前向后扩展过程中，由于存在向前的滑移变形，在滑移区的两侧边界将产生与推移式类似的侧翼剪张裂缝，不过，雁形排列的剪张裂缝也是跟随着滑移变形从前向后扩展的。

当坡体从前向后的滑移变形扩展到后缘一定位置时，受滑坡体地质结构和物质组成等因素的限制，变形将不再继续向后扩展，进一步的变形主要表现为各级裂缝张开度和下错量逐渐增大，形成新的裂缝，并最终导致后缘弧形拉张裂缝、两侧的剪张裂缝相互贯通，形成圈闭滑坡边界，预示着大规模的整体滑动即将来临。当然，如果整个坡体的坡度相对较大，或岩土体力学参数较低，坡体整体稳定性较差，也有可能出现从前向后逐级多次的滑动模式，而不一定是一次整体滑动。

3.1.4　混合式滑坡裂缝体系发展变化规律

大量的滑坡实例表明，比较典型的牵引式滑坡和推移式滑坡在自然界中确实大量存在，但发生更多的往往是兼具推移式滑动和牵引式滑动的混合式滑坡模式。所谓混合主要表现为两类：一类是在时间上的混合，如白什乡滑坡在开始的阶段主要表现出从前向后变形的牵引式滑动特点，但在滑坡演化的中后期，尤其是滑坡进入加速变形阶段后，则主要表现出从后向前的推移式滑动特点；另一类是在空间上的混合，同一个滑坡在不同地段、不同区域也可能表现出不同的滑动模式，牵引式和推移式在一个滑坡的不同区段同时出现。例如，丹巴滑坡在发生过程中，主滑体主要表现为推移式变形，因主滑体总变形量较大（后缘拉裂缝张开达 1.5m），在滑坡的后期主滑体后部岩土体因主滑体向前滑移而失去支撑，又产生牵引式滑动，甚至还存在第三类变形破坏模式，即同时具有以上两种滑坡模式的特点，通过坡体的变形破坏迹象，不能很明确地判定其究竟属于推移式滑坡还是牵引式滑坡。因此，对于混合式滑坡应分时段、分部位分析判断裂缝体系的分期配套特性，而不能机械地生搬硬套。

3.1.5　滑坡裂缝体系的分期配套特性

从上述分析可以看出，滑坡裂缝体系的发展变化具有分期配套特性。除地表配套的裂缝体系之外，滑坡体上的建（构）筑物变形与开裂也是判断滑坡稳定性和发展演化阶段的重要宏观迹象。但建（构）筑物的开裂也可由其他原因产生，比较常见的是地基不均匀沉降引起的建（构）筑物开裂、下沉、错断。判断建（构）筑物开裂是否由滑坡活动引起，应当将开裂建（构）筑物在滑坡上所处的位置、开裂的力学属性及变形阐述发展历史与过程相结合，并与滑坡本身变形有机联系起来，加以综合分析评价。如果正好位于后缘拉裂带，建（构）筑物会产生自地基向上发展的张裂；如果位于前缘隆起带，建（构）筑物则会产生自顶部向下发展的张裂；如果处于两侧翼剪张带则会产生剪裂隙。如果群体建（构）筑物位于以上所述的地带，则建（构）筑物的开裂应是群体的而非个别的。

大量的滑坡实例表明，当滑坡进入加速变形阶段后，各类裂缝便会逐渐相互连接、贯通，并趋于圈闭。但是滑坡的变形破坏机制和过程非常复杂，个性特征明显，在实际的变形过程中，推移式滑坡和渐进后退式滑坡往往存在时间和空间上的转换，在不同时间段和不同空间部位的滑坡裂缝体系可能会有所变化。因此，在实际滑坡监测预警过程中，应以此为基础，注意具体问题具体分析，不能机械地判断。

3.2 典型工程不稳定库岸蠕变破坏机理

3.2.1 瓦依昂库岸滑坡机理

3.2.1.1 库岸滑坡形成过程

瓦依昂河是意大利北部皮亚韦河的支流，1957—1960 年，在该河注入皮亚韦河处的上游河谷修建了一座高 265.5m 的双曲拱坝，坝顶高程 725.00m，坝顶长 190.5m、顶宽 3.4m、底宽 22.7m，水库总库容 1.69 亿 m^3。由于坝肩岩体有不利的裂隙组合，曾采用长 55m 的预应力锚索和大量灌浆进行基础处理。水库于 1960 年 2 月开始蓄水；5 月库水位达到 595.00m，期间曾发生小规模岩体塌落；6—9 月底水位从 595.00m 升到 635.00m 期间，左岸岩体发生蠕滑；10 月出现 2km 长的周边裂隙，滑体各测点累计位移量平均为 1m；11 月 4 日库水位升至 645.00m，左岸发生 70 万 m^3 滑坡。此后库水位升降引起的蠕滑速率在 0.1～1cm/d 之间变化，1963 年 3 月滑坡累计位移达 2.3～3.0m；7 月中旬，库水位上升到 705.00m，滑坡位移速率小于 0.5cm/d；9 月初，库水位缓慢增到 710.00m，滑坡速率增到 1.2cm/d，9 月中旬滑坡速率达到 3.5cm/d；9 月底至 10 月初，库水位以 1m/d 的速度下降。10 月 9 日滑坡位移速率达到 20cm/d，当晚 10 时 30 分，库水位为 700.40m，库容约 1.15 亿 m^3 时，发生剧滑（值得注意的是自 8 月至 10 月当地降雨较多)。滑坡方量为 2.75 亿 m^3，以 25～30m/s 的速度冲向对岸，对岸涌浪高程达 960.00m，即高出原库水位 260m。翻越坝顶的涌浪高达 245m，冲向下游皮亚韦河对岸，席卷村庄，致使 1925 人丧生，大坝管理和滑坡监测人员及其家属无一幸免。

瓦依昂水库库容较小，库水位受降雨影响较大。在发现滑坡活动后，工作人员曾在右岸开凿一旁通隧洞，防止滑坡堵塞水库。当时的负责官员和技术人员已经发现，通常只是在新岩层首次浸水时，位移才明显增加，而在第二次浸水时位移明显减小。因此，曾在每年雨季后降低水位，然后再逐渐抬高水位。然而就在第三次水位抬升后，滑坡速率一直增大，再降低水位也无济于事，最终酿成惨祸，其教训值得汲取。

3.2.1.2 滑坡机理讨论

在瓦依昂库岸滑坡发生后，许多专家学者和官方机构对其进行了详细的研究和讨论，在机理方面有各种各样的分析和推测，有的甚至相互矛盾。本书所关心的是对该滑坡也曾试图以降低水位的方法控制蠕滑速率，但是最终仍由蠕滑过渡到剧滑，其原因是什么？可供参考的内容有以下几点：

（1）Müller[50] 认为对滑坡机理应以多因素综合作用的观点、动态的观点、渐进破坏的观点来研究。他认为在地质体的变形过程中，应力的分布和强度的破坏是不均匀的，是随时间而变化的。他强调，由于运动学中变形相容的需要，在滑坡裂面的折角处相邻滑块之间会发生二次剪切破坏，其应力强度从峰值降至残余值。Hendron 和 Patten 在做二维计算时假设铅直面间摩擦角峰值为 40°，残余值为 30°，由此产生的滑坡体初加速度为 0.048g。

（2）Hendron 和 Patten 在 1985 年 6 月提交的最终报告[51] 中明确认为，瓦依昂滑坡是老滑坡的复活，滑体是在连续覆盖滑面大部分面积的一层或多层黏土层上滑动的，该滑面可能与断层有关。值得特别注意的是，在剖面上近于水平的“椅座”形滑面，实际是倾向东侧（上游）的，倾角为9°～22°。这一情况特别重要，因为它表明滑坡的侧前方有阻力，克服这个阻力可能与初次滑动相类似，从而引起从峰值强度向残余强度的骤降，产生蠕滑向剧滑的转化。他们在进行三维计算时取滑动前（峰值）的摩擦角为36°，开始滑动时（残余）的摩擦角为25°。由此项强度损失产生的滑体初始加速度为0.035g，将此初始加速度与前述铅直面间应力强度降低产生的初始速度叠加，总初始加速度可达0.08g，即0.78m/s^2。但是要达到滑坡实际运动的高速度，可能还有由摩擦热形成的孔隙水压力的作用。

(3) Hendron和Patten[51] 认为，瓦依昂滑坡是由于库水位上升和降水引起地下水位升高的综合作用导致的。他们研究的稳定计算结果表明：安全系数因蓄水可降低12%左右；因降雨和融雪产生的孔隙水压力最少可降低约10%。他们推测，历史上的大滑坡是由于超过700mm的降雨引起的。

(4) 地质负责工程师Semenza在其研究综述中认为，1960—1963年10月观测到的地表时静时动的缓慢运动（一直到最后都非常慢），是由沿滑面（可能为古滑坡形成）的滑动和滑体的变形共同构成的[49]。滑坡的发生是渐进的，由滑带物质的软化和滑体趾部基岩的破坏共同组成。他认为库水的下降极为缓慢，地下水不可能形成较高的静水压力，大气降水造成的静水压力也不会引起剧滑；引起剧滑崩溃的直接原因应是岩石支撑系统中的阻滑单元的突然破坏，在此之前，这一岩石支撑系统一直使滑体运动保持在缓慢变形范围内[49]。他没有说明在一个老滑坡内为什么还存在这样的未经破坏的或强度较高的岩石单元。本书推测这可能包括前述的侧向阻力和岩体内部错动面等。

3.2.2 柘溪水库塘岩光滑坡破坏机理

柘溪水电站位于湖南省资水中游，最大坝高104m，为混凝土支墩大头坝，装机容量425MW，库容35.7亿m^3，于1958年动工，1963年完工。水库位于基岩峡谷区，1961年2月5日水库开始初期蓄水，在水位抬升至48.90m时，又逢连续8d的降雨，总降雨量达129mm。1961年3月6日，在大坝上游1550m处的塘岩光发生了165万m^{3}的滑坡，滑坡入水速度为19.58m/s，对岸最大涌浪高度21m，翻坝浪高3.6m，滑坡冲毁坝顶临时挡水木笼和下游施工场地，造成了重大损失。

该滑坡发生于前震旦系板溪群细砂岩夹板岩层内，沿板岩多发生层间错动形成破碎夹泥层。该段河谷为顺向坡，沿层间破碎夹泥层形成底部滑动面，仅在剪出前缘切过强风化岩层，滑面平直，倾角40°左右，滑体厚20～35m；沿两条相距约160m的近于直立而走向垂直河岸的断层形成滑坡侧壁。侧向阻滑力极小，可忽略不计，滑坡基本属于单面滑动。

该滑坡地质条件和发生机理较为简单，主要是由于库水位的上升降低了原坡脚岩体的抗滑阻力，加之连续降雨，上部主滑段岩体容重和静水压力增加，导致滑坡。值得注意的是，该滑坡属于首次滑动，曾伴有渐进破坏和滑面整体贯通的过程。据访问调查，至少在滑坡发生的12h以前，就有乡民发现边坡开裂、局部崩塌和水面起伏不稳等现象。金德濂[52]认为，其滑动机制可能是沿顺坡层面破碎夹层向下剪切蠕动，使边坡上部拉裂形成后缘裂隙，随着不断地剪切蠕动，裂隙不断加宽延伸。当裂缝深达滑面附近时，突然与滑面贯穿，在强大推动力驱使下，在坡脚下部切过强风化基岩和覆盖层滑出坠入水库而掀起涌浪。很明显，滑面强度的突然降低和较为平直的滑面是产生剧滑的主要原因。

3.2.3 界帕齐库岸滑坡蠕滑机理

奥地利的界帕齐水库堆石坝坝高153m，库容1.4亿m^3，设计水位1767.00m。大坝于1964年夏季开始蓄水，当年8月水位到达1702.00m时，坝上游约200m处左岸岸坡开始滑动。滑体前缘宽1080m，滑坡体积约2000万m^3，直接威胁大坝安全。

滑体由冰碛物和上覆的冲、坡积物组成，厚20～40m，下伏基岩为片麻岩，基岩面坡度约35°。滑面位于冰碛物内，滑带厚2.5～3.5m，由砾质土组成，其中0.2mm以下颗粒占22%，2mm以下颗粒占44%，有大漂砾夹杂其间，天然含水率11.7%～15.7%。

1964年8月初至9月上旬，40d内库水位由1670.00m上升到1719.00m。滑坡在水位为1702.00m时开始下滑，最大垂直位移速率达78mm/d；库水位上升到1719m时停留一个半月，滑体减速，并于当年12月停止滑动，总垂直位移量约5m。

1965年年初，库水位迅速降到1670.00m，只引起滑体少量位移；6月水位上升，6月20日再次达到1719.00m，滑体也随之加速滑动；7月9日滑体移动速率达190mm/d；7月13日水位稳定后，滑速减小，并于8月20日停止滑动；9月3日水位上升到1750.00m。1965年的垂直位移量为2.4m，此后到1966年9月位移量为2m。1966年9月26日库水位升到设计水位1967.00m。1964—1966年的总垂直位移量为7.6m，水平位移相当于垂直位移的1.5倍，1964—1966年的水平位移量分别为7.4m、3.5m和0.5m。

研究者认为该滑坡的位移过程反映了冰碛土的蠕变特性。库水位上升使滑体下部减重，沿滑面剪应力增加，滑体即向下滑动；滑体向下滑动后，剪应力减小，冰碛土迅速恢复强度，使滑坡稳定。在研究中，利用剪应力与正应力比值的变化来评价滑面所受剪力的变化。

对于界帕齐库岸滑坡在水库蓄水过程中滑速降低的现象，曾有学者做过滑带土流变试验。其滑带土由冰碛土组成，其中粒径小于2mm的颗粒占30%～50%。试验时将粒径小于2mm的土样调成液限状态，在10cm×10cm剪切盒内受0.3MPa压力的固结作用，然后受剪应力比（τ/σ）为0.35的剪切，持续时间为12min，其速率为0.12mm/min，3min后速率即降为0；将一组试验的剪应力比升为0.45，另一组试验升为0.65（相当于破坏应力），此时的速率分别为0.2mm/min和0.6mm/min，其速率分别在8min和16min内明显降低；将剪应力比下降0.025后，其速率即降为0。以上试验证明，当剪应力维持不变或略有降低时，黏滞性即很快再生。当黏滞系数再生达到10^4MPa·s量级时，即足以使剪切运动终止。土颗粒间的黏结力在剪切过程中的增大现象，可应用黏-弹性体模型进行模拟。试验表明，在低剪应力作用下黏滞系数为10^6MPa·s量级；剪应力增大后为10^2MPa·s量级，破坏时更低。从速率能降低为0来看，剪应力未超过长期强度，蠕变处于初始蠕变阶段，在此蠕变阶段内，黏滞系数有随时间增大的现象。

3.2.4 公伯峡古什群倾倒塌滑体变形机理

公伯峡水电站位于青海省循化县与化隆县交界处，水库正常蓄水位2005.00m，回水全长61km。

3.2.4.1 倾倒塌滑体地质条件

古什群倾倒塌滑体位于坝前上游2.2km处的右岸，此河段河谷狭窄，岸坡陡峻，平均坡度40°～50°，岸坡高400～500m。倾倒塌滑体后缘高程2160.00m，有2～8m高的错坎；前缘高程1940.00～1960.00m，位于库水位以下51～75m；上游侧以冲沟为界，下游侧以山梁上游坡脚为界，边界清楚。水库蓄水前，古什群倾倒塌滑体顺河向平均宽度约300m，顺坡向平均长度约262m，面积约5.56万m^2，平均厚度约35m（最厚处达50m），体积约195万m^3。

古什群倾倒塌滑体所在峡谷段为典型的V形峡谷，两岸坡顶高程约2500.00m，平水期河水位高程约1906.00m，谷坡高度近600m，谷底宽30～40m，水库正常蓄水位2005.00m时谷宽约320m，至2200.00m高程时谷宽约800m。

水库蓄水后，该倾倒塌滑体水面上下游距离约265m，水面以上纵向距离约200m。山顶最大高程2210.00m，高出河水面约205m。倾倒塌滑体的中间为一凸出的山梁，坡度40°～60°。靠近河水面段为崩积块碎石层，多为大块石覆盖，中部为倾倒塌滑体组成的较陡斜坡段，上部坡顶段较为平缓，地表局部形成拉裂缝。下游侧在蓄水后曾发生过塌方，地形上形成凹地，岸坡较为陡峻，上游侧表层局部发生塌方，临近河水面局部有块碎石堆积。图3.2-1为水库蓄水后倾倒塌滑体全貌。

图3.2-1 水库蓄水后倾倒塌滑体全貌

古什群地段主要由前震旦尕让群片麻岩、片岩、加里东期花岗岩侵入体组成。根据前期测绘资料，仅在原古什群上坝址约1km^2的范围内，就发育有近20条较大断裂，破碎带宽度一般为1～2m，大的可以达20m。出露在倾倒体后缘的断层F_{111}和下游的断层F_{105}，破碎带宽度最大分别为5～8m和20m。断层F_{106}为变形塌滑体下游的控制性构造，该构造倾向为SE，倾角上部与岩层产状近似，下部倾角较大。倾倒塌滑体中裂隙较为发育，与断层产状接近，普遍较发育，尤其是缓倾角裂隙在不同高程均有分布。这些裂隙中既有不同时期、不同性质的构造裂隙，也有受河谷卸荷改造的裂隙，它们和断层共同为该倾倒塌滑体的发育提供了发育的边界条件。

3.2.4.2 倾倒塌滑体分区变形破坏特征

在收集和整理已有资料的基础上，采用无人机正射影像及三维实景模型技术，对古什群倾倒塌滑体进行了高清摄影及测绘；开展了地表地质调查、地质测绘，以及三维地质建模分析；采用物探手段对倾倒塌滑体的范围、厚度、结构等进行了探测；对近年的现场地质巡视资料及变形监测资料进行了分析研究。在对古什群倾倒塌滑体的前期研究中，根据倾倒塌滑体的结构特征，以中间小山脊为界，在平面上分成A区和B区两个区，即上游侧为A区，下游侧为B区。

A区岩体块度较小，岩块发生过明显的错位，翻转甚至滚动，且堆积紧密，后缘发育Lf_7和Lf_8两条错缝；B区松散岩块块度较大，松动、架空现象明显，后缘发育明显的错台和裂缝，向上游延伸至A区。

根据倾倒塌滑体的地形地貌、岩体结构及变形破坏特征，并结合前期勘探平洞的资料，将倾倒塌滑体水上部分自前缘至后缘，按不同高程在平面上依次分为Ⅰ区、Ⅱ区和Ⅲ区（图3.2-2）。

图3.2-2　倾倒塌滑体分区分块示意图

Ⅰ区与Ⅱ区以中部的Lf_6裂缝为界；Ⅱ区与Ⅲ区以Lf_9裂缝、Lf_1裂缝、Lf_2裂缝连接Lf_8裂缝为界，倾倒塌滑体底界为Ⅲ区。三个区上游侧均以冲沟沟底为界，下游侧以山梁上游侧缘为界。深部与其对应，由浅至深也分为三个区。总体来看，除前缘表部因坍塌破坏强烈基本为散体结构外，其内部结构总体上呈碎裂结构。

地表以Lf_6裂缝为界、平洞中洞深至20m为界的区域为Ⅰ区，该区的主要特征是地表拉裂缝明显，已经形成明显的错台，拉裂缝延伸较差，倾倒岩体呈碎裂、散体结构，遇水极易产生塌方，对应的原下游侧局部已经发生塌方。将该区命名为坍塌区，即原倾倒塌滑体已经发生破坏。

Ⅱ区地表以Lf_9裂缝、Lf_1裂缝、Lf_2裂缝连接Lf_8裂缝为界，地形起伏较大，拉裂缝发育且较集中，Lf_8裂缝出现明显的错台，其余裂缝未发现明显错台。PD9号中松弛架空现象明显，局部塌方高度3m，厚层—中层的片麻岩块体，局部有岩层弯曲现象。该区主要为岩体弯曲，拉裂变形明显，呈强倾倒状态。

Ⅲ区地表以倾倒塌滑体为边界，表部地形呈斜坡状，后缘有错落平台，高度不大，地表未发现明显的裂缝；PD9号中主要以花岗片麻岩岩块为主，架空拉裂现象明显。该区主要为倾倒变形区，岩体倾倒，呈碎裂结构。

倾倒塌滑体地表拉裂缝十分发育，且主要集中在倾倒塌滑体后缘及下游侧边缘（图3.2-3），上游侧拉裂缝不明显，但冲沟以上岩层倾倒明显，冲沟口河水面附近基岩倾倒变形特征不明显。

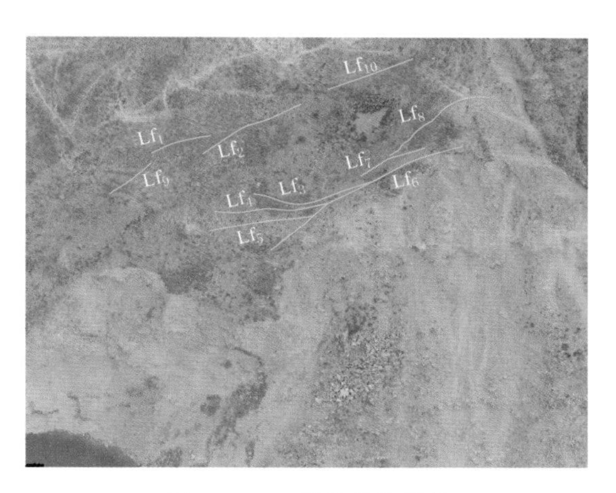

图3.2-3 后缘的拉裂缝

中后部多级错台拉裂缝如图3.2-4所示。拉裂缝均发育在浅表层的覆盖层台中，向下游延伸，覆盖层以粉质黏土为主，厚度一般为1.5m左右，拉裂缝总体走向近似SN向，延伸一般在10m以上，前缘外部局部发生塌方，呈散体结构。下游侧前缘已发生大范围塌方。

采用无人机低空摄影测量技术及三维要素模型技术，对倾倒塌滑体区域进行地形实测，并与蓄水前的地形进行对比分析。原始地形上倾倒塌滑体中间为小山脊，下游侧以断层F_{105}为界，发育一条小冲沟，后缘为平台状，错台2～3m，上游侧以冲沟为界，总体地形呈扇形分布，界线明显，在底界呈封闭状态。

图3.2-4 中后部多级错台拉裂缝

蓄水后上部地形变化较大，除了中间小山脊出现小规模的塌方外，在水面附近形成堆积，以大块石为主，下游侧发生了较大塌方，形成凹形地貌；中间山脊中后缘出现明显错台，最大错台达2.5m以上，水平错距达1.2m以上，并出现多级错台，上游侧边界发生塌方，形成较为陡峻地形。水下地形未能实测，总体上该倾倒塌滑体在水上呈扇形分布（图3.2-5）。

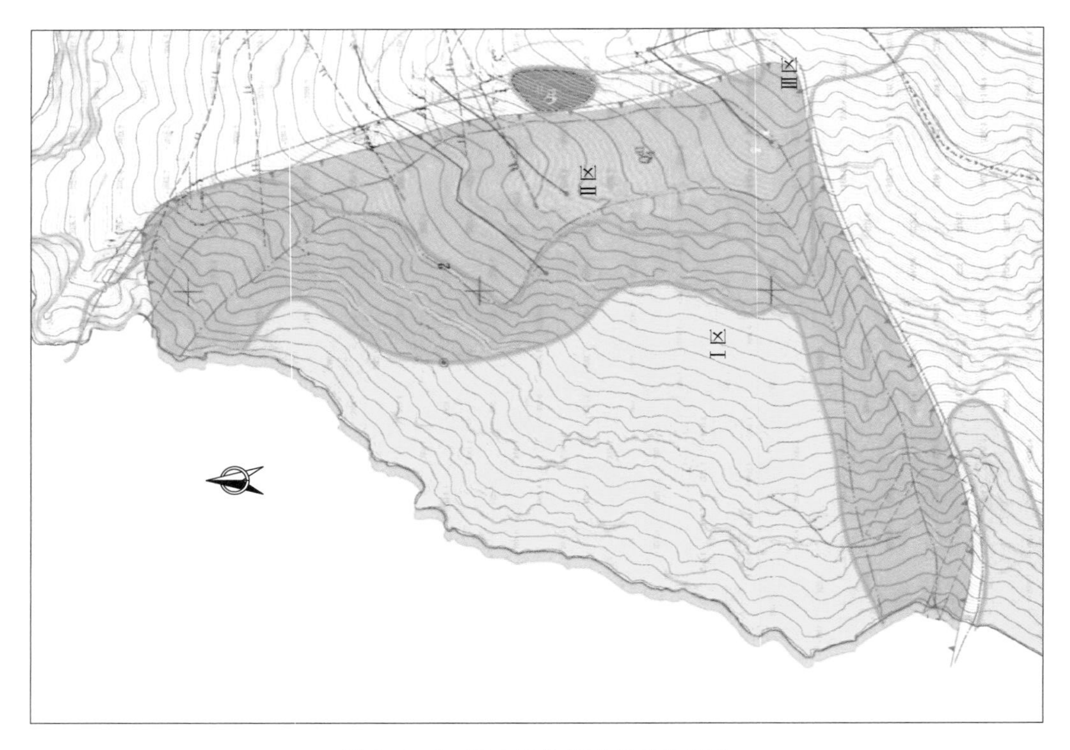

图 3.2-5 蓄水后倾倒塌滑体地形图

采用平行断面法计算塌方总体积约为23.63万m^3，现倾倒塌滑体的体积约为171.37万m^3，其中水面以上体积约为101.37万m^3。

图3.2-6为古什群倾倒塌滑体三维地质模型。从三维地质模型可以看出，古什群倾倒塌滑体地形已经发生了较大变化，尤其以下游侧塌方区变化最大，地形凹进较多，中部山脊及上右侧主要表现为顶部塌方、中下部堆积。

图 3.2-6 古什群倾倒塌滑体三维地质模型

由图3.2-6的三维地质模型可知，紫色部分为倾倒塌滑体，其体积为171.44万m^3；红色部分为已经发生塌方的区域，厚度相差较大，下游侧塌方量大于上游侧塌方量，利用模型计算可知水面以上塌方量为15.44万m^3。

3.2.4.3 倾倒塌滑体特征及形成机制

倾倒变形是河谷地区层状岩质边坡一种典型的破坏方式，多发生在由塑性的薄层岩层组成的反向结构的边坡中。倾倒变形的模式一般有弯曲-拉裂-剪切型、倾倒-折断-剪切型、卸荷-弯曲-倾倒型、压缩-弯曲-倾倒型以及压缩-拉裂-倾倒型。影响倾倒塌滑体形成的因素较为复杂，典型的倾倒塌滑体的形成除了与地形地貌、岩性特征、坡体地质结构等内部条件有关外，还与地应力、降雨、地震、人类工程活动等外部因素有关。

（1）地形地貌为斜坡变形提供了临空条件。古什群倾倒塌滑体岸坡地形高陡，平均坡度大于35°，原始河床附近的坡度在50°以上，地表冲沟较发育，地形较破碎，上下游两侧发育深切冲沟，前缘地形陡峻，临空条件好，地形上呈三面临空的山梁。地表多被第四系松散物覆盖，基岩零星出露，岩体受构造切割及风化影响完整性差，地表水入渗条件较好，为斜坡的倾倒变形提供了有利的地形条件。

（2）软弱的岩性特征是发生倾倒变形的根本内因。岩性特征决定了一个坡体的物质组成及其在外部作用下的力学表现，岩石的软硬程度决定了岩体的抗变形破坏能力，不同软硬程度的岩石在外力作用下的力学特性差异较大，千枚岩、板岩、片岩等易产生弯曲变形；薄层片麻岩、砂岩等易产生弯折破坏。古什群倾倒塌滑体所处的岸坡主要由薄层状黑云母斜长片麻岩组成，片麻岩岩性较脆弱，片理发育，在高陡临空的地形条件下易产生弯折、倒塌破坏。从倾倒塌滑体前缘出露的岩体情况来看，此类特征较为明显。

（3）特殊的坡体地质结构决定了斜坡变形破坏的基本型式。坡体地质结构表征了坡体各组成部分之间的关系，一定程度上控制着变形破坏的边界及变形破坏的模式。在顺向坡中易发生滑移、拉裂破坏，在反向坡中则以倾倒弯曲变形为主要表现形式。古什群倾倒塌滑体所处斜坡由层状片麻岩组成，片理走向NE40°～60°，倾向SE，倾角60°～75°，走向与岸坡近乎平行并倾向岸里，构成陡倾岸里的反向坡。岩体中发育有较多的层间挤压及断裂构造，如早期平洞中的层间挤压断层。由于岩层走向与岸坡呈小角度相交，倾向坡里，倾角较陡，受地应力及构造影响，岩体较为破碎；坡体前缘有倾向岸里的缓倾角裂隙组发育，整个岩体中断裂发育，坡体后缘有成组的缓-中倾角的倾向谷坡外部的断裂集中发育。这种结构决定了一旦出现临空面，岩体在重力场作用下向临空面方向逐渐变形、倾倒，随着变形的加剧，在倾倒较为强烈的部位产生拉裂缝，发生弯曲、折断等现象。

（4）较高的地应力为斜坡岩体的变形提供了应力条件。古什群河段河谷深切，两岸坡高达到500～600m，局部段甚至更高。根据该工程前期区域地质资料以及对邻近工程区地应力的研究反演得到的地应力特征可知，公伯峡古什群河段地应力场最大主应力方向为NE向，其应力场方向与此段河流大致平行。

根据研究成果：当最大主应力垂直河流时，河床部位应力集中；当最大主应力平行河流时，河床应力处于不增高或略有降低的情况，出现应力降低环或等应力环，此时谷坡的二次应力集中较明显。古什群河段属于主应力平行河流的情况，即河床应力出现等应力环或应力降低环。

由于岸坡应力相对较高，岸坡岩体中二次应力集中现象明显，应力条件有利于斜坡的变形。古什群河段两岸斜坡的变形破坏现象较为突出，左岸发育方量巨大的古什群滑坡群，右岸倾倒变形及塌滑较为普遍。

（5）降雨等气象条件是诱发山体变形的主要因素之一，尤其是持续高强度的降雨、降雪及冻融等。持续降水入渗一方面使斜坡岩体及岩体中的结构面软化，降低其物理力学强度；另一方面岩体吸水饱和自重增加，静水压力和动水压力增大，加剧了斜坡的变形破坏。根据本区域的气象资料，2018 年工程区降水较多，冬季气候寒冷，这也是古什群倾倒塌滑体近年来变形加剧的因素之一。

（6）地震是形成斜坡变形甚至产生滑动破坏的诱因。根据区域地震地质背景及历史地震记载，工程区 300km 范围内，6 级及以上地震绝大多数分布在祁连隆断带（祁连褶皱）和海南隆断带（秦岭褶皱系）的东段（即东经 102°以东）。工程区 120km 范围内，自公元 318 年以来共记载 4.75 级以上地震 17 次，其中最大震级为 5.6 级（发生于 1819 年的化隆地区）。历史上，发生于 1920 年的海源 8.5 级地震、1927 年的古浪 8 级地震、1990 年 4 月 26 日的青海塘格木 6.9 级地震等外围强震，对工程区的影响烈度为Ⅶ度。由于地震活动，进一步破坏了坡体结构，边坡自稳能力降低，加剧了坡体的变形破坏。

（7）水库蓄水等人类工程活动是影响古什群倾倒塌滑体进一步变形破坏的外部关键因素。根据现场巡视和变形监测资料，2004 年 8 月水库开始蓄水后，倾倒塌滑体前缘部分受到水的浸泡及冲刷，岩体及结构面强度降低，内水压力增大，坡体应力效应放大，变形破坏加剧，前缘及下游侧表部开始局部坍塌，形成小型的崩塌体，后缘出现拉裂缝。由此可见，库水位的变化与倾倒体的变形破坏相关性明显，水库蓄水是导致古什群倾倒塌滑体进一步变形破坏的关键外部因素。

综上所述，斜坡发生倾倒变形破坏的影响因素较为复杂，除了斜坡本身的内在因素外，外部的诱发因素也是至关重要的，一个斜坡的变形破坏往往是多种内外因素综合作用的结果。古什群倾倒塌滑体在水库蓄水前已经存在，这是由斜坡本身的环境地质条件所决定的，是高陡临空斜坡自重应力长期作用下的产物，而水库蓄水则加剧了斜坡变形破坏的进程。

3.2.4.4 形成机制分析

岩体在不同的应力状态下所表现出来的变形破坏方式不同，但从力学机制上来说，其最终的破坏不外乎是剪切破坏和拉断破坏两种主要形式。由于在变形破坏过程中所处的应力不同，加上岩性与岩体结构的差异性，变形破坏的过程较为复杂，破坏特征各有不同，形式也多种多样，时间效应和孔隙水压力所起的作用也各有不同。

古什群倾倒塌滑体由相对坚硬的片麻岩组成，岩层呈板状结构，岩层倾角较陡，为反向坡结构。由于受黄河水流的下切，斜坡前缘高陡临空产生卸荷拉裂，岩体产生了倾倒变形，岩层发生弯曲，层间出现拉裂，当弯曲达到一定程度时，沿相对软弱的结构面折断，岩块发生转动或滑移，形成了局部塌滑。中部岩体沿层间结构面或卸荷裂隙发生板裂破坏，地表形成近乎平行于岸坡的拉裂缝，深部发生不连续的剪切位移，导致后缘出现明显的错台和破裂面。

3.2.4.5 倾倒塌滑体破坏模式

对古什群倾倒塌滑体变形破坏形态、特征的调查和分析认为，其形成、发展过程大致分为初始变形阶段、弯曲-倾倒阶段、拉裂-剪切破坏阶段和滑移破坏四个阶段。

在水库蓄水前，古什群右岸倾倒塌滑体可分为上游的A区和下游的B区，两区均有表层岩块错位、翻转、滚动，中部岩层明显弯折，下部岩体相对完整的特征。但A区松散岩块块度相对B区小，且堆积紧密；而B区松散岩块块度较大，松动、架空现象明显。另外，从后缘错坎和底滑面特征来看，可判断B区曾发生过以垂直位移为主的错落-滑移型破坏。

水库蓄水后，古什群变形塌滑体岸坡出现了较明显的卸荷变形。蓄水初期，监测点附近出现拉裂缝，随着蓄水位的升高，出现了多条裂缝，裂缝呈现出明显的错台和鼓胀现象。随着蓄水的继续增加，前缘松散岩体不断滑入水库，整个塌滑体在平面上呈扇形散开。在蓄水至正常蓄水位后，倾倒体坍塌区出现较多不同大小的裂缝，前缘在雨水的冲刷下伴有少量塌滑，但未发生大规模塌滑。在蓄水过程中虽然出现多次塌方，但倾倒塌滑体的整体稳定性未发生变化，塌方主要集中在下游侧及前缘，后缘整体未发现大规模的拉裂缝或错缝。

依据地质调查并结合前期资料分析，虽然倾倒塌滑体局部临空面上发生了滑移破坏，中后部产生了明显的错动和错落，局部破裂面达2.5m以上，但尚未形成统一的滑移面。由于坡体后缘及前缘的结构面规模较小，表层岩体破碎，且上、下游岩体结构差异较大，整体性较差，前缘部分已滑落，产生整体下滑的可能性较小，其破坏形式仍以前缘坍塌、中部拉裂、后缘错落为主。

对古什群倾倒塌滑体倾倒变形特征的调查分析认为，倾倒塌滑体仍处于滑移破坏的初期，前缘的坍塌属于蓄水后的库区边坡塌岸再造，对倾倒塌滑体的整体稳定性影响不大。

随着后期降水入渗导致拉裂缝局部扩大，在库水位风浪淘蚀作用下，前缘拉裂缝将产生塌方，形成堆积体。由于倾倒塌滑体岸坡较陡，塌方形成的堆积体大部分将进入水库内，随着前缘边坡的坍塌，牵引中部岸坡稳定，导致Lf_8拉裂缝继续扩大，局部岸坡较陡段产生小规模的塌方，但倾倒塌滑体的边界条件未发生变化，整体稳定性不会发生较大变化。

3.2.5 李家峡库区滑坡由蠕滑过渡到剧滑的破坏机理

李家峡坝前Ⅰ号、Ⅱ号滑坡均是老滑坡，水库蓄水前即处于蠕滑状态。当时的监测资料表明，这两个老滑坡既是蠕变体（变形体）又是蠕滑体（滑动体），地表测量的位移量是变形和滑动的矢量和。这种蠕变和蠕滑特性是宏观监测资料揭示的，也是被滑带土和流变剪切试验所证明了的。

在蠕变理论中，变形量是以剪应变表示的。当假定滑带土和滑体的总厚度在滑动过程中基本不变时（对于巨大滑体的微小变形和位移来说，这个条件是完全可以满足的），就可以用位移量代替剪应变量。

试验证明，当滑带土经受的剪应力介于长期强度和临界强度之间时，滑带土剪切蠕变实际是减速蠕变。当这种减速蠕变持续很长时间，位移量小于观测精度时，即认为它进入等速蠕变。由于库水位变化或降雨、地震等外界因素的作用，最终都体现在剪应力的作用上，每一次剪应力的变化都使滑带土进入一条新的蠕变曲线，也即是发生一次新的减速蠕滑。这种现象被李家峡水库每次水位抬升和对坝前Ⅱ号滑坡的促滑试验所证明，也被界帕齐水库的经验所证明。当用对数曲线模拟这种减速蠕滑运动时，能很好地拟合实际监测到的位移过程。当用黏滞系数来说明其物理特性时，只能得出黏滞系数随剪切错动增大的结论。界帕齐水库滑带土剪切试验成果证明了“黏滞系数再生”现象的存在。

众多工程实例证明，滑坡从蠕滑进入到剧滑状态是滑面上剪应力突然超过临界强度，滑坡位移产生的位置调整来不及适应剪荷载增加的情况，这可能是由于滑面强度的突然降低和主滑荷载突然增大的缘故。此外，这还与滑面形状等几何因素有关。李家峡坝前Ⅱ号滑坡是一直处于活动状态的老滑坡，滑面具有上陡下缓的形状，滑带土已处于残余强度，滑体结构松弛，透水性强，库水位的变化能随时得到滑体活动的响应，这就使滑面上的剪应力始终不可能超过临界强度。据此分析，李家峡坝前Ⅱ号滑坡不可能进入加速蠕滑阶段，也不可能发生有危害性涌浪的剧滑。

3.3 不稳定库岸蠕滑灾变机理

通过上述诸多工程实例的介绍，进一步分析蠕变理论可知，蠕滑岩体进入剧滑运动的必要条件是下滑剪应力超过滑面的临界强度。众所周知，蠕滑岩体处于临界稳定状态，如果下滑力的增加能被滑体本身的运动所平衡，滑面上的剪应力始终不能超过滑面的临界强度，则剧滑也不可能发生。从理论和工程实例分析来看，可能发生剧滑的条件如下。

1. 滑面抗剪强度突然降低

（1）滑面抗剪强度峰值降低到残余值：①一般发生于首次滑坡滑面（包括侧面、坡脚等）部位岩桥或锁固段突然剪穿，如塘岩光滑坡；②古滑坡已固结的阻滑部位突然剪穿，如瓦依昂滑坡上游侧面剪穿的情况。

（2）滑面抗剪强度由静摩擦转入动摩擦：一般发生在滑面平直或上缓下陡，特别是悬挂式滑坡的情况。下滑时，其初始加速度可在一定距离内起作用，使滑坡达到一定的速度，如塘岩光滑坡。

（3）滑面抗剪强度大范围恶化：多由久雨或强降雨引起。还有滑床呈座椅式且下部水平段较长时，库水位一旦上升超过水平段位置，即可引起大范围滑面抗剪强度的下降，如瓦依昂滑坡。

2. 主滑荷载突然增加

（1）强降雨：地下水位增高，水上滑体容重增大，静水压力增大。瓦依昂滑坡和塘岩光滑坡均有这种情况。长江鸡扒子滑坡较为典型，该滑坡发生于1982年7月18日，滑前48h降雨量达331.3m，滑前18h天然排水通道石板沟被堵，约3.89万m^3积水渗入滑体，地下水位普遍上升10～30m，引起1500万m^3土石下滑。

（2）滑体上部主滑部分荷载突然增大：比较突出的事例是1985年6月12日总体积约

2000万m^3的长江新滩滑坡，该滑坡为一巨型堆积物滑坡，分为上下两段，上段姜坡接受顶部广家崖崩滑堆积物，使剩余下滑力增大，在特定的地形条件下，降雨诱发了坡体整体滑动，滑动过程中形成滑坡碎石流，加载于下段相对稳定的新滩岸坡，引起大规模滑坡。大规模滑坡发生前，在姜家坡一带曾形成平卧“支撑拱”，其两侧拱座是上、下滑体连接部位。西侧拱座首先被破坏，导致支撑拱崩溃，最终造成坡体的整体滑动。

第 4 章

水库蓄水运行塌岸模式及其机理研究

水库蓄水后，改变了岸坡的自然平衡，在特定情况下库水与岸坡岩土体相互作用使岸坡失稳破坏，即发生水库塌岸。本章以典型水库工程为例，在大量现场调查的基础上，查明库区岸坡结构，弄清塌岸影响因素，建立每种塌岸模式的概念模型，并分析其变形破坏机制，进一步用数值模拟的方法验证每种塌岸的发展演化，最后确认塌岸的模式及其机理。

4.1 水库岸坡结构特征及稳定性分类

水库蓄水必然会引起库岸再造。已有的塌岸调查资料表明，岸坡岩土体结构是决定水库岸坡变形破坏方式的关键因素之一。在相同的地质环境下，具有不同结构的库岸岸坡的再造方式一般不同，其塌岸模式、塌岸规模和塌岸数量也往往有较大的差别。因此，查明库区岸坡结构特征对于分析岸坡发育特征、变形破坏机制，进行稳定性评价和塌岸再造范围预测具有十分重要的意义。

库区塌岸工程地质条件复杂多变，构造极为复杂，影响因素众多，包括地形地貌（岸坡高度、坡度、形状、植被发育状况）、岸坡类型、地质构造、地层岩性、结构面特征、岩土体物理力学性质、地下水状况等。某一段库岸岸坡往往是多种岸坡结构的组合，很难界定其具体属于哪一种岸坡类型，因此，必须通过大量的现场调查，对岸坡类型进行细致的划分，总结分析水库区的岸坡结构类型。

塌岸模式和规模很大程度上取决于岸坡的结构特征和结构类型。调查显示，岸坡的地形地貌特征与塌岸关系密切，地形越陡，河流切割越强烈，越容易产生塌岸。在相同条件下，陡坡型土质岸坡和上陡下缓型土质岸坡比缓坡型土质岸坡更易产生塌岸。一般情况下，岩质岸坡比土质岸坡更能经受风浪的冲刷。岸坡上植被越发育，库岸的稳定性就越好；岸坡物质越松散，库岸再造就越强烈。岩体裂隙越发育，完整性越差，对库岸稳定性的影响就越大。一般条件下，除具有特殊结构面的岩质库岸外，土质库岸比岩质库岸更易产生塌岸和库岸再造。

由此可见，开展库岸岸坡结构特征调查和分析工作是进行水库塌岸模式研究、塌岸范围预测和库岸稳定性评价的基础性工作。只有充分地认识库区岸坡的结构特征，才能对岸坡的稳定性进行合理的评价，并对塌岸范围进行预测。

4.1.1 岸坡结构类型

岸坡结构是指岸坡坡面的产状与岸坡岩土体特征以及岩土体产状之间的相互关系。岸坡结构综合反映了岸坡岩土体的各项特性，是岸坡变形破坏的基本环境，不同的岸坡结构决定着不同岸坡破坏的类型、规模、数量。因此，查清库区岸坡的结构特征对于分析岸坡变形破坏发育情况、机理机制以及稳定性评估等具有非常重要的意义。

1. 岸坡地质结构分类

根据地层岩性，库岸岸坡可分为土质岸坡、岩质岸坡和岩土混合岸坡。岸坡地质结构分类见表4.1-1。

表4.1-1　岸坡地质结构分类

一级分类		二级分类		备　注
名称	代号	名称	代号	
土质岸坡	Ⅰ	坡积土质岸坡	$Ⅰ_1$	
		崩积土质岸坡	$Ⅰ_2$	
		冲积土质岸坡	$Ⅰ_3$	
		洪积土质岸坡	$Ⅰ_4$	
		残积土质岸坡	$Ⅰ_5$	
		滑坡堆积土质岸坡	$Ⅰ_6$	
岩质岸坡	Ⅱ	横向岸坡	$Ⅱ_1$	岩层倾向与岸坡倾向夹角在60°～120°之间
		顺向岸坡	$Ⅱ_2$	岩层倾向与岸坡倾向夹角小于30°
		逆向岸坡	$Ⅱ_3$	岩层倾向与岸坡倾向夹角在150°～180°之间
		斜向岸坡	$Ⅱ_4$	斜顺向岸坡：岩层倾向与岸坡倾向夹角在30°～60°之间； 斜逆向岸坡：岩层倾向与岸坡倾向夹角在120°～150°之间
岩土混合岸坡	Ⅲ	土-软岩岸坡	$Ⅲ_1$	基岩为软岩，上部为松散堆积物
		土-硬岩岸坡	$Ⅲ_2$	基岩为硬岩，上部为松散堆积物

2. 结构面产状与岸坡关系分类

岩质岸坡按岩层产状与坡面产状的关系又可分为横向岸坡、顺向岸坡、逆向岸坡和斜向岸坡（斜顺向岸坡、斜逆向岸坡）。

对于岩质岸坡，根据岩层产状与坡面倾向的不同组合，选取岩层倾角α与岸坡倾向和岩层倾向间的夹角β作为岩质岸坡结构划分的依据（表4.1-1和图4.1-1）。

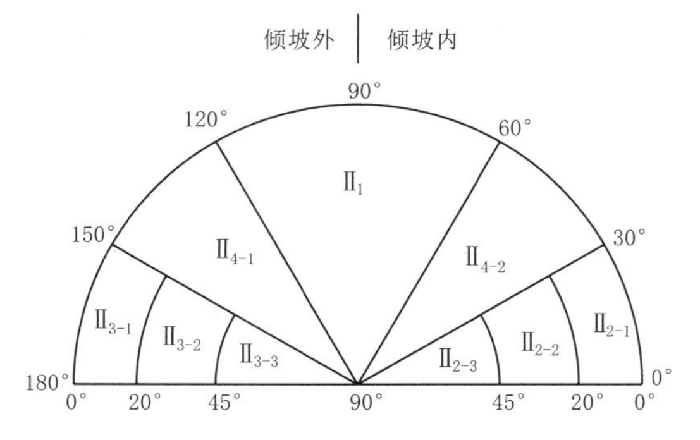

图4.1-1　岩质岸坡结构类型划分

（1）横向岸坡$Ⅱ_1$（$60°\leqslant\beta\leqslant120°$，$0°<\alpha\leqslant90°$）。

（2）顺向岸坡$Ⅱ_2$（$0°<\beta\leqslant30°$）。

1）$Ⅱ_{2-1}$：缓倾坡外顺向岸坡（$10°\leqslant\alpha\leqslant20°$，$0°<\beta\leqslant30°$）。

2）$Ⅱ_{2-2}$：中倾坡外顺向岸坡（$20°\leqslant\alpha\leqslant45°$，$0°<\beta\leqslant30°$）。

3）$Ⅱ_{2-3}$：陡倾坡外顺向岸坡（$45°<\alpha<90°$，$0°<\beta\leqslant30°$）。

（3）逆向岸坡$Ⅱ_3$（$150°<\beta\leqslant180°$）。

1）II_{3-1}：缓倾内逆向岸坡（$10°\leqslant\alpha\leqslant20°$，$150°<\beta\leqslant180°$）。

2）II_{3-2}：中倾内逆向岸坡（$20°<\alpha\leqslant45°$，$150°<\beta\leqslant180°$）。

3）II_{3-3}：陡倾内逆向岸坡（$45°<\alpha<90°$，$150°<\beta\leqslant180°$）。

（4）斜向岸坡II_4（$0°\leqslant\alpha\leqslant90°$）。

1）II_{4-1}：斜倾外岸坡（$0°\leqslant\alpha\leqslant90°$，$120°<\beta<150°$）。

2）II_{4-2}：斜倾内岸坡（$0°\leqslant\alpha\leqslant90°$，$30°<\beta<60°$）。

4.1.2 岸坡结构对库岸稳定性的影响

库岸岸坡结构对岸坡稳定性起着非常重要的作用。本节将岸坡分为土质岸坡、岩质岸坡和岩土混合岸坡三大类进行分析。

1. 土质岸坡

土质岸坡稳定性较弱，主要受土体胶结程度、颗粒大小以及密实度等的影响；主要与土体本身的抗风化、抗侵蚀能力有关。一般来说，土体胶结程度好、较密实且颗粒中等的岸坡稳定性较好。

2. 岩质岸坡

库区出露的地层以层状结构为主，地层的走向受构造的影响与区域构造展布方向基本一致，故水库河谷主要为纵向河谷。河谷的走向与层面（或片麻理、片理面）走向的关系、层面倾向及倾角是影响岸坡稳定性的主要因素。根据库区河谷岸坡与层面（或片麻理、片理面）产状之间的关系，将库区库岸岸坡结构划分为顺向岸坡、逆向岸坡、横向岸坡和斜向岸坡四种类型。

（1）顺向岸坡。顺向岸坡为层面走向与河谷走向交角小于30°，层面倾向坡外的岸坡，该种岸坡受岩层组合方式的不同会发生不同的破坏方式。当岸坡为上硬下软的组合方式时，在重力作用下，下覆软弱岩层发生塑流变形，带动上覆硬岩变形，发生类似于滑移-拉裂的破坏模式；当岸坡为上软下硬的组合方式时，会发生类似于土质岸坡的破坏方式，即蠕滑-拉裂的变形破坏模式。

（2）逆向岸坡。逆向岸坡为层面走向与河谷走向交角小于30°，层面倾向坡内的岸坡，该种岸坡受岩层组合方式的不同会发生不同的破坏方式。当岸坡为上硬下软的组合方式时，下部软弱岩体受库水的浸泡软化，甚至淘蚀，上部岩体近似悬空，发生类似于弯曲-拉裂的变形破坏模式；当岸坡为上软下硬的组合方式时，如果上覆软岩较薄，岸坡较稳定，上覆软岩较厚，则可能产生类似蠕滑-拉裂的塌岸破坏模式。

（3）横向岸坡。横向岸坡的稳定性一般较好，只有当坡体风化卸荷较严重时，才可能发生崩塌破坏。

（4）斜向岸坡。斜向岸坡的稳定性一般较好，当地形较复杂、局部有冲沟的切割或者陡崖时，可能出现顺向岸坡或者逆向岸坡的破坏模式。

3. 岩土混合岸坡

按照下覆基岩岩性可将岩土混合岸坡分为下覆基岩为软岩和下覆基岩为硬岩两种。

（1）下覆基岩为软岩，上部为松散堆积体。当库水侵蚀软岩时会发生类似于土质岸坡的坍塌式塌岸。

（2）下覆基岩为硬岩，上部为松散堆积体。如果下覆基岩产状较陡，则库水侵蚀岸坡的强度有限，不易发生塌岸破坏或者发生坍塌的范围有限、规模较小；如果下覆基岩产状较缓，则容易沿基覆界线发生类似于土质岸坡的坍塌破坏或者滑坡。

4.1.3　库岸稳定性分类

根据库岸岸坡结构、岩性、地质构造及岩体风化程度等因素，将水库库岸稳定性分为稳定库岸（Ⅰ）、基本稳定库岸（Ⅱ）、稳定性较差库岸（Ⅲ）、稳定性差库岸（Ⅳ）四大类。其中，稳定性较差库岸（Ⅲ）又可分为Ⅲa、Ⅲb、Ⅲc 三个亚类。

水库区的天然岸坡是经受长期的地质作用所形成的，赋存于特定的地质环境之中，处于相对的稳定状态。水库蓄水后，由于地质环境条件（主要是水文地质条件）发生了变化，原有的岸坡稳定条件也随之发生了变化，故库岸局部失稳是必然的。库岸失稳主要是由于地下水位抬升、表部岩体受库水长期浸泡、水库运行时水位的涨落及波浪的淘蚀，改变了原来库岸的稳定条件，使库岸产生变形、坍塌或滑坡，以形成新的平衡岸坡。库岸的地形地貌、岸坡结构、岩性、构造发育程度及岩体风化程度，决定了库岸再造的程度和类型。

4.2　水库塌岸影响因素

水库蓄水运行期间，不同类型、不同结构的岸坡将以某种特定的变形破坏方式完成岸坡的再造演化过程，这种特定的变形破坏方式被称为水库岸坡的塌岸。

通过对多个水库区塌岸地质条件的详细调查研究，分析岸坡在库水作用下的变形破坏机理，参考有关资料，分析总结出长期运行条件下库区存在的几种典型的水库塌岸模式：坍塌型、滑移型、坍塌-滑移转化型。

影响岸坡稳定性的因素可分为内因和外因，其中内因包括库岸现状、库岸形态、岩性、地层结构、地质构造等；外因包括库水位的变化幅度和持续时间、库水深度、风力、波浪、人类工程活动作用等。岸坡变形失稳是上述各种因素综合作用的结果，不同水库和同一水库的不同岸段，即使在相同蓄水期间，变形失稳的发展速度和难易程度可能有很大的不同，原因在于影响库岸稳定性的主导因素不同。根据岸坡地质结构的特点以及水库的运行方式，影响库岸稳定的因素主要包括库水位、岸坡岩土结构、库岸形态、人类活动及其他因素。

4.2.1　库水位

由于水库蓄水，新的水土环境将对岸坡稳定产生不利的影响。库水位及其变化幅度、各水位持续时间对库岸稳定性的影响较大。库水位上升过程中，由于岸坡水文地质条件改变，使得岩土物理力学性质恶化、抗剪强度降低、浮托力增大，进而导致塌岸。水库水位下降，岸坡地下水位变化滞后，渗透水压增加，对岸坡稳定的负面影响增大。库水位变幅越大、越频繁，岸坡越易受到破坏。库水位持续时间越长，波浪作用的概率越大，再造速度加快，再造范围扩大。

1. 水流冲蚀

由碎石土、块石土、全强风化岩体等组成的岸坡，其表层松散堆积物抗冲刷能力较差，在水流的作用下，逐渐被搬运带走。对于坡度较缓（现状坡度略大于水下稳定坡角）的岸坡，将因此缓慢后退；而对于松散堆积层较厚且坡度较陡的岸坡，坡脚被冲蚀淘空后则易产生崩滑坍塌。

2. 坡体潜蚀

在水库运行期间，库水位将在一定幅度内上下变动。处在水位变幅带范围的岸坡土体，如碎石土、块石土、人工回填砂等，因其密实度较差，在库水位变动下，坡体内地下水将形成较大的水力坡降，细颗粒被坡体内的地下水析离带出，粗颗粒出现架空现象，并最终导致岸坡坍塌。坡体潜蚀是一个长期缓慢发生的过程，在水库蓄水初期一般不会有明显的迹象。

3. 坡体整体稳定性降低

波动的库水位除了改变坡体土质结构及力学性质外，同时也在不断改变着岸坡的整体稳定力学条件，如增大土体容重、产生动水压力和孔隙水压力、对上部坡体产生浮托力等。不同的库水位及其变动过程，可构成不同的坡体稳定条件，特别是当库水位骤然下降时，形成较高的水位差并产生较大的动水压力，对坡体的稳定极为不利。尤其是对于原来已经趋向稳定的古滑坡，水库蓄水一方面增加覆盖层滑坡的孔隙水压力，或增加基岩滑坡的静水压力和渗透压力；另一方面降低滑带土的抗剪强度，可诱发其整体或局部复活。

4.2.2 岸坡岩土结构

由第四系冲洪积、残坡积及崩滑堆积体等构成的土质岸坡，在库水位变幅内，受波浪作用的影响，土体内部结构发生较大变化，土体颗粒黏聚力减弱；受动水作用的影响，易产生变形、剥落和滑移，造成库岸失稳而后退。

对岩质岸坡而言，影响塌岸的主导因素为岩性、风化程度及岩体结构。由强风化片麻岩、花岗岩组成的岸坡，在库水作用下，容易软化崩解。由黏土岩、粉砂岩等软质岩构成的岸坡，失水后易崩解、风化，该类型的岸坡长期处于饱水-失水过程，会产生侵蚀、剥落，导致岸坡抗冲刷和抗风化能力减弱，在库水冲刷淘蚀下，强风化岩体易被侵蚀剥蚀。陡坡岸段砂岩岸坡在卸荷裂隙切割作用下，易造成上部岩体崩落或坍塌。由变质砂岩、灰岩、白云岩等构成的岸坡，由于组成岩性坚硬，抗风化能力强，塌岸影响一般较微弱。

4.2.3 库岸形态

库岸形态是影响岸坡稳定的重要因素之一，尤其对土质岸坡而言，库岸越高，坡度越陡，库岸再造越严重，反之则越轻微。对于水下岸坡陡直、岸前水深大的库岸，波浪及水流对库岸的作用强烈，崩（坍）塌物质被快速搬运，库岸再造过程加快。支沟发育的“鸡爪”形库岸，地形被强烈切割，突咀、凸岸三面环水，再造较为严重，凹岸则相对轻微。宽河道凹岸迎流顶冲，波浪对岸坡的冲刷作用较强，再造较严重，凸岸和顺直岸坡相对轻微。

4.2.4　人类活动

人类活动是诱发岸坡失稳的因素之一，主要表现在以下两个方面：

（1）人工弃渣处置不当。在人类活动中，会产生大量的建筑弃土、弃石及生活垃圾，若将其随意堆放于岸坡上，将对岸坡的稳定产生不利影响。

（2）地表水、地下水排泄系统的改变，诱发岸坡失稳。地表水、地下水是岸坡失稳的诱发因素之一，若地下水排泄不畅，将使岩土体饱和而降低力学强度；若地表水排泄不畅，易向坡体内渗流，进而增大动水压力，两者的综合效应可使岸坡失稳。

4.2.5　其他因素

岸坡植被、岸坡前泥沙淤积、地表水冲刷、风力作用以及岸坡河段水流特点等都是影响岸坡稳定的因素。一般而言，岸坡植被越发育，岸坡前泥沙淤积越严重，地表水冲刷轻微，风力作用弱或岸坡处于当地常年风向的迎风面，以及岸坡所在河段的水流平缓，则塌岸影响的范围和宽度越小；反之则大。

4.3　塌岸模式及其机理研究

4.3.1　坍塌型塌岸

1. 塌岸机理

坍塌型塌岸是指岸坡坡脚在库水长期作用下，其基座被软化或侵蚀淘空，岸坡上部岩土体在重力作用下失去平衡，从而造成局部错落或坍塌，之后被库水不断搬运带走的一种岸坡变形破坏模式。其显著特点是垂直位移大于水平位移，此类型的库岸再造分布范围大，涉及岸线长。该库岸再造模式具有突发性，特别容易发生在暴雨期和库水位急剧变化期。

30 多个长期运行的典型塌岸的统计分析表明，坍塌型塌岸主要发生在土质岸坡以及强、全风化的岩质岸坡。库水产生的波浪对岸坡有冲击和磨蚀两种作用，这两种作用不仅会直接冲击岸坡，而且会以较大的压力将水和空气压入岩土体的裂隙和空隙中，从而迫使岩土体松动破裂，土体中的细粒物质先被带走，大颗粒骨架物质被架空，以至逐渐被侵蚀淘空。这种库岸再造作用，因水库各个地段水动力条件的不同而有所不同。水库下游水面水动力条件弱，水体处于近静水状态，波浪是边岸再造的主要营力；水库上游段，水体处于准流动状态，水流的侧蚀作用和波浪的冲刷、磨蚀作用共同控制岸坡再造；水库库尾库岸再造的主要营力则以流水的侵蚀作用为主，波浪的磨蚀淘蚀作用次之。

2. 塌岸发育条件

坍塌型塌岸模式发育的条件：①岸坡岩土体物理力学指标低，容易被侵蚀，一般发育于第四系松散堆积物及强、全风化的岸坡中；②库水直接作用于岩土体，并且水的冲刷强度高于岸坡土体的抗冲刷能力。

3. 塌岸演化过程

塌岸发展演化过程一般可概括为：在水流或者波浪的冲刷、侵蚀作用下，受水位影响的岸坡坡脚被淘蚀成凹槽状；随后在岸坡上部岩土体重力、地下水外渗等作用下发生条带状或窝状的错落、倾倒型运动；坍塌后的岩土体在库水的作用下，继续进行着岸坡的再造，直至岸坡稳定（图 4.3-1）。坍塌型塌岸一般表现为错落、倾倒两种方式，坍塌后的土体脱离了原岸坡体，因此一般来说坍塌体的垂直位移大于水平位移。坍塌型塌岸具有坍塌后退速度快、后退幅度大、分布岸线长、持续时间长的特点，多呈条带状，少数为窝状，具有突发性，是一种最主要、最常见的塌岸再造方式。

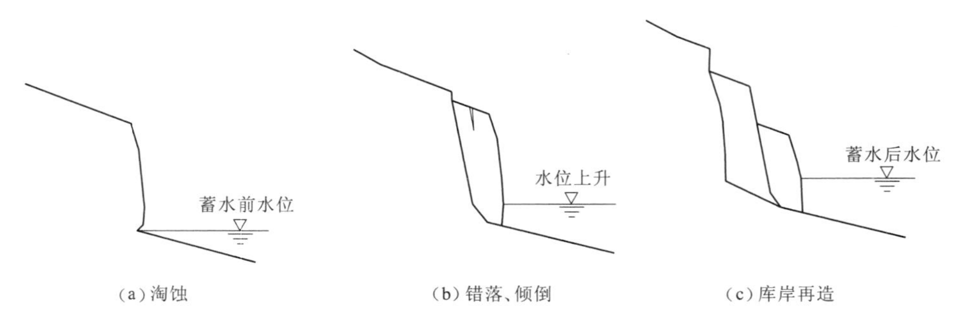

图 4.3-1　坍塌型塌岸模式示意图

综上所述，岸坡在库水位作用下，基座被软化淘蚀后，岸坡最大剪应变和塑性区由坡脚向坡体内部发展，上部岩土体在重力作用下发生错落，即发生塌岸；塌岸完成后，岸坡暂时性地处于稳定状态，但塑性区仍在发展，随着坡脚物质被库水进一步的淘蚀后可能又发生进一步塌岸。

4.3.2　滑移型塌岸

滑移型塌岸是指岸坡岩土体在重力、库水位升降、降雨及其他因素的影响下，岸坡物质沿着某一软弱结构面或者已有的滑动面向水库发生的一种以水平运动为主的整体滑移的库岸再造形式，也可称之为滑坡。

滑移型塌岸一般都存在潜在的滑移面，在水库蓄水后，坡脚受库水作用，物理力学指标降低，抗滑力下降，坡体上部出现拉裂缝；随着库水不断的作用，整个坡体沿潜在的滑移面滑动。滑移型塌岸模式示意如图 4.3-2 所示。

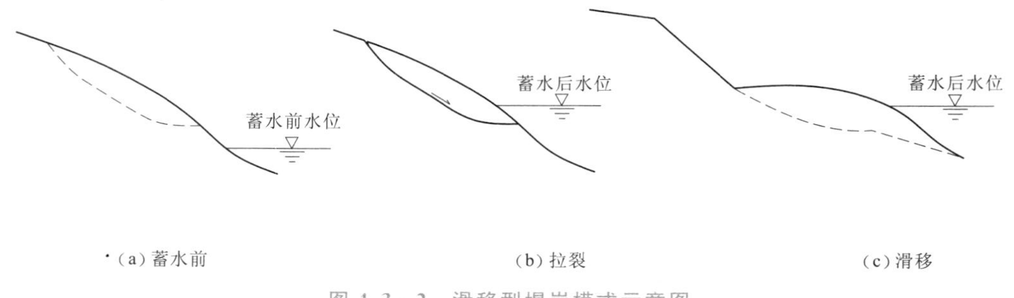

图 4.3-2　滑移型塌岸模式示意图

滑移型塌岸按照不同的失稳方式可以分为古滑坡复活型、深厚覆盖层滑移型、沿基覆界线滑移型和顺层滑移型四个亚类。

（1）古滑坡复活型。水库蓄水前已经稳定或者基本稳定的古滑坡，由于水库蓄水，库水作用于滑坡体，使滑坡整体或者局部复活产生滑移变形，最终造成塌岸。

岸坡坡脚在库水的浸润和水位急剧消落作用下，坡体受最大剪应力作用面控制，向临空方向发生剪切蠕变-松动扩容，变形体后缘发育自地表向深部发展的拉裂变形，当其达到潜在剪切面时，必将造成剪切面上剪应力集中，促使剪切变形进一步加剧发展，坡体沿潜在剪切面从前缘开始逐级向后缘滑移解体。变形发展机制属典型的牵引式“滑移-拉裂”模式。

（2）深厚覆盖层滑移型。在各种深厚层的堆积体中，由于外界影响条件的改变，致使岸坡体物质沿着潜在滑动面发生向水库方向的整体失稳而造成塌岸。

（3）沿基覆界线滑移型。基岩上有深厚层状堆积体，在外界条件作用下，堆积体沿着基覆界面发生整体性滑动的岸坡破坏形式。发生这种类型的滑移一般需具备以下几个方面的条件：①有明显的滑动面，即基覆界面；②在库水或地下水的作用，基覆界面物质较易发生软化；③前缘临空或坡体前缘被淘蚀，导致坡体下滑力大于抗滑力，这种下滑力主要来源于土体自重产生的下滑分力、地下水的动静水压力以及水位下降而引起的渗透力等。在下滑力不断增大而抗滑力不断减小的情况下，坡体一旦超过平衡极限，势必会沿着滑动面发生破坏。

（4）顺层滑移型。顺层滑移型塌岸变形破坏发育于走向与坡面近乎一致、倾向坡外、岩层倾角小于坡角的岩性软硬互层的岩质岸坡。在这种特殊的地质结构条件下，软岩倾角明显大于该面的残余摩擦角。在重力作用下，沿软岩层面滑移的层状岩体，因下部滑移面临空，在顺滑移方向的下滑力作用下发生滑移。

4.3.3 坍塌-滑移转化型塌岸

1. 塌岸机理

坍塌-滑移转化型塌岸是指岸坡在库水及降雨影响下，坡体前缘发生塌岸，坡脚物质被库水带走，整个岸坡在重力作用下沿坡体内部已有的滑面或者软弱面发生滑移的一种塌岸模式。此种塌岸模式介于坍塌型与滑移型之间，前缘发生局部的坍塌是其发生的先决条件，岸坡发生整体失稳是其发展的必然趋势。

2. 塌岸发育条件

坍塌-滑移转化型塌岸有其独特的发育条件：

（1）前缘岩土体厚度大，但坡度较缓；后缘岩土体坡度较大，整个易滑岩土体形似座椅状。

（2）前缘岩土体结构松散，易受库水的侵蚀，容易被库水淘蚀带走。

（3）坡体内部有潜在的滑面存在，为滑坡滑动提供条件。

3. 塌岸发展演化

塌岸发展演化可分为以下三个阶段（图4.3-3）：

（1）由于岸坡前缘蓄水位附近的坡度较缓，易滑岩土体坡度较大，潜在滑移面的前缘坡度也较缓，因此岸坡前缘抗滑作用明显，水流在前缘的软化作用不足以诱发岸坡失稳下滑。

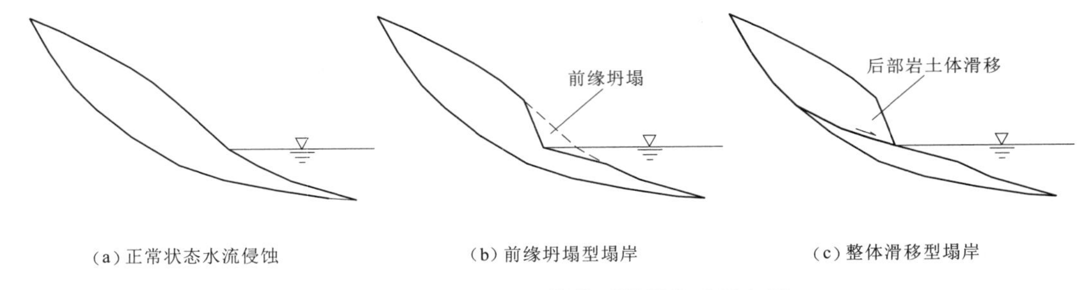

图 4.3-3　坍塌-滑移转化型塌岸模式示意图

(2) 在水流的侵蚀作用下，岸坡前缘岩土体出现局部的坍塌型塌岸现象，从而导致岸坡前缘具有抗滑作用的岩土体的厚度减小，抗滑能力降低。

(3) 一旦岸坡前缘抗滑力减小到小于岸坡上部岩土体的下滑力时，就可能诱发上部岩土体失稳下滑，岸坡的塌岸模式由坍塌型转化为滑移型。

4.4　库水位升降时库岸变形破坏机制研究

水库蓄水导致沿河两岸水位发生变化，影响了岸坡原有的平衡条件，在条件合适的时候，可能诱发岸坡的变形失稳。因此，研究蓄水期间库水位升降对堆积体变形破坏机制及稳定性的影响机理是研究堆积体变形破坏的前提。

库水位升降及其影响下的地下水位的变化，是影响大型堆积体岸坡在水库运行期间稳定性的主要因素之一。由于库水的浸泡，在水的软化、泥化等作用下，堆积体的力学强度会降低，这一点在水库蓄水和库水位下降的过程中，其影响程度和方式都较为相似。但是，在水库蓄水和库水位下降过程中，地下水位的变化规律和补给排泄方式存在较大的差别，在此过程中所产生的对堆积体的力学作用也存在一定的差异。由此可见，在水库蓄水和库水位下降的过程中，大型堆积体岸坡的变形破坏机制是有差别的。大型堆积体岸坡浸泡在水中部分的大小和岸坡形态，也决定着岸坡失稳的方式，分别会产生整体和局部的失稳。本节将选取几个典型岸坡来进行说明。

4.4.1　库水位抬升过程中库岸变形破坏机制

库水位和地下水位的抬升是影响堆积体稳定性的主要因素之一。在水库蓄水前，主要是地下水补给河水，但在蓄水过程中，库水位快速上涨，而岸坡覆盖层物质的渗透性不是很好，决定了地下水位的上涨要滞后于库水，这样就形成了库水对地下水位的反补关系。如此一来，在物理力学方面，地下水便对边坡大型堆积体的稳定性产生了影响：

(1) 由于地下水位的抬升，使得原处于地下水位以上的前缘堆积体处于水位以下，从而导致其力学强度降低（水位抬升前其物理力学参数应为天然状态参数，水位抬升后应为饱水状态参数），具体表现为容重增大，而抗剪强度参数值（如 C、φ）降低。

(2) 在库水位抬升后，使得堆积体前缘处于库水位以下，由此在堆积体前缘产生较大的浮托力，导致其有效应力降低（库水位上升前有效应力即为总应力，上升后总应力几乎不变，而有效应力为总应力减去浮托力），使得潜在滑面前缘的阻滑能力降低。

（3）在水流的侵蚀作用下，岸坡前缘岩土体出现局部的坍塌型塌岸现象，从而导致岸坡前缘具有抗滑作用的岩土体的厚度减小，抗滑能力降低，一旦岸坡前缘抗滑力减小到小于岸坡上部岩土体的下滑力时，就可能诱发上部岩土体失稳下滑。

随着库水位的不断上涨，在上述几方面的影响下，岸坡可能出现图4.4-1所示的变形破坏模式。库水位的上涨，使得前缘堆积体逐渐处于水位以下，坡体前缘在水流的作用下会发生局部坍塌，同时，还未坍塌的堆积体就会因为物理力学强度的降低和不断增大的浮托力的影响而沿后缘堆积体与前缘基覆界线组成的滑面失稳下滑。随着库水位的继续上涨，整个堆积体前缘阻滑能力的不断降低，就可能使得堆积体依次出现如图4.4-1所示的坍塌-滑移转化型并后退式失稳破坏。

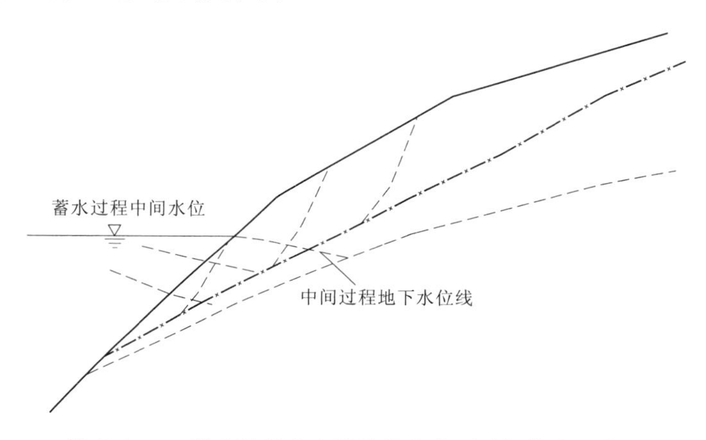

图4.4-1　蓄水过程中大型堆积体变形破坏模式示意图

4.4.2　库水位下降过程中库岸变形破坏机制

库水下降是和蓄水相反的一个过程。在库水位下降时，对岸坡产生了不同的作用，下面就这个问题进行分析。要分析这个问题先要弄清楚库水位下降过程中堆积体内地下水位的变化特点和渗透特点。

当库水位从正常蓄水位降至某一中间水位时，堆积体内地下水将发生以下变化：

（1）在这一过程中由于受堆积体渗透特性的影响，其内部地下水位的下降速度要比库水位的下降速度慢，这样形成地下水对库水的补给方式（与蓄水过程正好相反），在地下水补给库水的过程中，随着地下水不断地向外流动不可避免地在堆积体内产生一定的渗透压力。

（2）在库水位下降过程中，受地下水与库水之间特殊的补给-排泄特点影响，就会在堆积体内产生水头差。在这一过程中，对于岸坡内部任意的A、B两点，在库水位下降前这两点间的水头差为H_0，而当库水位下降至中间某时刻时，由于地下水位的下降速度较库水位慢，使得岸坡内地下水位线变陡，水力坡度变大，A、B两点间的水头差增大，变为H_1，这样就会导致堆积体内部的孔隙水压力增大（图4.4-2）。

因此在上述渗透压力和增大的孔隙水压力的作用下，将可能导致堆积体产生如图4.4-2

所示的失稳破坏模式。当库水位降低至 B 点时，由于 A、B 两点之间堆积体内的地下水向外排泄而产生渗透压力，同时 A、B 两点间孔隙水压力增大，从而促使 B 点以上堆积体以前后缘切穿堆积体、中间部分沿基覆界线的方式失稳下滑。

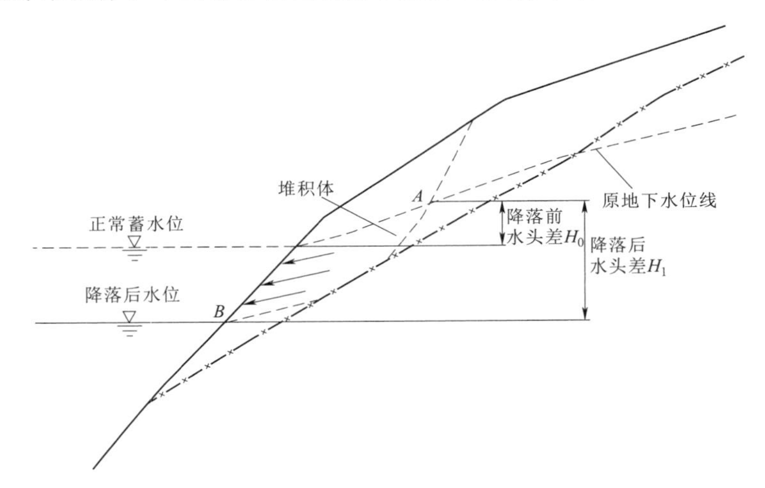

图 4.4-2 库水位下降过程中大型堆积体变形破坏模式示意图

4.5 龙羊峡水库塌岸模式

龙羊峡水电站混凝土拱坝坝高 178m，水电站装机容量 1280MW，正常高水位 2600.00m，死水位 2530.00m，总库容 247 亿 m^3。电站近坝库岸稳定性及滑坡涌浪问题，是涉及电站工程安全和充分发挥电站效益的重要技术问题。

近坝库岸是指黄河南岸距坝前 1.5～15.8km 的地段，历史上该地段曾发生一系列大型滑坡，这些滑坡的共同特点是规模大（百万立方米至亿立方米）、滑速高（20～45m/s）和滑程远（1.5～3.0km）。例如，距坝 6.5km 的查纳滑坡发生于 1943 年 2 月 7 日，下滑量达 1.6 亿 m^3，滑体前缘向前推进约 3km，埋没了河边林带及坡下的查纳村。据目击者回忆，剧滑过程仅历时 2min，计算的最大滑速达 45m/s。

在水库蓄水前的研究中已对龙羊峡水电站近坝库岸高速滑坡的发生机制作了分析，对岸边可能失稳块体的下滑量、滑速作了预测；依据涌浪模型试验资料初定了坝前、生活区的涌浪高度。当时，为了确保电站的安全运行，采取的防范原则是“不允许涌浪越过坝顶及两岸坝肩”，要求水库运行初期在坝顶高程之下预留的滑坡涌浪高度为 20～30m，即限制的初期运行水位为 2570.00～2580.00m。

由于限制抬高蓄水位极大影响了龙羊峡水电站的经济效益，为此在“七五”期间，龙羊峡水电站库岸稳定问题被列为国家科技攻关项目的一个子题。通过对原型观测资料的分析和水库蓄水后库岸演化机制的研究，认为各重点部位涌浪规模已较蓄水前预测的要小，预留的涌浪高度已逐渐减小至 13m。

在龙羊峡水电站蓄水前的研究报告中预测滑坡涌浪问题涉及的所有观点，都是以原自然岸坡的破坏机制为出发点的，水库蓄水后库岸环境会有明显改变，预计滑坡的发生一方面将遵循自然岸坡发生的模式，另一方面库水的渗透、浸泡作用将迅速改变原有岸坡的平衡状态，小型滑坡、崩坍可能会先较大规模滑坡形成，坡体分解、分块依次下滑的可能性较大。

鉴于上述认识，水库蓄水前暂不对库岸做工程处理。为防止涌浪危害可将初期运行水位限制在 2570.00～2580.00m，并布置多种监测措施以检验和修正预测成果。同时设计还将坝顶高程由 2605.00m 提高至 2610.00m，厂坝间副厂房和电站主厂房采用了全封闭结构，增强了建筑物抵御滑坡涌浪危害的能力。

4.5.1 近坝库岸工程地质条件

4.5.1.1 主要地质条件

近坝库岸南岸边坡由第四系中、下更新统河相黏性土夹薄层砂土类近水平地层组成，坡高且陡。近坝库区南岸滑坡群的形成是受该套地层特定的地质环境所决定的，既有高陡的岸坡、易滑的地层、半成岩状呈脆性破坏的土体，又有控制滑面形态的软弱结构面和适合孕育成大规模滑动的水文地质条件。

1. *地层岩性*

龙羊峡水电站近坝岸南岸的斜坡由第四系中、下更新统河湖相地层组成，相对坡高达 300～500m，坡度 35°～45°，岸坡中、下部主要由密实度很高、超固结呈半成岩状的黏性土夹薄层砂土类地层组成。河湖相地层在库区出露厚度达 400～550m，产状近水平，可分为七大层（表 4.5-1）。岸坡下部主要为黏性土，厚度约 250m，内部有多次沉积韵律的变化，夹有多层厚 0.30～3.0m 的薄砂层，是库水浸泡的主要地层；上部主要为砂性土，总厚 150～300m。

表 4.5-1 近坝库岸河湖相地层表

<table>
<tr><th>代号</th><th colspan="2">厚度/m</th><th>岩 性 描 述</th><th>各类土所占比例</th></tr>
<tr><td>Ⅶ、Q_1-Q_2</td><td colspan="2">18.5～165</td><td>灰黄色砂土，底部有深灰色砂土或薄层黏土</td><td>砂土占 100%</td></tr>
<tr><td>Ⅵ、Q_1-Q_2</td><td colspan="2">84</td><td>浅黄灰色砂壤土，局部夹砂层</td><td>砂壤土占 100%</td></tr>
<tr><td rowspan="2">Ⅴ、Q_1-Q_3</td><td rowspan="2">108</td><td>33.4</td><td>上部为浅红色砂壤土夹灰色黏土条带</td><td rowspan="2">砂壤土占 30%
黏土占 70%</td></tr>
<tr><td>74.6</td><td>下部为厚层红色黏土夹黄色黏土</td></tr>
<tr><td rowspan="2">Ⅳ、Q_1-Q_2</td><td rowspan="2">117</td><td>51.1</td><td>上部为灰黄色砂壤土与砂互层，局部有薄层红色黏土条带</td><td rowspan="2">砂土占 10%，砂壤土和壤土占 20%，黏土占 70%</td></tr>
<tr><td>65.9</td><td>下部为杂色灰黄色红色黏土夹壤土砂土多呈互层状</td></tr>
<tr><td>Ⅲ、Q_1-Q_2</td><td colspan="2">120</td><td>主要为灰黄色黏土，次为壤土砂壤土砂土，
岩性复杂，多呈互层状</td><td>砂土占 10%，砂壤土占 10%，
壤土占 12%，黏土占 68%</td></tr>
<tr><td>Ⅱ、Q_1-Q_2</td><td colspan="2">40</td><td>砖红色厚层黏土，上部夹薄层灰色黏土壤土，
底部有少量砂壤土</td><td>壤土和砂壤土占 5%，
黏土占 95%</td></tr>
<tr><td>L-Ⅰ、
Q_1-Q_2</td><td colspan="2">>18</td><td>红色厚层黏土，底部有薄层砂壤土</td><td>砂壤土占 1%，黏土占 99%</td></tr>
</table>

2. *黏性土的物理力学特性*

（1）黏性土属低中塑性黏土，呈半成岩状，粉粒含量较高，天然含水率为 12%左右，饱和度为 75%左右；容重为 2.0t/m³，孔隙比为 0.45 左右，塑性指数为 10～16。

（2）黏性土矿物成分以伊利石为主，土中含有较大量的可溶盐类，成分以 $CaCO_3$ 为主；土层易湿化，崩解速度很快，崩解时间一般均小于 2h，水下稳定坡度小于 10°。

（3）原状土的应力-应变曲线具有明显的峰值，破坏前的轴向应变在天然状态下一般均小于 3%，饱和状态时多小于 5%，多呈脆性破坏，达到峰值后强度明显下降，有较为稳定的残余强度值。由不同正应力、侧向应力的关系分析可知，当侧向应力 σ_3 为 0.8～2.2MPa 时（大致相当滑床附近土体所承受的应力），天然状态下残余强度和峰值强度的比值 R 大致为 0.4～0.6。

（4）原状土在天然状态下具有较高的抗剪强度，但随着含水率的增加，抗剪强度迅速下降，如表 4.5-2 所列的岸坡下部灰黄色黏土的三轴固结不排水剪切试验成果。

表 4.5-2　　灰黄色黏土的力学强度和饱和度关系

饱和度/%		<50	50	75	100
抗剪强度	摩擦系数	0.704	0.692	0.637	0.585
	黏聚力/10^2kPa	11.2	6.3	3.5	1.3
单轴抗压强度/10^2kPa		37.1			

3. *岸坡土体中的软弱结构面*

岸坡土体中的软弱结构面主要有以下两组：

（1）第一组为层间软弱面，分布于岸坡中下部，主要有黏性土与砂性土层间结合带和青灰色黏土条带，该组裂隙构成了高速滑坡的前缘蠕变滑移面。

（2）第二组为陡倾裂隙，倾角大于 70°，走向与岸坡平行或垂直，一般延伸长 3～5m，宽度小于 1mm，它构成岸坡高速滑坡和高陡岸坡坍塌的后缘拉裂面。监测结果表明，龙西岸坡、农场岸坡内的横向和纵向裂缝是追踪该组裂隙产生的。

4. *水文地质条件及库岸天然地下水位*

（1）水文地质条件。龙羊峡地区属高原大陆性气候，干旱少雨，天然地下水很不丰富。岸坡土体透水主要受砂层和裂隙控制，透水模式类似岩石边坡，透水性微弱。各类土层渗透系数试验成果见表 4.5-3。

表 4.5-3　　各类土层渗透系数试验成果

岩性	平均渗透系数 k/(10^{-5}cm/s)		
	室内试验	试坑注水试验	原型观测
黏土	0.0111	0.34	3.50
壤土	0.0187	2.66	5.98
砂壤土			48.80
砂土	43.40	33.20	121.00

在近坝库岸特有的干旱、地下水不丰条件下，有利于维持在第四系地层中罕见的高陡边坡，为大规模的滑坡孕育了地形条件。地下水对滑坡形成的作用主要表现在对含水层内黏土层上下界面的泥化、溶滤，造成该部位土体强度的明显降低，从而控制了滑坡前缘滑面滑床出口的位置。

（2）库岸天然地下水位。龙羊峡水电站近坝库岸天然地下水埋藏深且流量小，主要埋藏于湖相地层下部Ⅱ大层及Ⅲ大层下部砂层及砂壤土中。向岸内300m处地下水位高程一般为2510.00～2514.00m，低于坡顶400～500m。地下水属孔隙-裂隙潜水，向黄河排泄，水力坡度为3%～8%。由于该区域干旱的气候环境，地下水的变化受大气降水的影响甚微，以接受远处地下水（贵南南山冰雪水入渗）的稳定补给为主。据长期观测数据，地下水位年变幅多小于5m。

5. 地震动参数

根据《黄河龙羊峡水电站工程场地地震安全性评价复核报告》，龙羊峡水电站工程场地基岩动峰值加速度及设计地震系数见表4.5-4。

表4.5-4　工程场地基岩动峰值加速度及设计地震系数

参　数	50年超越概率10%	50年超越概率5%	100年超越概率2%
峰值加速度A_m/gal	138	197	230
设计地震系数K	0.14	0.20	0.23

4.5.1.2　库岸滑坡的主要特征

在龙羊峡地区，高速滑坡只产生于完整湖相地层组成的岸坡的第一次滑动。斜坡失稳前经历长期的变形过程，黏性土累进性破坏是失稳的主要原因。高速滑坡滑面由三段组成，其中段为锁固段，在剪断时呈脆性破坏，土体峰值强度和残余强度的差值大，滑体在瞬间获得较大的动能是发生高速滑动的主要原因。

近坝库区可能产生滑坡涌浪的河段为南岸坝前至上游8.5km的高陡岸坡，有峡口、农场、龙西、查东、查纳、查西6处，其中较早失稳的为龙西岸坡。

龙西岸坡在库水位为2594.00m和2600.00m时，安全系数K较低，部分计算的K小于1，有发生250万～300万m^3滑坡的可能性，在相应库水位时的坝前涌浪高度不大于3m，在北岸生活区1号水尺处爬高为2603.00～2606.00m。

龙西岸坡在持久工况下，当库水位为2594.00m和2600.00m时，可能失稳的为龙西岸坡外侧边坡，下滑的方量为250万～300万m^3，在相应库水位时的坝前涌浪高度不大于3m，最大高程为2597.00～2603.00m，大坝坝顶高程为2610.00m，涌浪不会发生翻坝，在北岸生活区1号水尺处最大爬高为2603.00～2606.00m。在偶然工况下，当库水位为2594.00m时，龙西岸坡有发生250万～1100万m^3滑坡的可能性；坝前涌浪最大高度为13m，最大涌浪高程为2607.00m，不会发生翻坝，在北岸生活区1号水尺处爬坡最大高程为2624.00m。当库水位为2600.00m时，龙西岸坡有发生250万～1100万m^3滑坡的可能性；坝前涌浪高度为11m，翻坝高度为1m，在北岸生活区1号水尺处爬坡最大高程为2627.00m。

4.5.1.3　库岸的破坏

滑坡有三种型式：①高速剧冲型滑坡，其特点是发生在完整湖相组成的高陡边坡，变形过程长，滑动规模大，滑速高，可产生较大的库岸滑坡涌浪，是库岸滑坡的主要研究对象，以查纳滑坡为代表；②低速型滑坡，其特点是呈多级顺层滑动，规模较小，滑速低，造成的涌浪危害甚小，以磨坊滑坡为代表；③滑坡堆积物二次滑坡，发生在老滑坡较厚的堆积物中，具有明显的分解趋势，规模小且发展缓慢，不致引起滑坡涌浪。

崩塌一般发生在高陡岸坡前缘，在水库蓄水过程中，当库水位上升至高于历次最高库水位而首次作用于岸坡时，高陡岸坡在浪蚀、崩解作用下产生崩塌破坏现象。

4.5.2 近坝库岸变形破坏机制和模式

根据对龙羊峡近坝库岸蓄水以来的库岸变形破坏地质调查及其转异特征研究，库岸变形破坏可分为完整地层岸坡变形破坏和滑坡堆积体岸坡变形破坏两大类。

4.5.2.1 完整地层岸坡变形破坏机制

完整地层岸坡是指由完整湖相地层组成的高陡边坡，其变形破坏机制有高速滑坡破坏和坍塌破坏两种形式。

1. 高速滑坡破坏形式

高速滑坡破坏形式的主要特征是规模大、滑速高，是滑坡涌浪研究的主要对象，最具代表性的是发生于1943年2月7日的查纳滑坡，其下滑量达1.6亿m^3，计算的最大滑速达45m/s。

高速滑坡是在蠕变-拉裂-剪断复合机制下形成的。滑坡发生前斜坡经过长期的变形过程，滑坡发生时并没有明显的触发因素，在重力和残余构造地应力的作用下，岸坡自坡脚区前缘土体的强度破坏而开始的缓慢累进性破坏是斜坡失稳的主要原因。高速滑坡的形成过程可分为如图4.5-1所示的三个阶段。

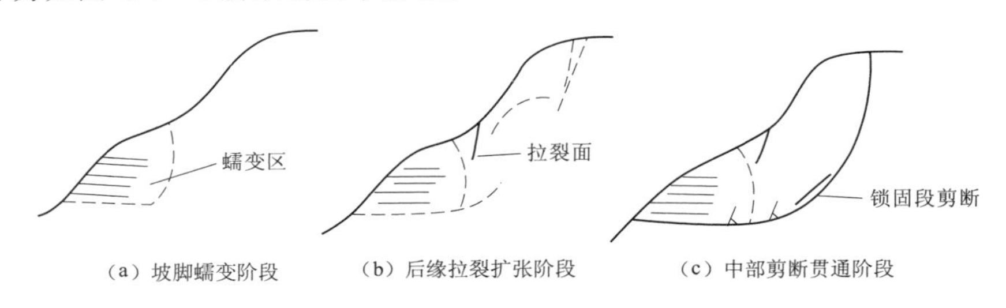

图4.5-1 高速滑坡形成过程示意图

高速滑坡的滑面由前缘滑移面、中部剪断面和后缘拉裂面三段组成，滑动后呈一圆弧状滑面。前缘滑移面一般沿着被地下水浸润、饱和的黏土与砂土接触面发育；中部剪断面发育在坡体内部，其位置主要取决于最大剪应力的发展迹线，倾角多为30°～45°；后缘拉裂面呈楔形，发育过程自上而下，失稳前的发育深度随原始坡高的增大而增加。根据调查统计分析，边坡失稳前拉裂面的发育深度h相当于原始坡高H的1/2，见表4.5-5。

高速滑动的原因是滑体失稳的瞬间，滑床或土体抗剪强度的下降幅度控制了滑体势能转换为动能的量值，从而决定了滑速的大小。对于查纳滑坡，土体的抗剪强度峰值和残余值的差值较大，是产生高速滑坡的最主要原因。

李季等[53]应用整体-碎屑流法和质点滑速法对龙羊峡近坝库岸和1993年甘肃洒勒山高速滑坡进行计算研究。将整体-碎屑流法、质点滑速法和重力模型试验得到的滑速与调查的平均滑速列入表4.5-6可见，四种方法得到的滑速比较一致。

表 4.5-5 拉裂面深度 h 与原始坡高 H 统计表

滑坡名称		原始坡高 H/m	拉裂面深度 h/m	h/H
龙羊峡地区	汪什科	450	240	0.533
	加什达1号	380	150	0.395
	加什达2号	370	180	0.486
	查西	460	240	0.522
	查东	300	160	0.533
	查纳	430	250	0.581
	龙西	320	150	0.469
	农场	240	120	0.500
	2号沟	230	120	0.522
甘肃洒勒山		300	160	0.533

表 4.5-6 洒勒山滑坡和查纳滑坡滑速比较表

计算方法	洒勒山滑坡滑速/(m/s)		查纳滑坡滑速/(m/s)	
	整体	碎屑流	整体	碎屑流
整体-碎屑流法	15.5	28.0	38.2	45.3
质点滑速法	18.7		34.8	
重力模型试验			34.1～41.3	
调查的平均滑速	15.3～16.4		22.5（最大滑速45）	

2. 坍塌破坏形式

坍塌破坏形式主要表现在蓄水过程中高陡岸坡坍塌破坏，典型部位有峡口、农场、龙西、查东等完整高陡岸坡。

在龙羊峡水库蓄水初期，对库岸高陡岸坡的坍塌规律进行了较深入的调查研究，其基本特征是：当库水位上升首次作用于岸坡时，高陡岸坡下部表现为浪蚀、崩解、崩塌破坏，分别形成磨蚀坡、淘蚀坡和堆积坡，岸坡因此而坍塌后退（图 4.5-2）。在库水位下降或低于历次最高库水位时，库水对上部原始岸坡不再直接作用，而表现为对已形成的水下岸坡进行再改造作用，强度已明显弱于首次作用。

库水与湖相地层组成的完整岸坡直接发生作用的岸坡有峡口、农场东侧、龙西、查东等处，塌岸方式以崩塌破坏为主。一般一次塌落厚度为 3～5m，坍塌方量达数百至上万立方米。一次崩塌完成后岸坡暂趋稳定，由于库水和风浪的持续作用，在库水边再次形成新的浪蚀龛（深度可达 2.0～2.5m），又开始第二个浪蚀、崩解、崩塌过程，这样岸坡就不断的渐次后退，直到库水位的上升期结束。完整岸坡坍塌过程及岸坡形态示意如图 4.5-2 所示。

在库水首次作用下岸坡产生塌岸的同时，水下岸坡也在此过程中逐渐形成。水下岸坡由磨蚀坡（岸滩）、淘蚀坡和堆积坡三部分组成（图 4.5-2）。根据调查实测资料显示，一般情况下磨蚀坡坡度为 5°～15°，淘蚀坡坡度为 28°～38°，堆积坡坡度为 15°～25°，水上坡坡度为 85°～88°。其中磨蚀坡和淘蚀坡受土体性状、库水位在该处稳定时间长短及波

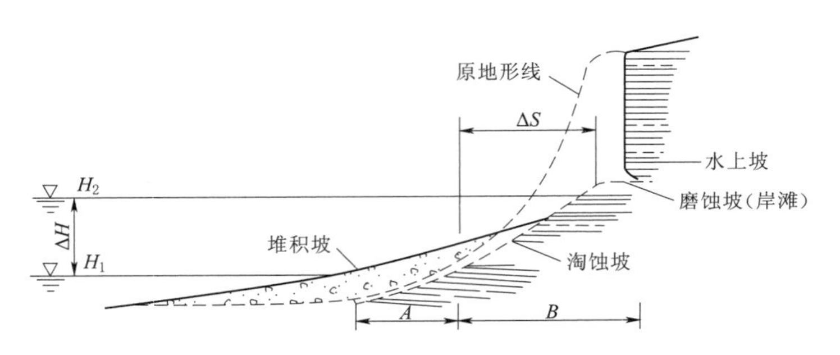

图 4.5-2　完整岸坡坍塌过程及岸坡形态示意图

浪高度控制。

在库水位下降过程中，水库塌岸处在暂时相对停止时期，一般无较大坍塌现象发生。经历过首次作用的岸坡，在库水位第二次上升过程中，由于库岸经首次作用后形成的水下坡度已较平缓，在库水位上升速率较缓慢时，波浪沿较缓的岸坡推进形成的击岸浪和激浪流已与波浪推进要消耗的能量基本平衡，因此造成的塌岸量较小，对岸坡地形的改变也较小。在库水位上升速率较快时，波浪对岸坡的侵蚀、崩解、坍塌作用仍然较大。

4.5.2.2　滑坡堆积体岸坡变形破坏形式

滑坡堆积体岸坡是指由老滑坡堆积物组成的岸坡。在低库水位时约占近坝岸坡地段的80%，随着库水位的升高，老滑坡堆积岸坡逐渐减少。在高库水位条件下，堆积岸坡分布在龙西滑坡、查纳滑坡前缘及查西岸坡中部等。

滑坡堆积体岸坡的变形破坏主要是受库水的浸泡及浪蚀作用压缩变形而下陷、错落、蠕变、崩塌和发生小型滑坡等。变形破坏过程中滑坡具有明显的分解趋势，一般规模较小、滑速较低，不会对工程造成涌浪危害，但在水库过往的小型船只应引起重视。

第 5 章

库岸消落带非饱和浸润线特征

库岸滑坡皆由不同类型的土石混合物组成，兼有碎石与土两者的相关特性。因此，土石混合物作为岩土的一类，同样具有非饱和土的特性，可以称作特殊的非饱和土。库岸滑坡在降雨与库水位升降的过程中，坡体内物质经历由干向湿再由湿到干的变化过程，即从非饱和向饱和再由饱和向非饱和变化发展的过程，故岸坡的非饱和特性对岸坡渗流及岸坡的稳定性影响较大，本章将作重点研究。

5.1 滑坡土-水特征研究

5.1.1 水库水位变化与滑坡变形规律

在水库蓄水过程中，随着库水位的上升，库岸坡体浸水体积增加，滑面上的有效应力或抗滑阻力减少，部分滑带吸水饱水后的强度降低；当库水位骤然下降时，由于坡体中地下水位下降相对滞后，导致坡体内产生超孔隙水压力。所有这些都可能对滑坡的稳定产生不良的影响。

库水位涨落是滑坡失稳的主要因素，滑坡稳定性不仅受水库蓄水的影响，而且库水位下降过程中坡体的稳定性也会发生变化，这种变化比水库蓄水更为明显。由于滑坡体内地下水位的变化速度远远滞后库水位的变化速度，导致库水位下降后坡体内动水压力明显增大；由于大部分坡体仍处于饱水状态，其容重也较大，故而滑坡稳定性降低（图 5.1-1）。

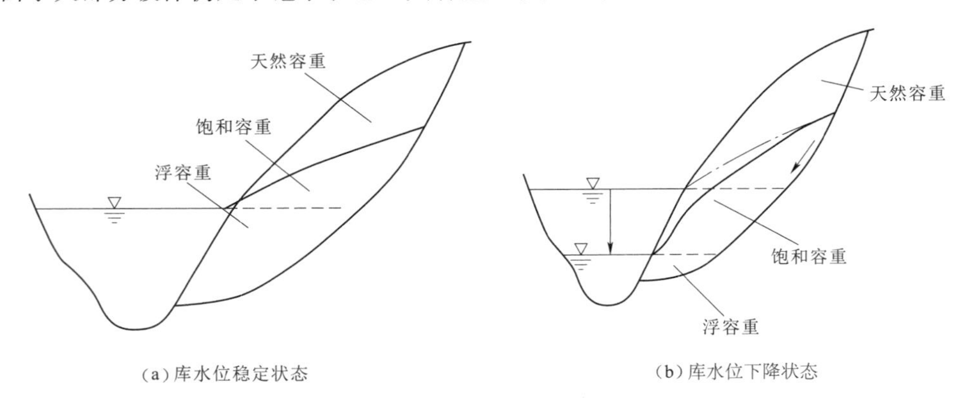

图 5.1-1　水库水位快速消落产生高动水压力示意图

5.1.2 土-水特征曲线研究现状

由于土体中含水率不同，它所具有的基质吸力（非饱和土体孔隙气压力与孔隙水压力的差值）也不同，基质吸力和含水率之间具有一定的对应关系，这种关系称为土-水特征曲线。土-水特征曲线的基本参数包括进气值与残余饱和度两项。进气值是指在土体脱湿过程中，当吸力达到一定值时，土体外的空气将冲破水膜进入土体，此时的吸力值成为进气值；残余饱和度是指随着非饱和土基质吸力的增大，其饱和度连续减小，当达到一定值时，随着基质吸力的增大，其饱和度不再继续减小，此时的饱和度定义为残余饱和度。当前，土-水特征曲线只能用实验方法量测，尚不能由土的基本性质根据理论推导得出。土-水特征曲线的大部分数学模型都是依据工程经验、孔径分布和曲线的形状等建立起来的。

5.1.2.1 土-水特征曲线

经过几十年的发展，非饱和特性在黏土、粉质黏土、粉土、粉砂、砂、碎石、黄土、膨胀土等岩土类型上的研究有了翔实的资料，常见的几类岩土的土-水特征曲线如图5.1-2～图5.1-4所示。

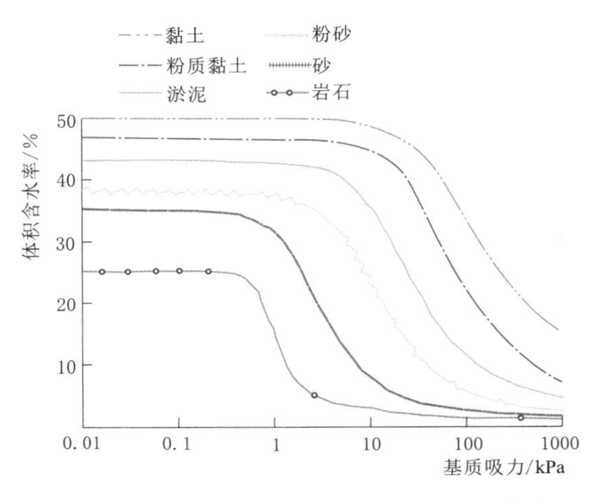

图5.1-2 常见的几类岩土的土-水特征曲线

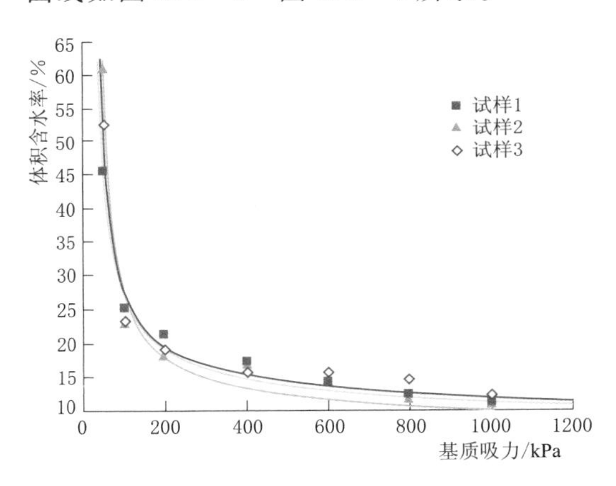

图5.1-3 黄土的土-水特征曲线

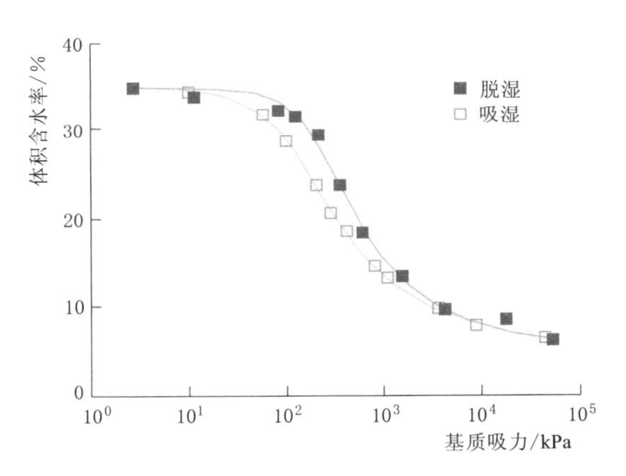

图5.1-4 膨胀土的土-水特征曲线

5.1.2.2 土-水特征曲线的数学模型及分类

1. 按函数类型分类的数学模型

(1) 对数函数的幂函数形式的数学模型。Fredlund等[54]采用统计分析理论对土体结构及孔径分布曲线进行研究，推导出了适用于任何土类的水分特征曲线公式：

$$\frac{\theta}{\theta_s}=F(\Psi)=C(\Psi)\frac{1}{\{\ln[e+(\Psi/a)^b]\}^c} \tag{5.1-1}$$

$$C(\Psi)=1-\frac{\ln(1+\Psi/\Psi_r)}{\ln(1+10^6/\Psi_r)} \tag{5.1-2}$$

式中：a，b，c 为拟合参数，a 为土体的进气值；b 为当基质吸力大于土体的进气值后，土体中水流出率的大小；c 为与残余含水率相关的参数；Ψ 为基质吸力；Ψ_r 为与残余含水率相对应的基质吸力；θ 为土体某一体积含水率；θ_s 为饱和体积含水率。

（2）幂函数形式的数学模型。Van Genuchten 等[55] 通过对水分特征曲线的细致研究，采用幂函数形式表示非饱和土体的含水率与基质吸力之间的关系：

$$\frac{\theta-\theta_r}{\theta_s-\theta_r}=F(\Psi)=\frac{1}{\left[1+(\Psi/a)^b\right]^{1-\frac{l}{b}}} \tag{5.1-3}$$

式中：a，b 为拟合参数；θ_r 为残余含水率；其他符号意义同前。

（3）土-水特征曲线的分形模型。土体中质量分布、孔隙数量以及孔径大小之间具有一定的分形特征，根据分形孔隙数量和与孔径大小之间的关系，采用 Young - Laplace 方程推导分形模型的土-水特征曲线公式：

$$\frac{\theta-\theta_r}{\theta_s-\theta_r}=F(\Psi)=\left(\frac{\Psi}{\Psi_b}\right)^{D_v-3} \tag{5.1-4}$$

式中：D_v 为土中孔隙分布的分维值，D_v 小于 30；Ψ_b 为土的进气值。

（4）对数函数形式的土-水特征曲线数学模型。非饱和土具有气相形态，包承纲[56] 对此进行了研究和划分，认为在非饱和土中仅有局部连通和内部连通这两种气相形态需要重点研究。因此，在对 Fredlund 等提出的水分特征曲线研究时发现，该曲线在中间段进气值和残余含水率两个拐点之间近乎为一条直线，于是提出了土-水特征曲线的对数公式，并将其简化为

$$\frac{\theta-\theta_r}{\theta_s-\theta_r}=F(\Psi)=\frac{\lg\Psi_r-\lg\Psi}{\lg\Psi_r-\lg\Psi_b} \tag{5.1-5}$$

（5）通用表达式的数学推导。前述水分特征曲线的数学模型皆较复杂，未知参数少者两个，多者四个，而且多由经验得到，应用较为困难。在对已有的水分特征曲线的数学模型进行充分分析研究的基础上，戚国庆等[57] 将高等数学中 Taylor 级数展开式与此相结合写成统一的型式，推导出土-水特征曲线的通用表达式：

$$\frac{\theta-\theta_r}{\theta_s-\theta_r}=A_0+A_1\Psi+A_2\Psi^2+\cdots+A_{(n-1)}\Psi^{(n-1)}+A_n\Psi^n+Q_n(\Psi) \tag{5.1-6}$$

式中：$A_0\sim A_n$ 为 Taylor 级数展开系数；n 为展开的项数。

2. 按参数分类的数学模型

按参数数量的不同可以分为双参数、三参数、四参数的数学模型，具体模型可见参考文献 [58]。

5.1.3 库岸非饱和土渗流研究现状

5.1.3.1 非饱和渗流影响机理

在饱和土中，除了水等流体特性的影响外，渗透系数是另一重要因素，它是与孔隙比相关的函数，一般假定其为一常数。然而，在非饱和土中，渗透系数不仅受到孔隙比的影响，还与含水率变化有关。由于水只能通过被水填充的孔隙空间流动，所以充水孔隙的比例是影响土渗透性的一个重要参数。因此，土体越干，含水率越小，则该土体的透气性就越大，透水性就越小；反之，土体的透气性越小，透水性越大。非饱和渗流影响机理分析如下：

(1) 当一种土由饱和土变成非饱和土时，土体中某些大孔隙中的水首先被空气取代，空气的存在造成孔隙流槽中的过水通道断面减小，致使水只能在较小的孔隙中继续流动，过水通道弯曲度增加的同时也增加了流程，从而使渗透系数逐步减小。

(2) 土体中大孔隙的吸力较低，其孔隙中所赋存的水易于在烘干过程时排空，而小孔隙中的吸力较高，其中的水不易排空。土的渗透系数绝大部分取决于土体中孔隙的大小及流槽的弯曲度，大孔隙进气后使孔隙逐渐变小、流程增加或中断，进而使渗透系数在前期有较大的降低；而后随着孔隙的逐步变小，水较难排出，渗透系数继续降低；同时在这个过程中小孔隙中的水可能被孤立起来，使其不能参加土体中的渗流运动。

(3) 随着土体中含水率的降低，土中水与土颗粒表面的距离越近，土水相互作用也越强烈，土中水的类晶体结构对水的流动阻力增加，从而对渗流的影响也就越大。

5.1.3.2 非饱和土渗透性函数模型

非饱和土的渗透系数是一个随含水率变化的变量，试验测定非常复杂，通常采用经验公式、理论公式或数学统计模型来预测。以下是几种常用的统计模型，拟合程度较好。

Childs&Collis－George (1950) 模型[59]：

$$k_r(\theta)=\frac{\int_0^{\theta}\frac{(\theta-\zeta)}{\Psi^2}\mathrm{d}\zeta}{\int_0^{\theta_s}\frac{(\theta-\zeta)}{\Psi^2}\mathrm{d}\zeta} \tag{5.1-7}$$

Burdine (1953) 模型[60]：

$$k_r(\theta)=S_e^2\frac{\int_0^{\theta}\frac{\mathrm{d}\theta}{\Psi^2}}{\int_0^{\theta_s}\frac{\mathrm{d}\theta}{\Psi^2}} \tag{5.1-8}$$

Mualem (1976) 模型[61]：

$$k_r(\theta)=S_e^{0.5}\left[\frac{\int_0^{\theta}\frac{\mathrm{d}\theta}{\Psi}}{\int_0^{\theta_s}\frac{\mathrm{d}\theta}{\Psi}}\right]^2 \tag{5.1-9}$$

5.2 典型滑坡土-水特征测试及分析

5.2.1 典型滑坡土-水特征现场试验

1. 现场含水率试验

为了掌握滑坡土-水特征，进行了现场含水率试验。将试验采集器与计算机连接，导出传感器中的实时碎石土含水率数据，与基质吸力数据时间对比，记录下对应的体积含水率。滑坡土-水特征试验数据见表5.2-1。

表 5.2-1　滑坡土-水特征试验数据

基质吸力/kPa		0	9	10	18	30	40	41	51	52
体积含水率/%	1 号滑坡试样	28.3	21.3		18.3	16.1	14.1			13.4
	2 号滑坡试样	28.4		21.0	18.5	16.0		14.0		13.4
	3 号滑坡试样	28.5	21.4		18.4	16.2		14.1	13.5	

现场将张力计与土壤含水率测定仪联合使用，同样得到了土-水特征曲线（图 5.2-1）。随着基质吸力的增大，体积含水率逐渐减小。曲线首先出现陡降，而后随着基质吸力的增大，曲线逐渐趋于平缓。

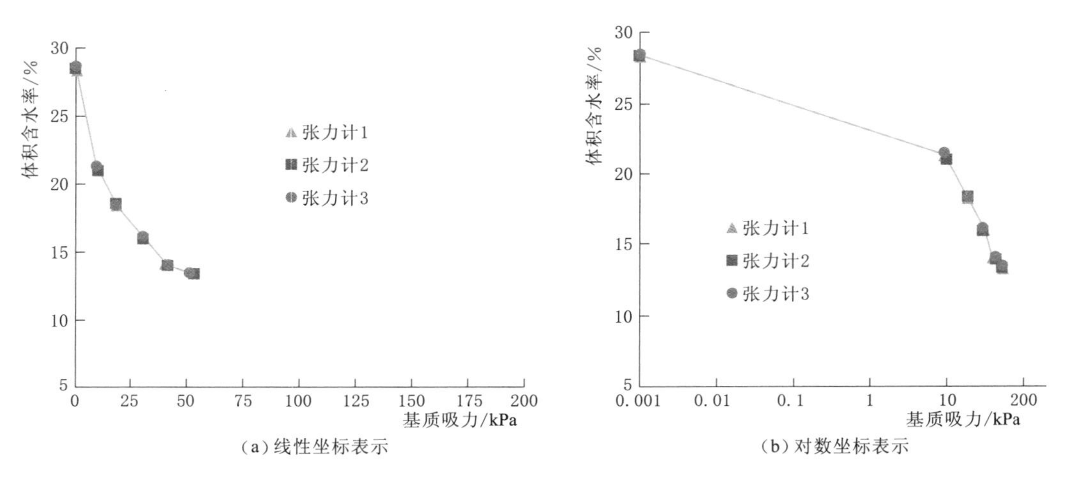

图 5.2-1　树坪滑坡现场吸湿路径土-水特征曲线

2. 滑坡现场双环渗透试验

为查明某滑坡土体的渗透性质及其系数，在库水正常蓄水位以下，选取三个合适位置，采用试坑法进行现场双环渗透试验以获得滑体的饱和渗透系数。双环内径尺寸 20cm、外径尺寸 40cm、高 20cm。试坑法即在拟定的土层中开挖 30～50cm 深的平底坑，坑底铺 2～3cm 厚的反滤粗砂，然后向坑内注水，并使试坑内的水层自始至终保持在 10cm 的高度，观测注入水量直至稳定。具体操作方法可见《水利水电工程注水试验规程》（SL 345—2007），计算公式见式（5.2-1）。滑坡渗透试验成果见表 5.2-2。

$$k=\frac{Qz}{F(H+z+H_a)} \tag{5.2-1}$$

式中：k 为试验土层的渗透系数，cm/s；Q 为内环的注入流量，cm^3/s；F 为内环的底面积，cm^2；H 为试验水头，cm；z 为从试坑底算起的渗入深度，cm；H_a 为试验土层的毛细上升高度，cm。

经过现场试验测得某滑坡滑体饱和渗透系数为 0.776～0.84m/d，平均值为 0.81m/d。

表 5.2-2 滑坡渗透试验成果

试坑编号	F/cm^2	H/cm	z/cm	H_a/cm	$Q/(cm^3/s)$	$k/(m/d)$
SK01	314	10	60	120	0.66	0.840
SK02	314	10	60	120	0.611	0.776
SK03	314	10	60	120	0.64	0.813

5.2.2 典型滑坡土-水特征室内试验

将滑坡的现场试样在室内真空饱和后，进行室内压力板仪试验。由于对于非饱和土的土-水特征一般只应用其脱湿段曲线，因此只进行脱湿路径的试验。试验结果见图 5.2-2、图 5.2-3 和表 5.2-3。

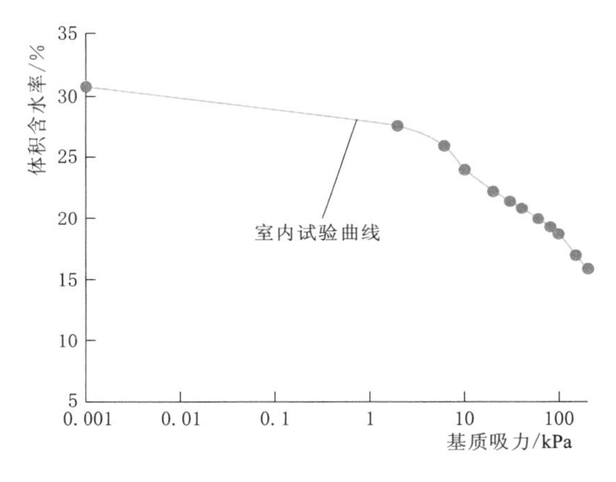

图 5.2-2 1号滑坡试样室内试验土-水特征曲线

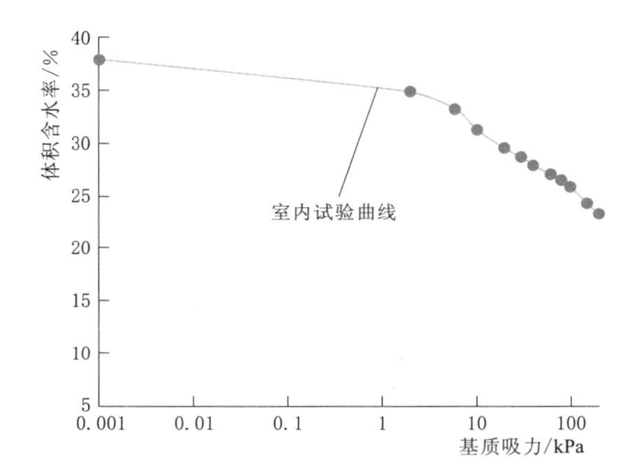

图 5.2-3 2号滑坡试样室内试验土-水特征曲线

表 5.2-3 典型滑坡土-水特征室内试验数据

基质吸力/kPa	0	2	6	10	20	30	40	60	80	100	150	200
体积含水率/%	30.6	27.5	26.0	24.1	22.3	21.5	20.8	20.1	19.4	18.7	16.9	15.9
	38.0	35.0	33.3	31.3	29.6	28.8	28.0	27.3	26.5	25.9	24.4	23.3

典型滑坡的室内试验土-水特征曲线表现出同一特征，即随着基质吸力的增大，含水率逐渐减小。1号滑坡试样饱和含水率小于2号滑坡试样饱和含水率，1号滑坡试样脱水速率较快，中间直线段斜率较陡。

5.2.3 试验对比分析

将典型滑坡的室内压力板仪土-水特征曲线与现场试验所得的土-水特征曲线放于同一图中进行对比分析（图 5.2-4 和图 5.2-5）。

由图 5.2-4 和图 5.2-5 可知，1号滑坡和2号滑坡的现场试验曲线与室内试验曲线形状相似且具有相同的变化趋势。其中，室内试验曲线的数值大于现场试验曲线。现场试验曲线体积饱和含水率略小，曲线直线段斜率较大。经分析，本书认为有以下三方面的原因：

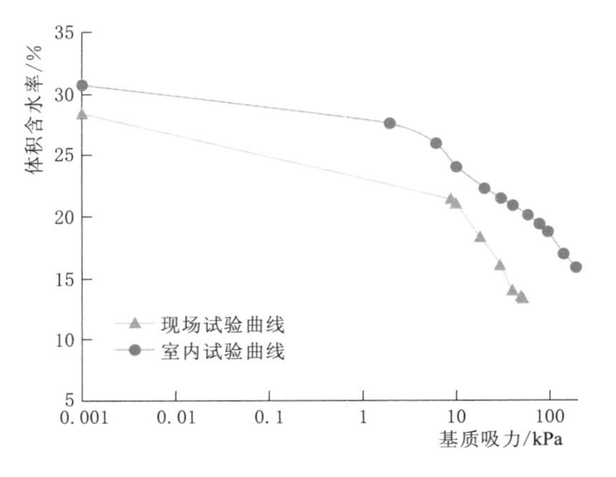

图 5.2-4　1号滑坡土-水对比特征曲线

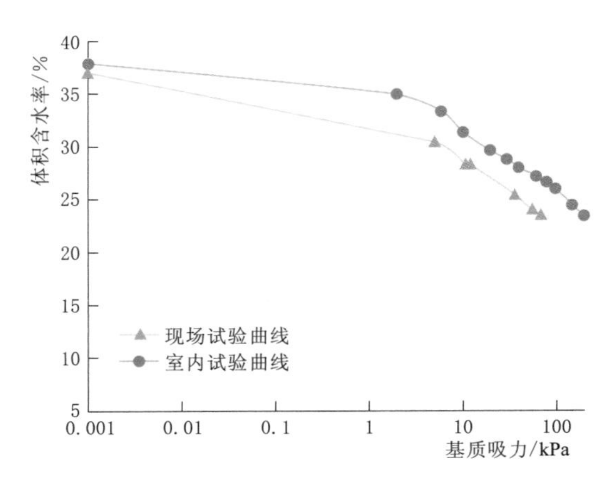

图 5.2-5　2号滑坡土-水对比特征曲线

(1) 饱和含水率的影响。饱和含水率由于采用的计算方法不同，因此有一定差别。现场取样后，带入室内进行真空饱和，此时试样是完全饱和的，所测得的饱和含水率相较现场直接加水饱和所测的饱和含水率理应大一些。

(2) 量测试验方法的影响。现场基质吸力试验采用吸湿的方法进行量测。碎石土同样也具有滞回特性，即脱湿过程的土-水特征曲线与吸湿过程的土-水曲线不重合，二者之间有一定程度的滞回差。对于一定含水率的土，脱湿过程的曲线对应的基质吸力要高于吸湿过程的基质吸力。因此，取样室内试验要高于现场试验所得的土-水特征曲线。

(3) 基质吸力的偏差。在某一特定含水量下基质吸力的计算结果往往偏小，主要原因如下：①负压式张力计的陶瓷头与玻璃管接触不紧密，在使用过程中会松动漏气，造成玻璃管发生冒泡现象。在漏气发生后，真空表读数可见明显下降。②陶瓷头在埋入土中时，与周围土体接触不紧密，也会造成所测吸力减小。③前期张力计饱和排气过程没有完全达到要求，即饱和不充分、排气不完全。

5.3 库岸堆积体非饱和特征分析

5.3.1 拟合软件介绍

研究采用了 Matlab 与 SPSS 两种软件进行分析。其中，Matlab 软件用于曲线拟合，SPSS 软件用于数据的统计回归分析。Matlab 软件具有多项处理功能，主要包括数值分析、科学计算、科学数据可视化、交互式程序设计、非线性动态系统的建模和仿真等多项强大的功能；该软件由美国 Mathworks 公司开发，广泛应用于科学研究、数值计算、工程设计方面等多项科学领域中。SPSS 软件是一款基于数据处理与统计分析的软件，目前在国内外广泛应用。

5.3.2 非饱和水力参数拟合分析

随着非饱和土力学的发展，大量的模型被提出。本书选用 FX3 模型进行参数拟合：

$$\theta=\frac{\theta_s}{\left\{\ln\left[e+\left(\frac{\Psi}{a}\right)^n\right]\right\}^m} \tag{5.3-1}$$

式中：θ 为体积含水率；θ_s 为饱和体积含水率；Ψ 为土体基质吸力；a，n 和 m 为拟合参数，是与残余含水率有关的土性参数[48]（a 与空气进气值有关；n 为土体孔隙尺寸分布系数）。

采用 Matlab 软件进行曲线拟合，拟合后绘制土-水特征曲线试验结果与拟合曲线，如图 5.3-1 所示；对应的 FX3 模型拟合参数值及拟合度见表 5.3-1。

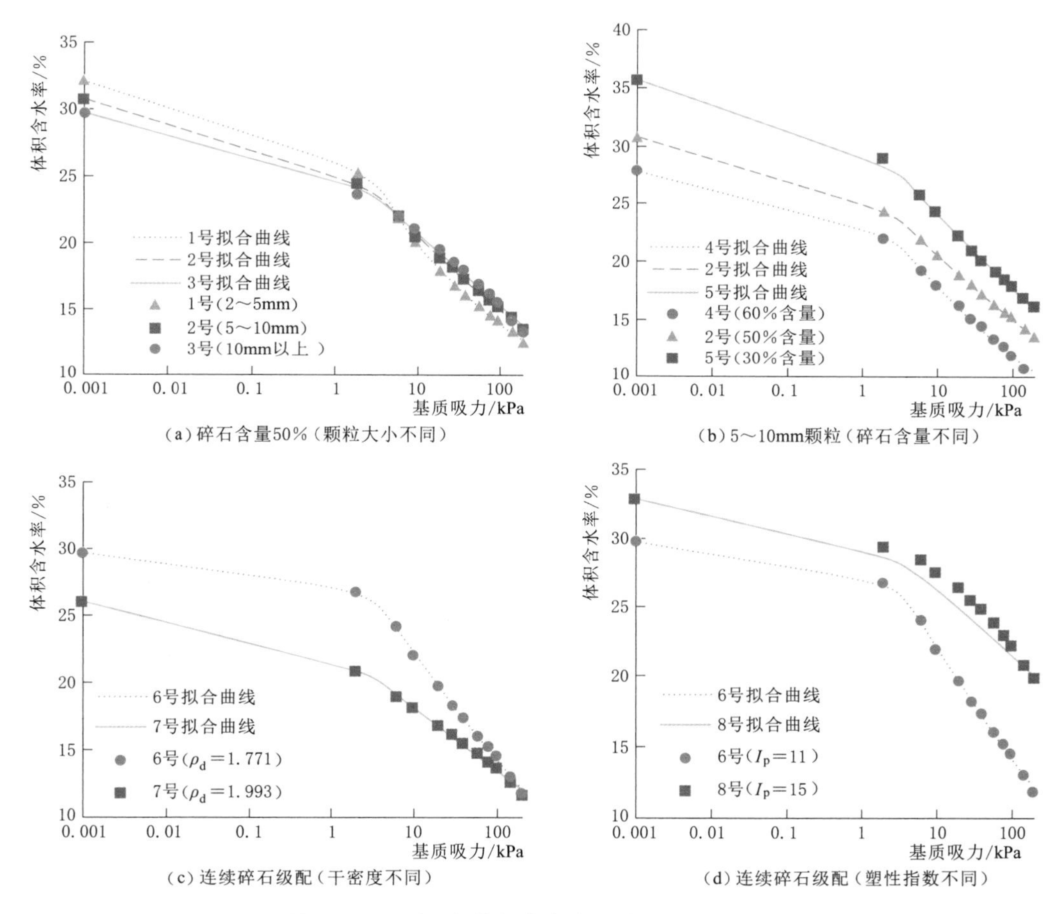

图 5.3-1　土-水特征曲线试验结果及拟合曲线

表 5.3-1　FX3 模型拟合参数值及拟合度

拟合曲线编号	参数			拟合度
	a	n	m	
1	1.371	0.6842	0.734	0.999
2	3.985	0.439	1.083	0.998
3	9.372	0.403	1.283	0.995

续表

拟合曲线编号	参数			拟合度
	a	n	m	
4	3.516	0.561	1.065	0.985
5	11.319	0.382	1.456	0.983
6	8.197	0.718	0.959	0.995
7	18.578	0.365	1.585	0.999
8	48.578	0.350	1.268	0.998

由表5.3-1可见，a 值随着碎石颗粒的增大而逐渐增大；随着碎石含量的减小而逐渐增大；随着干密度的增大而逐渐增大；随着 I_p 值的增大而逐渐增大。试样中碎石颗粒越小，碎石颗粒数量也就越多，则碎石表面积越大，所需土颗粒包裹越多，这样碎石土中最大孔隙较大，且数量越多，空气越容易进入碎石土中，以致 a 值越小。相反，试样中碎石颗粒越大，碎石颗粒数量越少，则碎石表面积越小，所需土颗粒包裹越少，这样碎石土中最大孔隙较小，且数量越少，空气不易进入碎石土中，以致 a 值越大。土中含石量大，内部孔隙相对较大，且数量也较多，空气容易进入碎石土中，因此 a 值较小；含石量小则反之。干密度越小，孔隙比越大，碎石土中最大孔隙较大，数量也相对较多，空气较容易进入碎石土中，因此进气值较小；干密度大则反之。土的 I_p 值越大，则碎石土中黏粒含量越大，碎石与土胶结越好，内部孔隙相对较小，数量较少，空气较难进入碎石土中，因此 a 值较大[62]。

n 值随着碎石颗粒增大而呈减小趋势；随着碎石含量的减小而逐渐减小；随着干密度的增大而逐渐减小；随着 I_p 值的增大而逐渐减小。n 值与在基质吸力超过进气值 a 后的脱水速率有关，可以看成是土-水特征曲线经横坐标对数转换后的中间直线段斜率的相对大小。n 值越大，表明中间直线段越陡，直线斜率越大，脱水速率越快。从脱水速率曲线可以很好地得到上述关系，与拟合所得 n 值相对大小一致。碎石越小，碎石含量越大，容易连成畅通的排水通道；干密度越小，I_p 值越小，碎石土中孔隙越大且越多，在相同饱和度下基质吸力越小，在相同基质吸力下饱和度越小，因此脱水速率越快。

m 值随着碎石颗粒的增大而逐渐增大；随着碎石含量的减少而逐渐增大；随着干密度的增大而逐渐增大；随着 I_p 值的增大而逐渐增大。m 值与残余含水率有关，碎石颗粒越大，碎石土中空隙越大，且数量也少，持水能力较强，因此残余含水率相对较大。碎石含量越少，土颗粒含量越高，持水能力越强，残余含水率相对较大。干密度越大，孔隙比越小，孔隙数量也少，持水能力较强，残余含水率较大。I_p 值越大，黏粒含量越高，储水能力较强，残余含水率较大。

由表5.3-1可知，连续级配的碎石土 n 值较大，脱水速率较快，可以得出碎石连续级配有助于试样排水，进气值 a 一般较大。

5.3.3 水力学参数模型的建立及分析

土的土-水特征曲线试验测量比较复杂，耗时也比较长，应用极为不方便。对于单个工程的评价，可以用大量的时间与财力进行相关试验。但是，面对数量较多的不同土石混合物的工程时，逐一进行试验测量就相当困难，且不实际。为此，在上述试验分析的基础上，认为碎石颗粒各粒径段含量、干密度、塑性指数三个变量为土石混合物土-水特征曲线的关键因子，且与 a、n、m 值之间存在着线性关系。因此，以碎石颗粒各粒径段含量、干密度、塑性指数为自变量，a、n、m 为因变量，采用 SPSS 软件进行回归分析，建立线性回归模型，分别预测 a、n、m 值[63,64]。

回归模型如下：

$$a=x_1m_1+x_2m_2+x_3m_3+x_4\rho_d+x_5I_p+c \tag{5.3-2}$$

$$n=x_1m_1+x_2m_2+x_3m_3+x_4\rho_d+x_5I_p+c \tag{5.3-3}$$

$$m=x_1m_1+x_2m_2+x_3m_3+x_4\rho_d+x_5I_p+c \tag{5.3-4}$$

式中：x_1、x_2、x_3、x_4、x_5 为模型回归系数；c 为模型常数项；m_1 为粒径 2～5mm 段颗粒含量；m_2 为粒径 5～10mm 段颗粒含量；m_3 为粒径 10mm 以上颗粒含量；ρ_d 为土石混合物干密度；I_p 为土石混合物中土的塑性指数。

通过试验数据，经回归分析后得到模型回归系数及其常数项，回归分析结果见表 5.3-2。

表 5.3-2　回归分析结果

项目	c	x_1	x_2	x_3	x_4	x_5	拟合度
a	−193.465	−35.285	−29.025	−16.492	55.818	10.393	0.995
n	2.238	1.087	0.623	0.482	−0.851	−0.049	0.774
m	−2.877	−2.333	−1.492	−1.116	2.397	0.046	0.963

依据表 5.3-2 可以看出，a、m 值的拟合度较好，n 值由于实际值较小，拟合度稍差。采用此回归模型预测前述试验中的土-水特征曲线，FX3 模型参数值及拟合度见表 5.3-3。

表 5.3-3　FX3 模型参数值及拟合度

编号	参数			拟合度
	a	n	m	
1	2.013	0.736	0.705	0.984
2	5.702	0.496	1.150	0.862
3	10.013	0.455	1.254	0.913
4	2.799	0.558	1.000	0.943
5	10.948	0.380	1.424	0.919
6	6.217	0.558	1.049	0.854
7	18.609	0.369	1.581	0.994
8	48.571	0.350	1.266	0.994

由表 5.3-3 可知最小拟合度为 0.854，75%的曲线拟合度可达 90%以上，可以认为模型比较好地反映了 a、n、m 的真实值，满足工程使用要求，具有一定实用性。为此，编者从现场取样后，在室内做简单的筛分试验、界限含水率试验、饱和试验，得到 m_1、m_2、m_3、ρ_d、I_p 五个值，然后将其代入回归模型可以得出 a、n、m 值，最后将 a、n、m 值代入 FX3 三参数模型可计算出土-水特征曲线。

5.3.4 滑坡采用预测公式计算的土-水特征曲线

根据式（5.3-2）～式（5.3-4），将计算所得的模型回归系数代入可得如下公式：

$$a=-35.285m_1-29.025m_2-16.492m_3+55.818\rho_d+10.393I_p-193.465 \tag{5.3-5}$$

$$n=1.087m_1+0.623m_2+0.482m_3-0.851\rho_d-0.049I_p+2.238 \tag{5.3-6}$$

$$m=-2.333m_1-1.492m_2-1.116m_3+2.397\rho_d+0.046I_p-2.877 \tag{5.3-7}$$

粒径 2～5mm 段颗粒含量平均为 195.06g，占比 19.51%，则 $m_1=0.1951$；粒径 5～10mm 段颗粒含量平均为 140.12g，占比 14.01%，则 $m_2=0.1401$；粒径 10mm 以上颗粒含量平均为 188.73g，占比 18.87%，则 $m_3=0.1887$；ρ_d 为碎石土干密度，取 1.64t/m^3；I_p 为碎石土中土的塑性指数，取 12。将相关参数代入式（5.3-5）～式（5.3-7）中，计算得：$a=8.731$，$n=0.645$，$m=0.731$。

5.3.5 土-水特征曲线对比分析

将前文公式计算所得的土-水特征曲线与现场试验所得的土-水特征曲线，以及室内试验所得的土-水特征曲线放于同一图中进行对比分析，分析结果如图 5.3-2 和图 5.3-3 所示。

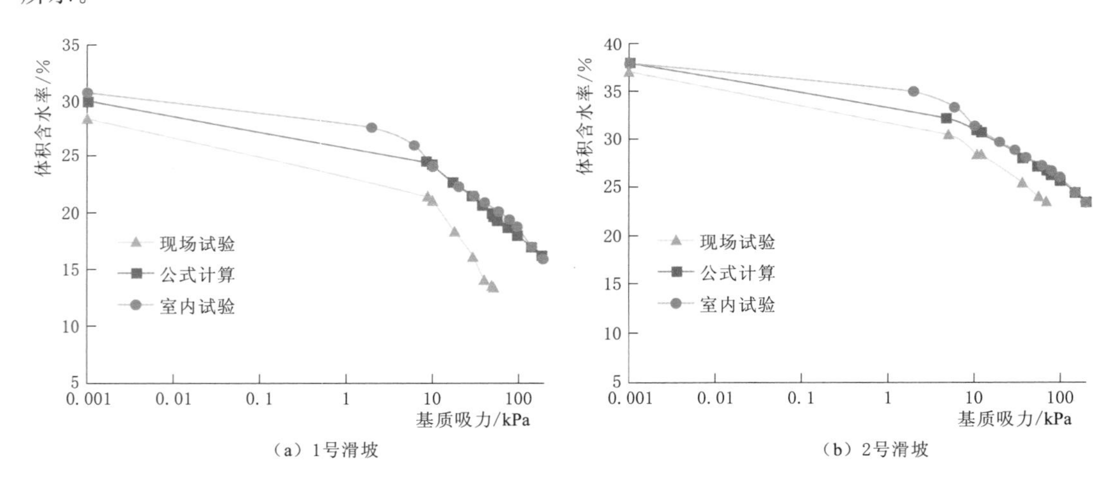

图 5.3-2 现场试验、室内试验、公式计算滑坡土-水特征曲线对比

如图 5.3-2 所示，三条土-水特征曲线形状及变化趋势相似，进气值较接近。总体上，室内试验曲线在最上面，现场试验曲线比公式计算曲线要靠下。室内试验曲线与计算曲线相比，在中间直线段基本重合。由此可见，采用公式计算得到的土-水特征曲线与室内试验曲线相近，两者相差较小，可满足工程应用要求。

5.4　库岸地下水浸润线分布规律及其水压力

库水和地下水对滑坡的作用，大致分为以下四个方面：

（1）软化岩石，降低边坡岩体强度。边坡岩石受水浸泡后，岩石和结构面尤其是可能滑动面的抗剪强度降低，影响边坡稳定。

（2）浮托力作用。由于库水和地下水位的升高，下部岩体由天然容重变为浮容重，使下部岩体抗滑力降低。

（3）水压力作用。由于库水或地下水位的升降，产生动水压力和静水压力，尤其是在库水位急剧下降，或者地下水位急剧上升的情况下，产生的动水压力对边坡稳定影响最大。

（4）其他作用。库水和地下水还将引起有冲刷、潜蚀、管涌等作用，对边坡稳定不利。

5.4.1　库水位下降时滑坡体内浸润线的确定

水库蓄水后，库水渗入库岸形成一个自由水面，自由水面上部属非饱和区，与空气相连；自由面下部属饱和区。通常将这个自由面称为浸润面，在剖面图中称为浸润线。当库水及外部补给水量恒定时，就会形成稳定渗流，此时浸润线不随时间变化。当库水升降或降雨等引起水头或补给量变化时，会形成不稳定渗流，浸润线会随时间发生变化。从严格意义上讲，自然界的渗流都属不稳定渗流，但为了便于分析问题，通常将随时间因素变化不大的问题简化为稳定渗流问题。

研究渗流问题是为了确定土体内部的孔隙水压力，目前求解土体中孔隙水压力的方法是有限元法，该方法求解比较复杂，不便于工程应用。在实际工作中，为了便于分析问题，工程人员通常采用浸润线来确定土体中的孔隙水压力。因此，确定浸润线即可确定土体中的孔隙水压力。

5.4.1.1　土中的水及其流动

1. 伯努利定理

伯努利定理是指水的流动符合能量守恒原理，如果忽略不计摩擦等引起的能量损失，则伯努利定理可以用下式表示：

$$h=\frac{v^2}{2g}+z+\frac{u}{\gamma_w} \tag{5.4-1}$$

式中：h 为总水头，m；$\frac{v^2}{2g}$为速度水头（v 为流速，g 为重力加速度），m；z 为位置水头（从基准面到计算点的高度），m；$\frac{u}{\gamma_w}$为压力水头（u 为水压，γ_w 为水的容重），m。

三者的和称为总水头，因为土中水的流速小，速度水头项可以忽略不计，此时有

$$h=z+\frac{u}{\gamma_w} \tag{5.4-2}$$

2. 达西定律

水力坡度的含义是：土中的水沿着流线方向每前进 Δs 的距离，就要有 $-\Delta h$ 的水头损失，通常用 i 表示，其公式如下：

$$i=-\frac{\Delta h}{\Delta s} \tag{5.4-3}$$

达西通过试验发现，当水流是层流的时候，水力坡度 i 与土中水的流速 v 之间有一定的比例关系，这个比例系数用 k 表示，称这个关系为达西定律，则有

$$v=ki=k\left(-\frac{\Delta h}{\Delta s}\right) \tag{5.4-4}$$

式中：k 为渗透系数，表示土中水流过的难易程度。对于渗透系数 k 值，砂土大，黏土小。渗透系数可采用室内常水头试验或变水头试验来确定，对于复杂的场地可做现场抽水试验来测定。

设与水的流动方向（流线）垂直的断面面积为 A，则单位时间的透水量 Q 由下式表示：

$$Q=vA=kiA \tag{5.4-5}$$

3. 给水度

给水度是一个常用且十分重要的水文地质参数，无论在地下水非稳定流计算还是在资源评价中，都离不开它。给水度的大小应当通过实际测试的办法确定。给水度是指在单位饱和岩土体积中由于重力作用所能释放出的水量，或者可将其定义为：在某个饱和岩土体积中，依靠重力所能释放的重力水的体积与该岩土体积之比。

毛昶熙[65] 根据国内外砂砾土和黏性土的实验资料，分析求得给水度 μ 的经验公式为

$$\mu=1.137n(0.0001175)^{0.067(6+\lg k)} \tag{5.4-6}$$

式中：n 为孔隙率；k 为渗透系数，cm/s。

Skempton 等[66] 根据砂粒石土料的试验资料分析得出简单的给水度 μ 的经验公式为

$$\mu=0.117\sqrt[7]{k} \tag{5.4-7}$$

式中：k 为渗透系数，m/d。

在计算砂砾土时，式（5.4-6）和式（5.4-7）的计算结果很接近，但式（5.4-7）用于计算黏土时的结果比式（5.4-6）大很多（1个数量级）。目前对于黏性土的给水度的研究尚不完善，由于土体裂隙的不均匀性，有些野外数据的结果常大于室内试验值。

5.4.1.2 潜水非稳定渗流基本方程的建立

在潜水含水层中，当水位发生变化，如水位下降时，含水层中的贮存水量以重力疏干形式释放。重力疏干仅发生在潜水位的变动带中，释放水量的多少仅与水位变动带的范围（体积）及变动带岩层的给水度有关。

假定：水流为二维流且服从达西定律；含水层为非均质、各向异性；垂直补给强度 W 为定值，不随时间和坐标位置的变化而变化；水头变化引起含水层中贮存水量的变化瞬时完成；给水度为定值，并假定水和土骨架是不可压缩的。为了建立基于上述条件下的潜水非稳定运动的基本微分方程，本节研究在底面积为 $\mathrm{d}x\mathrm{d}y$、高为含水层厚度 H 的均衡单元（图 5.4-1）中 $\mathrm{d}t$ 均衡时段内的水均衡。

流入水量由三部分组成：①沿 x 轴方向进入单元体的侧向水量为 $Q_x\mathrm{d}t$；②沿 y 轴方向进入单元体的侧向水量为 $Q_y\mathrm{d}t$；③沿 z 轴方向垂直进入单元体的补给量。

流出单元体的水量也由三部分组成：①沿 x 轴方向流出单元体的侧向水量为 $\left(Q_x+\dfrac{\partial Q_x}{\partial x}\mathrm{d}x\right)\mathrm{d}t$；②沿 y 轴方向流出单元体的侧向水量为 $\left(Q_y+\dfrac{\partial Q_y}{\partial y}\mathrm{d}y\right)\mathrm{d}t$；③沿 z 轴方向垂直流出单元体的排泄量，沿 z 轴进入单元体的补给量与排出量的代数和等于 $W\mathrm{d}x\mathrm{d}y\mathrm{d}t$。

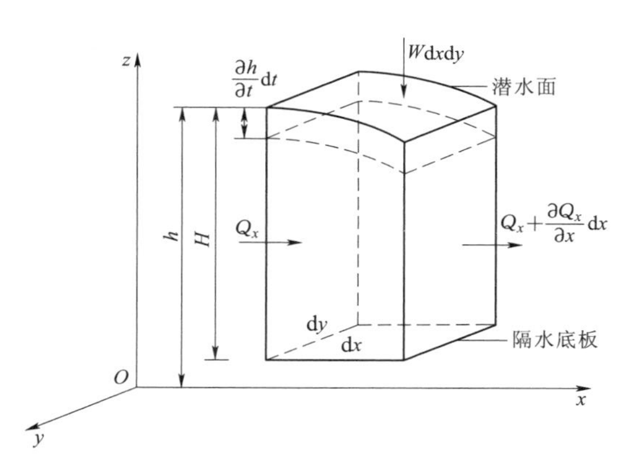

图 5.4-1 潜水流的计算单元

由于水是不可压缩的流体，小土体内的水量增加必然会引起潜水面的上升，水量减少则会引起潜水面的下降。设潜水面变化的速率为$\dfrac{\partial h}{\partial t}$，在 $\mathrm{d}t$ 时间内潜水面升高（或降低）$\dfrac{\partial h}{\partial t}\mathrm{d}t$。因潜水面的变化而引起的小土体内水体积的增量为 $\mu\dfrac{\partial h}{\partial t}\mathrm{d}x\mathrm{d}y\mathrm{d}t$。根据质量守恒定律，流入与流出水量的差值应等于单元体中水体积的变化值，于是得

$$-\left(\frac{\partial Q_x}{\partial x}\mathrm{d}x+\frac{\partial Q_y}{\partial y}\mathrm{d}y\right)\mathrm{d}t+W\mathrm{d}x\mathrm{d}y\mathrm{d}t=\mu\frac{\partial h}{\partial t}\mathrm{d}t\mathrm{d}x\mathrm{d}y \tag{5.4-8}$$

根据达西定律有

$$Q_x=-k_xi_xA_x=-k_x\frac{\partial h}{\partial x}H\mathrm{d}y,\ Q_y=-k_yi_yA_y=-k_y\frac{\partial h}{\partial y}H\mathrm{d}x$$

则

$$\frac{\partial Q_x}{\partial x}=-\frac{\partial}{\partial x}\left(k_xH\frac{\partial h}{\partial x}\right)\mathrm{d}y,\ \frac{\partial Q_y}{\partial y}=-\frac{\partial}{\partial y}\left(k_yH\frac{\partial h}{\partial y}\right)\mathrm{d}x$$

将$\dfrac{\partial Q_x}{\partial x}$、$\dfrac{\partial Q_y}{\partial y}$代入式（5.4-8），并用 $\mathrm{d}x\mathrm{d}y\mathrm{d}t$ 除等式两侧，整理后得到如下的微分方程：

$$\frac{\partial}{\partial x}\left(k_xH\frac{\partial h}{\partial x}\right)+\frac{\partial}{\partial y}\left(k_yH\frac{\partial h}{\partial y}\right)+W=\mu\frac{\partial h}{\partial t} \tag{5.4-9}$$

式（5.4-9）即为布辛涅斯克（Boussinesq）方程，它是研究潜水非稳定运动的基本微分方程。

若不考虑边界的补给量，并且用平均含水层厚度 h_m 代替 H，则式（5.4-9）就变为

$$\frac{\partial}{\partial x}\left(k_x\frac{\partial y}{\partial x}\right)+\frac{\partial}{\partial y}\left(k_y\frac{\partial h}{\partial y}\right)+\frac{W}{h_m}=\frac{\mu}{h_m}\frac{\partial h}{\partial t} \tag{5.4-10}$$

若为一维流，则式（5.4-9）又可简化为

$$\frac{\partial}{\partial x}\left(kH\frac{\partial h}{\partial x}\right)+W=\mu\frac{\partial h}{\partial t} \tag{5.4-11}$$

对于稳定渗流问题，由于水头不随时间变化，即$\partial h/\partial t=0$，则对于含水层均质、各向同性的一维流，其稳定渗流微分方程为

$$\frac{\partial}{\partial x}\left(kH\frac{\partial h}{\partial x}\right)+W=0 \tag{5.4-12}$$

5.4.1.3 库水位等速下降时滑坡体内浸润线的求解

1. 基本假设

含水层均质、各向同性、侧向无限延伸，具有水平不透水层；库水降落前，原始潜水面水平；潜水流为一维流；库水位以 v_0 的速度等速下降；库岸按垂直考虑，库水降幅内的库岸与大地相比小得多，为了简化将其视为垂直库岸。

由于坡体中的浸润面比较平缓，为了简化问题，通常忽略垂直方向的渗流，即认为流速在垂直方向上无变化。在此情况下可以把问题简化为一维渗流问题，并假定上部无流量补给（$W=0$），这样式（5.4-11）就变为

$$\frac{\partial h}{\partial t}=\frac{k}{\mu}\frac{\partial}{\partial x}\left(H\frac{\partial h}{\partial x}\right) \tag{5.4-13}$$

式（5.4-13）是一个二阶非线性偏微分方程，目前还没有求解析解的方法，通常采用简化方法将其线性化。简化的方法是将括号中的 H 近似地看作常量，用时段始、末潜水流厚度的平均值 h_m 代替，这样就得到简化的一维非稳定渗流的运动方程：

$$\frac{\partial h}{\partial t}=a\frac{\partial^2 h}{\partial x^2},\ a=\frac{kh_m}{\mu} \tag{5.4-14}$$

2. 模型建立及求解

浸润线计算坐标如图 5.4-2 所示。

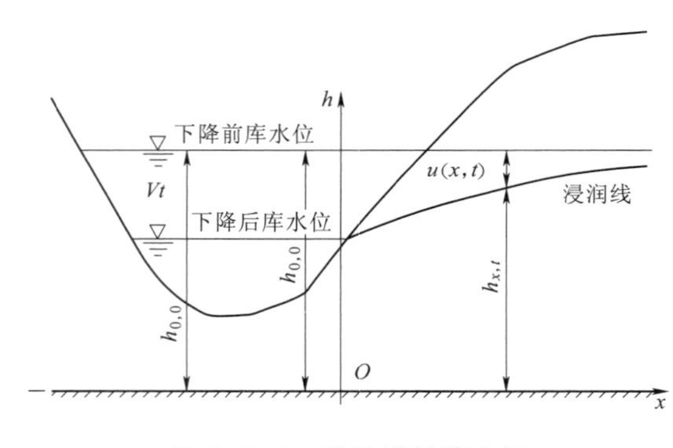

图 5.4-2 浸润线计算坐标

初始时刻，即 $t=0$ 时，水库内各点水位为 $h_{0,0}$。设距库岸 x 处在 t 时刻的地下水位变幅为

$$u(x,t)=h_{0,0}-h_{x,t}=\Delta h_{x,t} \tag{5.4-15}$$

该断面 $t=0$ 时的水位变幅：

$$u(x,0)=h_{0,0}-h_{x,0}=0$$

库水位以 v_0 速度下降，发生侧渗后，在 $x=0$ 断面处有：

$$u(0,t)=h_{0,0}-h_{0,t}=v_0 t$$

在 $x=\infty$ 断面处，有 $u(\infty,t)=0$。

令

$$u(x,t)=h_{0,0}-h_{x,t}$$

由式（5.4-15）可以把上述水位下降的半无限含水层中地下水非稳定运动归结为下列数学模型：

$$\frac{\partial u}{\partial t}=a\frac{\partial^2 u}{\partial x^2}(0<x<\infty,t>0) \tag{5.4-16}$$

$$u(x,0)=0(0<x<\infty) \tag{5.4-17}$$

$$u(0,t)=v_0 t(t>0) \tag{5.4-18}$$

$$u(\infty,t)=0(t>0) \tag{5.4-19}$$

将式（5.4-16）～式（5.4-19）表述的数学模型对变量 t 进行拉普拉斯（Laplace）积分正变换和逆变换，可得到以下解：

$$u=v_0 tM(\lambda) \tag{5.4-20}$$

式中：$M(\lambda)=(1+2\lambda^2)erfc(\lambda)-\frac{2}{\sqrt{\pi}}\lambda e^{-\lambda^2}$；$\lambda=\frac{x}{2\sqrt{at}}$；$erfc(\lambda)=\frac{2}{\sqrt{\pi}}\int_{\lambda}^{\infty}e^{-x^2}dx$ 为余误差函数。

将式（5.4-20）代入式（5.4-15）得

$$h_{x,t}=h_{0,0}-v_0 tM(\lambda) \tag{5.4-21}$$

式（5.4-21）就是库水位等速下降时坡体浸润线的计算公式，其中 $M(\lambda)$ 可按表5.4-1查得，λ 与 $M(\lambda)$ 的关系曲线如图5.4-3所示。从图5.4-3可以看出，$M(\lambda)$ 为减函数，当 $\lambda>2$ 时，$M(\lambda)$ 近似等于0。

表5.4-1 库水位等速下降对地下水的影响系数 $M(\lambda)$

λ	$M(\lambda)$	λ	$M(\lambda)$	λ	$M(\lambda)$	λ	$M(\lambda)$
0.000	1.0000	0.100	0.7930	0.205	0.6150	0.330	0.4460
0.005	0.9890	0.110	0.7750	0.210	0.6070	0.340	0.4350
0.010	0.9870	0.115	0.7660	0.215	0.6000	0.350	0.4230
0.015	0.9670	0.120	0.7570	0.220	0.5920	0.360	0.4120
0.020	0.9560	0.125	0.7470	0.225	0.5870	0.370	0.4010
0.025	0.9460	0.130	0.7390	0.230	0.5780	0.380	0.3910
0.030	0.9340	0.135	0.7300	0.235	0.5710	0.390	0.3800
0.035	0.9230	0.140	0.7210	0.240	0.5630	0.400	0.3700
0.040	0.9130	0.145	0.7120	0.250	0.5490	0.412	0.3600
0.045	0.9020	0.150	0.7040	0.255	0.5420	0.420	0.3500
0.050	0.8920	0.155	0.6950	0.260	0.5350	0.430	0.3410
0.055	0.8820	0.160	0.6870	0.265	0.5280	0.440	0.3310
0.060	0.8720	0.165	0.6790	0.270	0.5220	0.450	0.3220
0.065	0.8620	0.170	0.6700	0.275	0.5160	0.460	0.3130
0.070	0.8520	0.175	0.6610	0.280	0.5290	0.470	0.3050
0.075	0.8420	0.180	0.6540	0.285	0.5030	0.480	0.2960
0.080	0.8320	0.185	0.6460	0.290	0.4960	0.490	0.2880
0.085	0.8220	0.190	0.6380	0.300	0.4830	0.500	0.2800
0.090	0.8130	0.195	0.6300	0.310	0.4700	0.510	0.2720
0.095	0.8030	0.200	0.6220	0.320	0.4580	0.520	0.2640

续表

λ	M(λ)	λ	M(λ)	λ	M(λ)	λ	M(λ)
0.530	0.2560	0.750	0.1320	1.140	0.0341	1.580	0.0057
0.540	0.2490	0.760	0.1280	1.160	0.0316	1.600	0.0052
0.550	0.2420	0.770	0.1230	1.180	0.0293	1.620	0.0047
0.560	0.2350	0.780	0.1200	1.200	0.0272	1.640	0.0043
0.570	0.2290	0.790	0.1160	1.220	0.0252	1.660	0.0039
0.580	0.2220	0.800	0.0020	1.240	0.0233	1.680	0.0036
0.590	0.2150	0.820	0.1050	1.260	0.0215	1.700	0.0033
0.600	0.2090	0.840	0.0982	1.280	0.0199	1.720	0.0030
0.610	0.2030	0.760	0.0919	1.300	0.0184	1.740	0.0027
0.620	0.1970	0.880	0.0860	1.320	0.0170	1.760	0.0025
0.630	0.1910	0.900	0.0803	1.340	0.0156	1.780	0.0023
0.640	0.1850	0.920	0.0750	1.360	0.0144	1.800	0.0021
0.650	0.1800	0.940	0.0700	1.680	0.0133	1.840	0.0017
0.660	0.1740	0.960	0.0654	1.400	0.0122	1.880	0.0014
0.670	0.1690	0.980	0.0609	1.420	0.0113	1.920	0.0011
0.680	0.1640	1.000	0.0568	1.440	0.0104	1.960	0.0009
0.690	0.1590	1.020	0.0529	1.460	0.0095	2.000	0.0007
0.700	0.1540	1.040	0.0492	1.480	0.0087	2.100	0.0005
0.710	0.1490	1.060	0.0458	1.500	0.0080	2.200	0.0003
0.720	0.1450	1.080	0.0426	1.520	0.0073	2.300	0.0002
0.730	0.1400	1.100	0.0396	1.540	0.0067	2.400	0.0001
0.740	0.1360	1.120	0.0367	1.560	0.0062	∞	0.0000

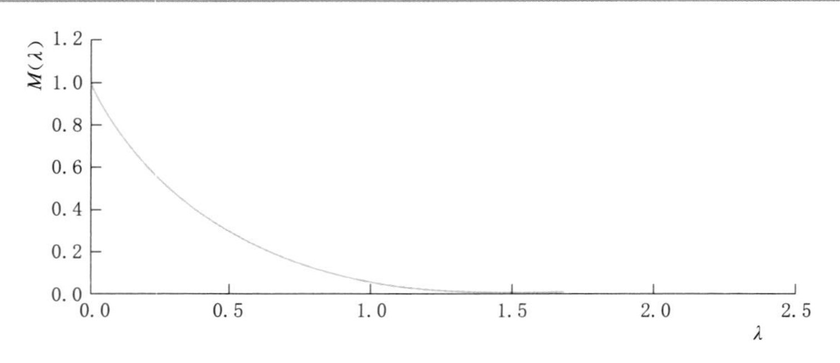

图 5.4-3 λ 与 M(λ) 的关系曲线

将 $a=\frac{kh_{\mathrm{m}}}{\mu}$ 代入 $\lambda=\frac{x}{2\sqrt{at}}$ 得

$$\lambda=\frac{x}{2\sqrt{at}}=\frac{x}{2}\sqrt{\frac{\mu}{kh_{\mathrm{m}}t}} \tag{5.4-22}$$

为了便于工程应用，将表5.4-1中的数据进行多项式拟合，得到如下的拟合公式：

$$M(\lambda)=\begin{cases}0.1091\lambda^4-0.7501\lambda^3+1.9283\lambda^2-2.2319\lambda+1, & 0\leqslant\lambda<2\\ 0, & \lambda\geqslant 2\end{cases} \tag{5.4-23}$$

这样就得到库水位等速下降时浸润线的简化计算公式：

$$h_{x,t}=\begin{cases}h_{0,0}-v_0t(0.1091\lambda^4-0.7501\lambda^3+1.9283\lambda^2-0.2319\lambda+1), & 0\leqslant\lambda<2\\ h_{0,0}, & \lambda\geqslant 2\end{cases} \tag{5.4-24}$$

式中：k 为渗透系数，m/d；h_m 为潜水流的平均厚度，m，取 $h_m=(h_{0,0}+h_{0,t})/2$；$h_{0,0}$ 为库水下降前的水位，m；$h_{0,t}$ 为 t 时刻库水的水位，m；μ 为给水度；t 为库水下降时间，d。

从图5.4-3中可以看出，当 $\lambda=2$ 时，$M(\lambda)\approx 0$，把这个位置定义为库水下降的影响范围，该范围可由式（5.4-22）得到：

$$x=4\sqrt{\frac{kh_mt}{\mu}} \tag{5.4-25}$$

通过式（5.4-25）可以估计库水作用时的影响范围，还可以在有限元分析中确定计算模型的尺寸。

3. 计算公式的分析

为了便于分析，令库水的下降高度 $h_t=v_0t$，那么库水的下降时间 $t=h_t/v_0$，将其分别代入式（5.4-21）和式（5.4-22）得

$$h_{x,t}=h_{0,0}-h_tM(\lambda) \tag{5.4-26}$$

$$\lambda=\frac{x}{2}\sqrt{\frac{\mu v_0}{kh_mh_t}} \tag{5.4-27}$$

从式（5.4-27）可看出，影响浸润线的因素有：渗透系数 k，给水度 μ，库水下降速度 v_0，含水层厚度 h_m 和下降高度 h_t。从图5.4-3可以看出，$M(\lambda)$ 为减函数，随 λ 的增大，$M(\lambda)$ 的值减小。也就是说，λ 越大，坡体中自由水面下降的速度越慢；反之，λ 越小，坡体中自由水面下降的速度越快。

当 $\lambda=0$ 时，$M(\lambda)=1$，坡体中的自由水面与库水位同步下降；当 $\lambda=\infty$ 时，$M(\lambda)=0$，坡体中的自由水面在库水位下降过程中不变动。从表5.4-1和图5.4-3可以看出，当 $\lambda>2$ 时，$M(\lambda)$ 已接近于0。

大家知道，当坡体中的水位越高时，对坡体的稳定性越不利。根据这个常识来分析各因素对坡体稳定性的影响。

从前面的分析可知，λ 越小，坡体中自由水面下降的速度越快，对坡体稳定越有利；反之 λ 越大，对坡体稳定越不利。

4. 有限元分析及公式修正

为了消除一维方程代入二维方程引起的误差，下面通过几个算例来分析库岸具有不同倾角的情况下（图5.4-4），式（5.4-24）与有限元计算结果的误差。已知渗透系数 $k_x=k_y=0.3$m/d，库水的下降高度为30m，下降速度为1m/d，给水度为0.0312，孔隙率为0.35，计算结果如图5.4-5所示。

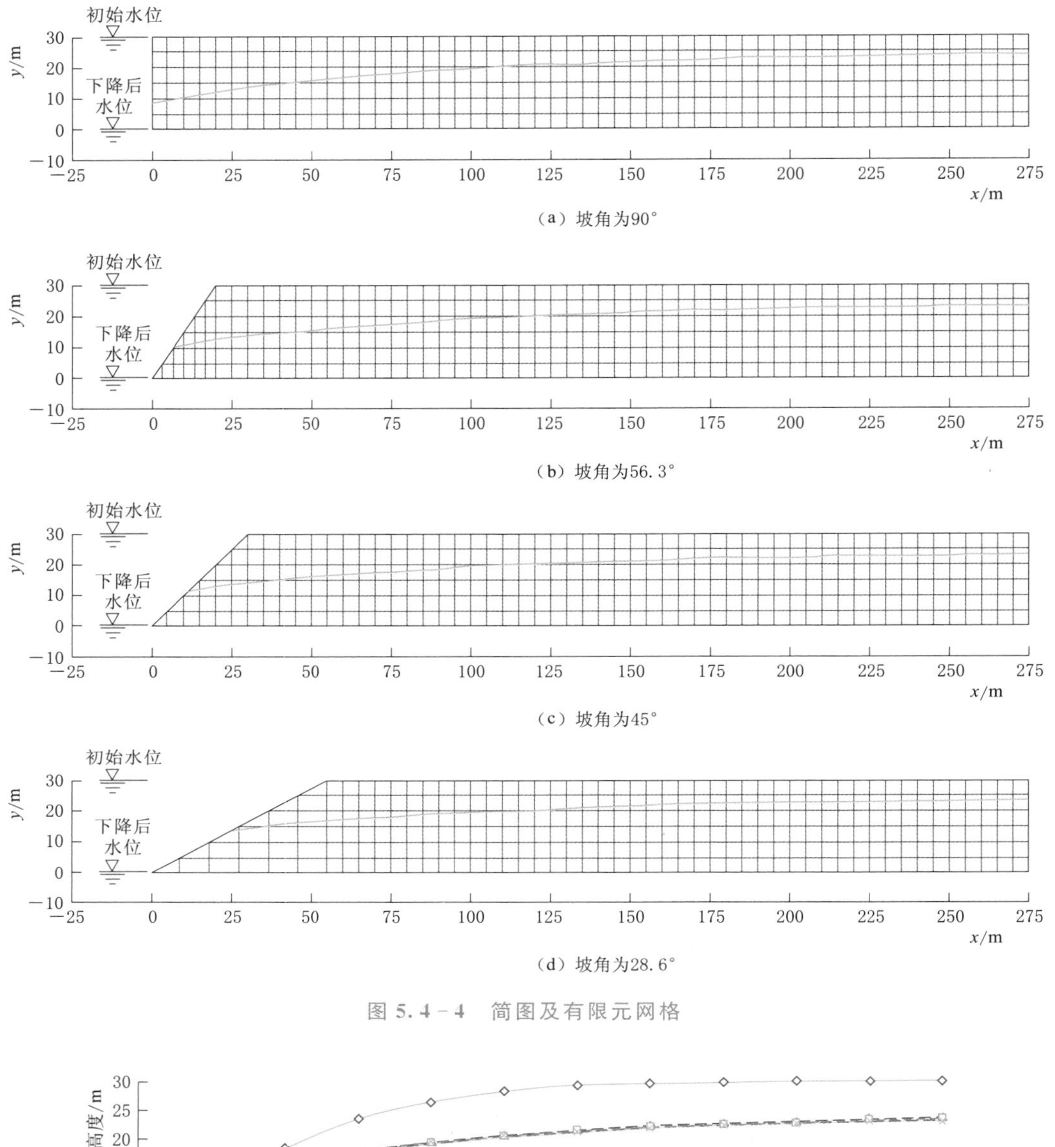

图 5.4-4　简图及有限元网格

图 5.4-5　计算结果对比

有限元的分析结果表明，在坡角附近式（5.4-24）的结果大于有限元的结果，且越靠近坡脚误差越小。由于误差影响范围小，且大多数工程是斜边坡，因此对该部分不进行修正。对于后部，由于式（5.4-24）的结果大于有限元的结果，且影响范围较大，因此对该部分进行修正。

根据图5.4-2，可将式（5.4-21）改写为

$$h_{x,t}=h_{0,t}+[1-M(\lambda)]v_0t \tag{5.4-28}$$

式中：$h_{0,t}$ 为库水下降后的高度；$[1-M(\lambda)]v_0t$ 为浸润线至库水位的高度。

由于一维公式的计算结果与有限元的结果近似为平行线，因此可将一维公式乘以一个系数对其进行修正。在式（5.4-28）中的$[1-M(\lambda)]v_0t$ 前乘以修正系数 η，修正后的公式如下：

$$h_{x,t}=h_{0,t}+\eta[1-M(\lambda)]v_0t \tag{5.4-29}$$

将式（5.4-23）代入式（5.4-29）得

$$h_{x,t}=\begin{cases}h_{0,t}+\eta v_0t(-0.1091\lambda^4+0.7501\lambda^3-1.9283\lambda^2+2.2319\lambda), & 0\leqslant\lambda<2\\ h_{0,t}+\eta v_0t, & \lambda\geqslant 2\end{cases} \tag{5.4-30}$$

修正系数 η 可按下式计算：

$$\eta=\begin{cases}9.2989\beta, & \beta<0.088\\ 0.0066\beta+0.8218, & \beta\geqslant 0.088\end{cases} \tag{5.4-31}$$

$$\beta=\sqrt{\frac{\mu v_0}{K}} \tag{5.4-32}$$

式（5.4-30）即为修正后的浸润线计算公式。

通过砂槽试验对式（5.4-30）进行验证，结果表明：在模型前部试验值大于计算值，该误差随水位下降高度的增大而增大；在中后部试验值小于计算值，该误差同样随下降高度的增大而增大。除前部个别点外，其余误差都在5%以内，说明用修正公式计算浸润线是可行的。

5.4.2　库岸岩土体水压力

滑坡、边坡岩土体中地下水的作用主要表现为孔隙水压力、渗透动水压力、降雨形成的暂态水压力。

5.4.2.1　孔隙水压力

1. 孔隙水压力的定义

孔隙水压力一般是指饱和岩土体孔隙介质中充满水时所产生的压力，是大气压之上的一种正压力。一般认为土体中的孔隙是互相连通的，因此，饱和土体孔隙中的水是连续的，它与通常的水体一样，能够承担或传递压力。孔隙水压力是一种中性应力，即它没有剪切分量，压力的方向始终垂直于作用面，并且在各个方向上是相等的。根据太沙基（Terzaghi）有效应力原理，饱和土体中任何一点的总应力 σ 由有效应力 σ' 和孔隙水压力 u 共同承担。即

$$\sigma=\sigma'+u \tag{5.4-33}$$

其中有效应力 σ' 是通过粒间的接触面传递的应力，因为它对土体的强度和变形特性起控制作用，所以在很多文献中一致认为，有效应力 σ' 是土力学中最重要的一个参数。从严格的理论上讲，土力学中的所有力学分析只有使用有效应力计算才是正确合理的。

由力学概念可知，所谓“应力”，本身就是一个无法直接测量的人为规定的量。有效

应力σ'不能被直接量测到，只能通过总应力σ和孔隙水压力u推算得出，这无疑突显了孔隙水压力在土力学和工程评价中的极端重要性。

从上面的分析可以看出，在地下水作用下，岩土问题的焦点是确定孔隙水压力；同样，在地下水作用下，如何确定边坡中的孔隙水压力成为坡体稳定分析的关键。

2. 滑坡中的孔隙水压力计算

从理论上讲，边坡中的孔隙水压力应该用有限元渗流分析或画流网的方法来确定，但是这样做比较复杂，不便于工程应用，因此工程中通常采用一些简化方法来计算孔隙水压力。常用的方法有孔隙压力比法、替代法和静水压力法。

(1) 孔隙压力比法。孔隙压力比法最早是在分析坡体中考虑水荷载的一种方法，其目的是用孔隙压力比来减少土的重力，该法通常用在瑞典法中，目前我国的某些规范中仍采用该方法。为了考虑水的作用，工程技术人员利用浮重的概念来确定有效应力。将孔隙压力比r_u定义为总的孔隙压力和总的上覆压力之比，或者水压力产生的总的向上力和自重之比。根据阿基米德原理，向上的浮力等于所排开水的重力，向下的力等于滑动土体的重力。因此孔隙压力比表示为

$$r_u=\frac{V_{sat}r_w}{Vr_s} \tag{5.4-34}$$

式中：V_{sat}为水下滑动体的体积，m^3；V为滑动体的体积，m^3；r_w为水的容重，kN/m^3；r_s为土的容重，kN/m^3。

由于水的容重大约等于土容重的一半，孔隙压力比可以近似地由下式确定：

$$r_u=\frac{V_{sat}}{2V} \tag{5.4-35}$$

图5.4-6表示滑动面为圆弧和平面时，将浸润面转换为孔隙压力比的方法。

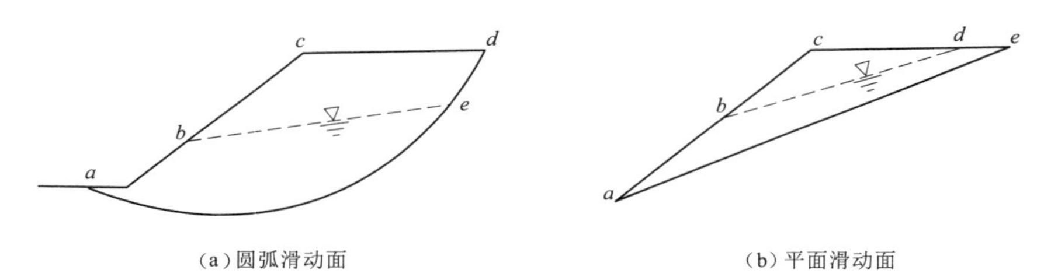

(a) 圆弧滑动面　　(b) 平面滑动面

图5.4-6 孔隙压力比的确定

$$r_u=\frac{面积_{abea}}{2\times 面积_{abcdea}}$$

$$r_u=\frac{面积_{abdea}}{2\times 面积_{abcdea}}$$

用孔隙压力比表述的瑞典法的稳定系数公式：

$$F_s=\frac{\sum[c_i'l_i+(1-r_u)\boldsymbol{W}_i\cos\alpha_i\tan\varphi_i']}{\sum\boldsymbol{W}_i\sin\alpha_i} \tag{5.4-36}$$

式中：φ_i'为第i条块有效内摩擦角，(°)；c_i'为第i条块的有效黏聚力，kPa；α_i为第i条块的底边倾角；$\boldsymbol{W}_i$为第i条块的重力，水位以上取天然重力，水位以下取饱和重力，

kN；l_i 为第 i 条块的底边长度，m；F_s 为坡体的稳定系数。

孔隙压力比法是在计算机技术不发达、边坡的分析主要靠手工和查表的情况下提出来的，它代表的是坡体中的平均孔隙压力比。

（2）替代法。替代法就是用滑动体周界上的水压力和滑动体范围内水重的作用来替代渗透力的作用。

如图 5.4-7 所示的土坡，ae 线表示渗流水面线，称为浸润线。取滑动面以上、浸润面以下的滑动土体中的孔隙水体作为脱离体，在渗流情况下，其上的作用力有：滑弧面 abc 上的水压力 $\sum \boldsymbol{p}_1$，方向指向圆心；坡面 ce 上的水压力 $\sum \boldsymbol{p}_2$，方向垂直于坡面；孔隙水的重力与浮反力的合力 $\boldsymbol{W}_w$，方向垂直向下。

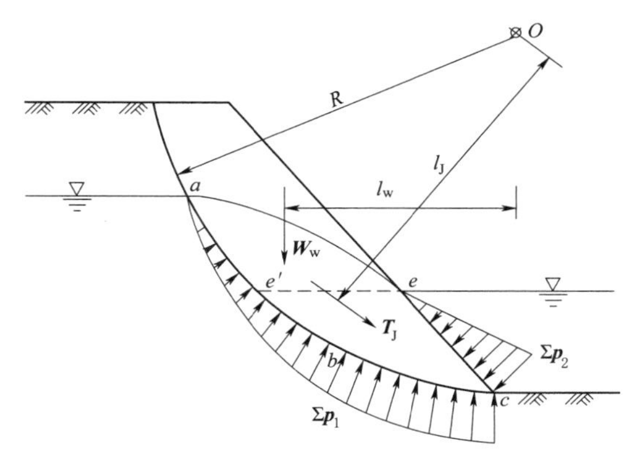

图 5.4-7　替代法计算渗透力的简图

由于以上三个力不能自相平衡，所以产生了渗流，即渗透力为以上三个力的合力。

$$\boldsymbol{T}_J = \boldsymbol{W}_w + \sum \boldsymbol{p}_1 + \sum \boldsymbol{p}_2 \qquad (5.4-37)$$

式（5.4-37）为一个力系的矢量和，表示：滑动体范围内渗透力的合力 $\boldsymbol{T}_J$ 等于所取脱离体范围内全部充满水时的水重 $\boldsymbol{W}_w$ 与脱离体周界上水压力 $\sum \boldsymbol{p}_1$ 和 $\sum \boldsymbol{p}_2$ 的矢量和。此即为替代法的基本思想。

将式（5.4-37）两侧的各力对圆心 O 取力矩，其力矩必相等。$\sum \boldsymbol{p}_1$ 的作用力方向指向圆心，其力矩为零，$\sum \boldsymbol{p}_2$ 与 ee' 面以下的水重对圆心 O 取矩后相互抵消，因而由式（5.4-37）得到：

$$\boldsymbol{T}_J l_J = \boldsymbol{W}_{wl} l_{wl} \qquad (5.4-38)$$

式中：$\boldsymbol{T}_J$ 为渗透力，kN；l_J 为 $\boldsymbol{T}_J$ 对圆心 O 的力臂，m；$\boldsymbol{W}_{wl}$ 为下游水位 ee' 面以上、浸润线 ae 以下，滑弧 ae' 范围内全部充满水时的水重，kN；l_{wl} 为 $\boldsymbol{W}_{wl}$ 对圆心 O 的力臂，m。

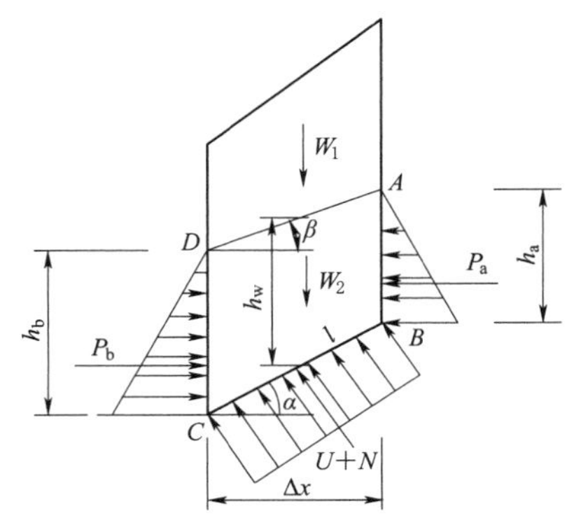

图 5.4-8　土条中水压力计算简图

因此对于圆弧滑面，渗透力产生的力矩可以用下游水位以上、浸润线以下滑弧范围内全部充满水的水重对圆心 O 的力矩来代替。

（3）静水压力法。替代法是将整个滑体作为研究对象，若将该方法应用到滑体中的每一个条块上，就得到了工程中经常使用的静水压力法。

工程中为了简化计算，通常假定土坡中任意一点处的孔隙水压力等于该点距地下水面的垂直距离乘以水的容重。这样，图 5.4-8 中土条周边的孔隙水压力分别为

AB 边界上：
$$P_a=\frac{1}{2}\gamma_w h_a^2 \tag{5.4-39}$$

CD 边界上：
$$P_b=\frac{1}{2}\gamma_w h_b^2 \tag{5.4-40}$$

滑弧面 CB 上：
$$U_i=\frac{1}{2}\gamma_w(h_a+h_b)\frac{\Delta x}{\cos\alpha_i} \tag{5.4-41}$$

用静水压力法分析边坡时，将水土看作研究对象，用土条周边的水压力与土体的饱和容重相平衡。在实际工程中，为了简化计算，通常忽略土条两侧边界上的水压力 P_a 和 P_b，仅考虑土条底部的水压力 U_i。

用孔隙水压力表述的瑞典法的稳定系数计算公式：
$$F_s=\frac{\sum[c_i' l_i+(W_i\cos\alpha_i-U_i)\tan\varphi_i']}{\sum W_i\sin\alpha_i} \tag{5.4-42}$$

用孔隙水压力表述的简化 Bishop 法的稳定系数计算公式：
$$F_s=\frac{\sum\frac{1}{m_{ai}}[c_i' l_i+(W_i-U_i\cos\alpha_i)W_i\tan\varphi_i']}{\sum W_i\sin\alpha_i} \tag{5.4-43}$$
$$m_{ai}=\cos\alpha_i+\frac{\tan\varphi_i'\sin\alpha_i}{F_s} \tag{5.4-44}$$

式中：φ_i' 为第 i 条块的有效内摩擦角，(°)；c_i' 为第 i 条块的有效黏聚力，kPa；W_i 为第 i 条块的重力，水位以上取天然容重，水位以下取饱和容重，kN；l_i 为第 i 条块的底边长度，m；U_i 为第 i 条块底部的水压力，kPa；F_s 为坡体的稳定系数。

用孔隙水压力表述的不平衡推力法的稳定系数计算公式：
$$F_i=W_i\sin\alpha_i-\frac{1}{F_s}[c_i' l_i+(W_i\cos\alpha_i-U_i)\tan\varphi_i']+F_{i-1}\varphi_i \tag{5.4-45}$$
$$\varphi_i=\cos(\alpha_{i-1}-\alpha_i)-\frac{\tan\varphi_i'}{F_s}\sin(\alpha_{i-1}-\alpha_i) \tag{5.4-46}$$

用式（5.4-45）和式（5.4-46）逐条计算，直到第 n 条的剩余推力为 0，由此确定稳定系数 F_s。

岩土质边坡各部位孔隙水压力应根据水文地质资料和地下水位长期观测资料确定，采用地下水最高水位作为持久状态水位。对具有疏排地下水设施的边坡，应首先确定经疏排作用后的地下水位线，再确定地下水压力。

5.4.2.2 渗透动水压力

对于有地下水渗流的水下岩土体，当采用体力法以浮容重计算时，应考虑渗透水压力作用，在河（库）水位以上边坡部分，其渗透水压力或动水压力值 P_{wi} 按下式计算：
$$P_{wi}=\gamma_w V_i J_i \tag{5.4-47}$$
式中：γ_w 为水的容重，kN/m³；V_i 为第 i 个计算条块单位宽度岩土体的水下体积，m³/m；J_i 为第 i 个计算条块地下水渗透比降。

5.4.2.3 降雨形成的暂态水压力

（1）持久设计状况：无雨时，按实测雨季最高地下水位作为基准值或初始值，降雨在边坡内产生最不利暂态水压力分布示意如图5.4－9所示。

1）水荷载初始值应按地下水位产生的静水压力乘以折减系数β，该值根据不同情况在（$-\infty$，1］选择。有条件时可在同一孔不同高程埋设渗压计，按实测水压或水位求得β值；也可进行初始渗压场分析求取β值。静水压力按图5.4－9中的ΔBCE计算。

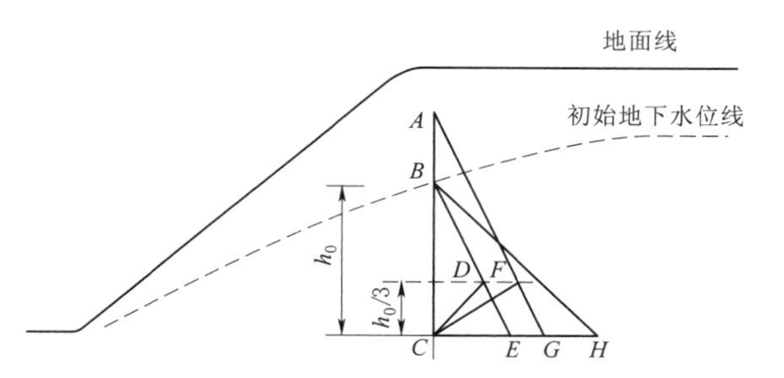

图5.4－9　降雨在边坡内产生最不利暂态水压力分布示意图

在有顺坡向卸荷裂隙发育而雨水不易排走时，降雨形成的暂态水压力可按$\beta=1$取值，即按图5.4－9中的ΔBCH计算。

2）当坡内在地下水位以下、深度为h_0处有排水措施时，认为该处静水压力为0，其上部作用的静水压力按图5.4－9中的ΔBCD计算，即以深度为$2/3h_0$处为界，其上方静水压力按正的直角三角形分布，其下方静水压力按倒立的直角三角形分布。

（2）短暂设计状况：降雨时，临时地下水位高出地下水位Δh，其以下各深度静水压力均按叠加一增量$\beta\gamma\Delta h$计算。

1）无排水措施时，按图5.4－9中的ΔACG计算。

2）当坡内在地下水位以下、深度为h_0处有排水措施时，认为该处静水压力为0，作用的静水压力按图5.4－9中的ΔACF计算，即以深度为$2/3h_0$处为界，其上方静水压力按正的直角三角形分布，其下方静水压力按倒立的直角三角形分布。

3）对南方多雨地区，或气象记录有连续5h以上大雨，且地面未设防渗层时，地下水位可升至地面；对干旱地区，或地面加设防渗层时，地下水面应适当低于地面。

4）当地下排水设施不能有效排水时，该深度处的静水压力应大于0，可根据分析判断设定。

5.4.3　库岸岩土体饱和-非饱和渗流分析

为了更进一步揭示滑坡体地下水位线在库水位升降条件下的变化过程，应用上述两个典型滑坡计算的土-水特征参数，采用GeoStudio二维模拟软件，对树坪滑坡与李家峡坝前Ⅱ号滑坡进行饱和-非饱和渗流分析。

5.4.3.1　计算模型、参数及工况

1. 渗流原理分析

在土坡稳定性分析中，当地下水位埋藏较浅时，非饱和区土壤水运动和饱和区的地下水运动是互相联系的，此时，将二者统一起来研究比较方便，即所谓饱和-非饱和流动问题。

由于滑坡体浸润线以上处于非饱和状态、浸润线以下处于饱和状态，随着库水位的涨落，滑坡体中的地下水位也随之发生变化，就在滑坡体中形成了土体的非饱和区与饱和区。在此情形下应采用水头h作为控制方程的因变量，对于各向异性的二维饱和-非饱和

渗流控制方程为

$$\frac{\partial}{\partial x}\left(K_x \frac{\partial h_x}{\partial x}\right)+\frac{\partial}{\partial y}\left(\frac{\partial h_w}{\partial y}\right)+Q=m_w\gamma_w \frac{\partial h_w}{\partial t} \tag{5.4-48}$$

式中：k_x 为 x 方向的渗透系数；k_y 为 y 方向的渗透系数；Q 为施加的边界流量，m^3/s；γ_w 为水的容重，N/m^3；m_w 为比水容重，是体积含水率驻留曲线的斜率。

m_w 定义为体积含水率 θ_w 对基质吸力（u_a-u_w）偏导数的负值，即

$$m_w=-\frac{\partial\theta_w}{\partial(u_a-u_w)} \tag{5.4-49}$$

水头边界为

$$k\left.\frac{\partial h}{\partial n}\right|_{\Gamma 1}=h(x,y,t);$$

流量边界为

$$k\left.\frac{\partial h}{\partial n}\right|_{\Gamma 2}=q(x,y,t)。$$

当水流过土体时，一部分水要驻留在土体结构中，驻留的水量是孔隙水压力和土体结构特征的函数。对渗流分析来说，定义水量驻留部分的体积和总体积的比值为体积水含率，用公式表示为

$$\theta_w=\frac{V_w}{V} \tag{5.4-50}$$

式中：V_w 为土体单元中水的体积，m^3；V 为土体的总体积，m^3。

当饱和度为100%时，体积水含率等于土壤的孔隙率。体积水含率的改变依赖于应力状态的改变和土体的性质。在渗流计算中，假定总应力是不变的，且孔隙气压力也保持不变，这意味着体积水含率的改变仅仅依赖于孔隙水压力的改变。体积水含率 θ_w 与孔隙水压力 u_w 的关系曲线如图 5.4－10 所示，用公式可表示为

$$\partial\theta_w=m_w\partial u_w \tag{5.4-51}$$

式中：u_w 为孔隙水压力，kN。

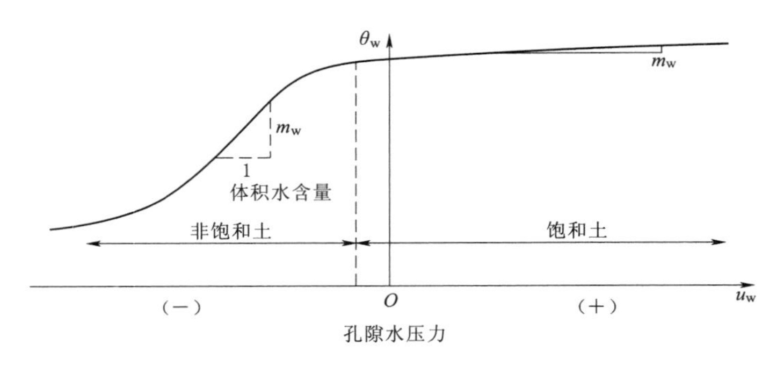

图 5.4－10　体积水含率 θ_w 与孔隙水压力 u_w 的关系曲线

由于渗透系数（水力传导率）是表示土体导水能力的一个参数，渗透系数依赖于体积水含量（含水率），而含水率又是孔隙水压力的函数，渗透系数是含水率的函数，因此渗透系数是孔隙水压力的间接函数。

2. 模型计算

根据收集的钻探资料和水文资料，确定典型滑坡滑动带的位置和初始地下水位情况，建立滑坡纵向二维剖面图（图 5.4-11）。滑坡为土质滑坡，滑动面为基覆界面，即上部滑体为土石混合物，采用黄色标识，下部滑床为基岩，采用淡棕色标识。由于采用有限元方法进行计算，需要对模型进行网格化处理。考虑计算结果的精度，网格化要求具有针对性和协调性，网格采用四边形与三角形相结合的方式，滑体网格密度较大，尺寸较小约为 5m，基岩网格密度较小，尺寸较大约为 10m。

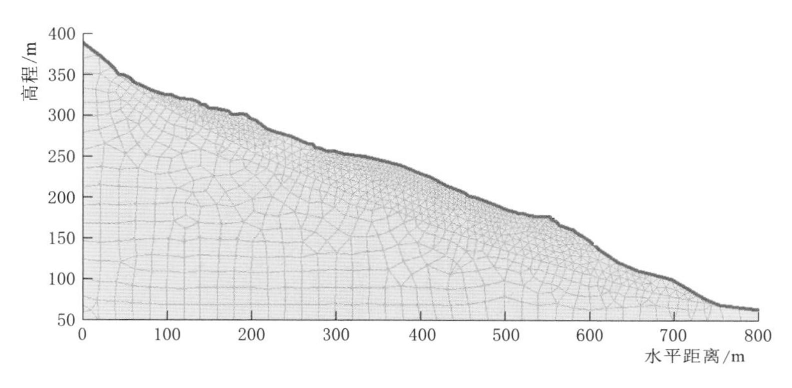

图 5.4-11 典型滑坡剖面图

3. 参数选取

岩土物理力学参数的选择是否合理对滑坡的渗流稳定性分析以及工程处理相当重要，尤其是滑带土的黏聚力和内摩擦角的取值。由于本书不对滑坡作稳定性分析，因此不再考虑黏聚力和内摩擦角的取值。滑坡体物质容重、饱和体积含水率、饱和渗透系数按前文室内试验结果选取。典型滑坡参数取值见表 5.4-2。

表 5.4-2 典型滑坡参数取值表

项目	容重/(kN/m³)	饱和体积含水率/(m³/m³)	饱和渗透系数/(m/d)
1号滑坡	16.4	0.2986	0.81
2号滑坡	16.2	0.3799	1.08
滑床			0.015

当考虑土体的非饱和性质时必然会涉及土体的土-水特征曲线和非饱和渗透系数这两个重要参数。土-水特征曲线表示土体中因基质吸力克服重力而保留水的多少，反映的是土体的持水能力；而非饱和渗透系数则反映了土体在非饱和区导水的快慢。当岩土体处于饱和状态时，渗透系数和体积含水率为一定值；当岩土体处于非饱和状态时，其渗透系数和体积含水率的数值具有一定的函数关系。两个典型滑坡滑体的土-水特征曲线通过预测公式计算得到三个特征参数，将其输入 GEO-SEEP 中的相关模块得到如图 5.4-12 与图 5.4-13 所示的曲线；基岩的土-水特征曲线采用常用的经验曲线，如图 5.4-14 所示。非饱和岩土体渗透系数与基质吸力的函数关系，即渗透系数函数通过 GEO-SEEP 中的 Fredlund&Xing 公式调用土-水特征曲线，同时输入饱和渗透系数与残余含水率，自动计

算得到如图 5.4－13～图 5.4－15 所示的曲线。估算非饱和渗透系数的 Fredlund&Xing 公式见式（5.4－52）和式（5.4－53）。

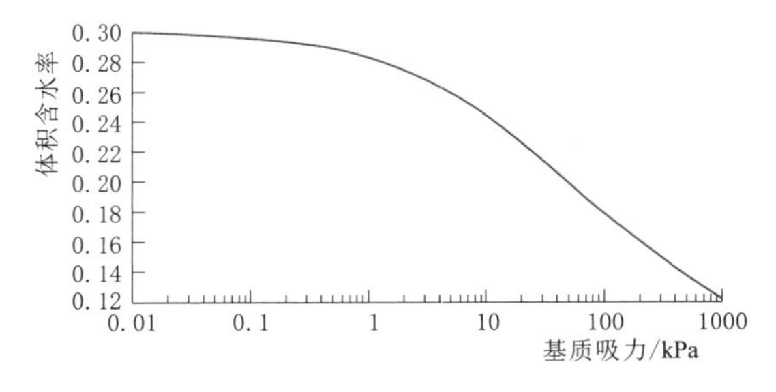

图 5.4－12　1 号滑坡土-水特征曲线

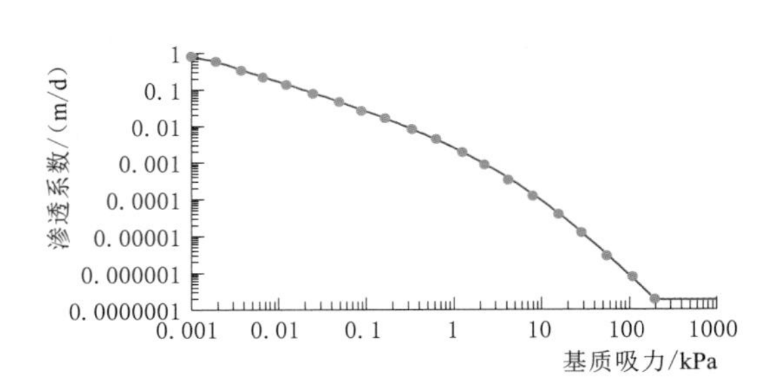

图 5.4－13　1 号滑坡渗透函数曲线

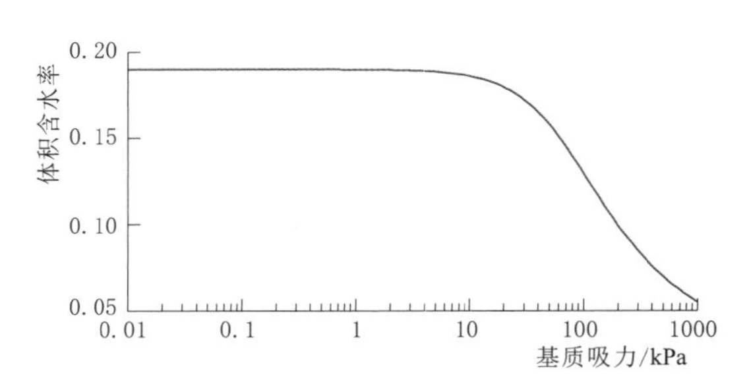

图 5.4－14　基岩的土-水特征曲线

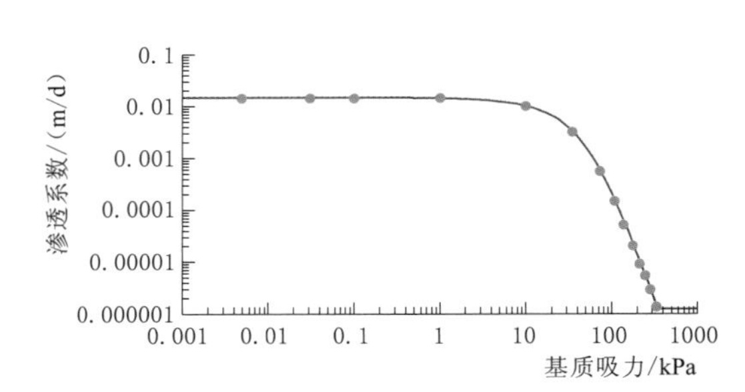

图 5.4－15　基岩渗透函数曲线

$$k_r = \frac{\sum_{i=j}^{N} \dfrac{\theta(e^y) - \theta(\varphi)}{e_i^y} \theta(e_i^y)}{\sum_{i=j}^{N} \dfrac{\theta(e^y) - \theta_s}{e_i^y} \theta^{\circ}(e_i^y)} \tag{5.4-52}$$

$$k_w = k_r k_s \tag{5.4-53}$$

式中：k_w 为非饱和土的渗透系数，m/s；k_s 为饱和土的渗透系数，m/s；k_r 为相对渗透系数；y 为负孔隙水压力算法的虚拟变量；i 为 j 到 N 之间的数值间距；j 为最小负孔隙水压力，kPa；N 为最大负孔隙水压力，kPa；φ 为第 j 步的负孔隙水压力，kPa；θ°为方程的起始值。

4. 计算工况

考虑水库蓄水对滑坡地下水的影响，地下水位线以上的堆积体采用天然容重进行计算，地下水位线以下的堆积体采用饱和容重进行计算，库水位以下的堆积体采用浮容重进行计算。根据典型水库实际运行调度情况，考虑水位升降速率按 1.0m/d 计算，高低水位时保持 120d 的不变水位运行。渗流计算工况与荷载组合见表 5.4－3。

5.4.3.2　渗流分析

水库库岸滑坡除具有一般山地滑坡的基本特征外，其特殊性在于水库水位的下降使滑坡赋存的水文地质环境发生了变化，极大地改变了库岸滑坡地下水渗流特征。库水位变化引起滑坡体变形和发生滑坡的本质原因是滑坡体水-岩之间的相互作用，即水-岩作用导致

表 5.4-3 渗流计算工况与荷载组合

荷载组合内容	库水位变化/m	库水位升降速率/(m/d)	历时/d
自重+地表荷载+坝前水位升降	死水位→正常蓄水位	1.0	30
	正常蓄水位		120
	正常蓄水位→死水位		30
	死水位		120

的滑坡岩土体抗剪强度参数的降低，对渗透稳定性，以及渗透水压力等的影响。因此研究库水位的升降对滑坡地下水的影响尤为重要。

基于渗流理论、几何模型以及相关参数的介绍，本书使用加拿大 GEO-SLOPE 公司开发的 GeoStudio 系列软件中的 SEEP/W 模块对典型滑坡进行渗流分析。SEEP/W 模块具有饱和-非饱和稳定渗流计算、饱和-非饱和非稳定渗流计算等功能。在库水位升降条件下的渗流分析，可掌握典型工程库区滑坡在水库水位上升与下降过程中的渗流变化。

5.4.3.3 孔隙水压力分析

为了比较准确地说明渗流线变化的强弱，在 1 号滑体渗流场变化带的浅部与深部设置了 3 个孔隙水压力监测点（图 5.4-16），查看孔隙水压力值随时间的变化关系（图 5.4-17）。

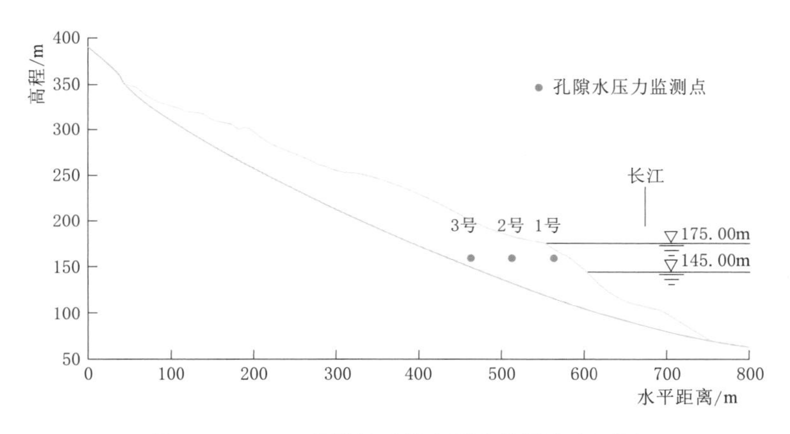

图 5.4-16 1 号滑坡孔隙水压力监测点布置图

1 号监测点位于滑体浅部断面，2 号监测点位于滑体中部断面，3 号监测点位于滑体深部断面。三个监测点在同一高程，水平距离相差 50m，1 号监测点离滑坡表面的水平距离约 20m。

由图 5.4-17 可见，孔隙水压力随时间的变化曲线与库水位随时间的变化曲线形态相似，基本上表现为：随着库水位的上升孔隙水压力逐渐增大，库水位保持高水位运行过程中，孔隙水压力由继续增大直至趋于稳定；随着库水位的下降孔隙水压力即开始下降，当库水位在低水位运行过程中，孔隙水压力继续减小直至趋于稳定。1 号监测点的孔隙水压力变化曲线整体比 2 号监测点的孔隙水压力变化曲线时间要靠前，同样 2 号监测点比 3 号监测点的曲线变化时间要靠前；无论是在上升段还是在下降段，1 号监测点的斜率都要大于 2 号、3 号监测点的斜率，即在相同孔隙水压力时，1 号监测点出现较早，2 号监测点

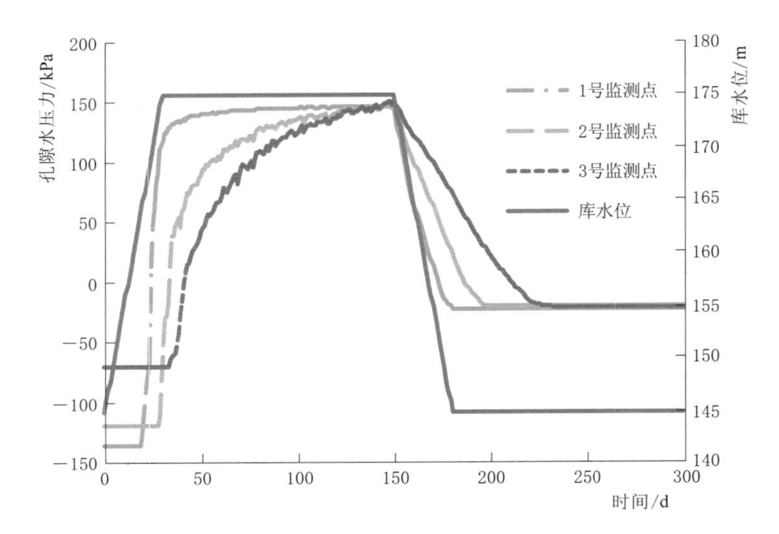

图 5.4-17　1 号滑坡监测点孔隙水压力变化

滞后于 1 号监测点，3 号监测点滞后于 2 号监测点；随着库水位的继续升降，2 号、3 号监测点的滞后时间会逐渐增大。

5.4.4　水位消落带对库岸作用的响应

为研究动水压力型滑坡对库水位升降的响应，以 1 号滑坡为例，利用 GeoStudio 有限元计算软件，分析库水变动作用下不同库水位升降速率及不同滑体渗透系数对动水压力型滑坡渗流场和稳定性的变化规律，研究结果将为分析该类滑坡的变形规律提供一定的参考。

5.4.4.1　动水压力型滑坡变形分析

1 号滑坡主要为第四系碎石土及块石土，呈紫红色，土石分布不均，碎石成分以砂岩、泥岩、泥灰岩为主，土体为粉质黏土；滑带土主要为粉质黏土夹小粒径碎石角砾，呈黄褐色至紫红色，不等厚状，分布在 0.6～1.0m；滑床为 T_2b 地层，岩性主要为紫红色粉砂岩夹泥岩及灰色中厚层状泥灰岩。

1 号滑坡采用地表位移全球定位系统（Global Positioning System，GPS）监测，选取主剖面前部、中部、后部的 3 个 GPS 监测点 ZG85、ZG86、ZG87。根据多年的 GPS 监测数据可知，1 号滑坡变形主要发生在滑坡体的中前部。自水库蓄水后，1 号滑坡主滑区的 GPS 变形速率逐渐增加，每年库水位由高水位下降至低水位时，GPS 变形都有明显加快的趋势；库水位由低水位上升至高水位或者库水位平稳后，GPS 变形呈现较缓慢增加趋势。数年的 GPS 监测数据显示，库水位上升对滑坡变形影响有限，库水位下降阶段滑坡变形显著增加。由此可见，库水位变动特别是库水位下降是导致滑坡变形的最主要因素。

5.4.4.2　动水压力型滑坡对库水位升降的响应分析

动水压力作用指水在土体孔隙中渗流时，对其周围骨架产生的渗透力，其大小与水力梯度成正比。如果动水压力指向坡外，将降低滑坡体的稳定性，从而引起滑坡体复活。

动水压力型滑坡阻滑段一般在死水位以下，库水位在死水位—正常蓄水位变化范围中淹没到了滑动段。动水压力型滑坡的特点是：滑坡体渗透性较差，库水位下降时，库水不易渗出滑体外，使得坡内地下水与库水之间的水头差变大，形成了指向滑体外的动水压力，从而降低滑坡稳定性，在 GPS 变形上表现出显著增加的趋势。库水位上升时，库水不易进入滑体内部，在滑坡体内外产生水头差，从而不仅产生向滑体内的动水压力，同时在滑体表面产生垂直于滑体表面的水压力，利于滑坡整体稳定性，在 GPS 变形上表现出缓慢增加的趋势。动水压力型滑坡对库水位下降十分敏感，库水对滑坡的作用以渗透压力为主。

1. 不同库水位升降速率计算结果

为揭示不同库水位升降速率及滑体渗透系数对滑坡渗流场及稳定性的影响，结合 1 号滑坡变形特征，设计以下计算工况：①库水位分别以 0.4m/d、0.6m/d、1.0m/d、1.2m/d 的速率从死水位上升到正常蓄水位，库水位以相同速率从正常蓄水位下降到死水位；②库水位升降速率 v 取 1.2m/d，滑体渗透系数 k 与库水位升降速率 v 的比值 k/v 分别取 0.05、0.5、10、100。

利用 GeoStudio 有限元计算软件，得到在不同库水位升降速率条件下地下水渗流场和稳定性系数的变化。

2. 不同升降速率下地下水渗流场变化

库水位分别以四种不同的速率，从死水位上升到正常蓄水位时的地下水位线如图 5.4－18 所示；从正常蓄水位下降到死水位时的地下水位线如图 5.4－19 所示。

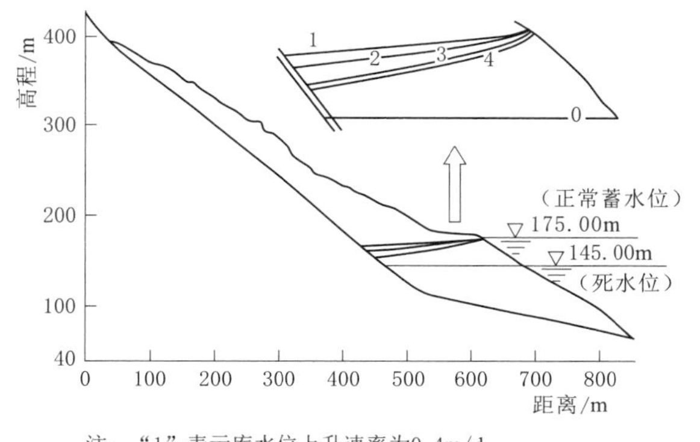

注："1"表示库水位上升速率为0.4m/d。
"2"表示库水位上升速率为0.6m/d。
"3"表示库水位上升速率为1.0m/d。
"4"表示库水位上升速率为1.2m/d。

图 5.4－18 库水位以不同速率上升时的地下水位线变化过程

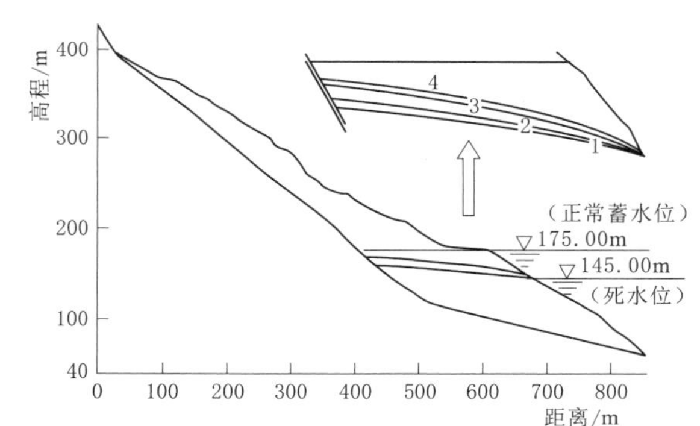

注："1"表示库水位下降速率为0.4m/d。
"2"表示库水位下降速率为0.6m/d。
"3"表示库水位下降速率为1.0m/d。
"4"表示库水位下降速率为1.2m/d。

图 5.4－19 库水位以不同速率下降时的地下水位线变化过程

由图 5.4－18 可知，1 号滑体内地下水位线均随着库水位的上升而上升，由于滑坡体渗透系数较小，库水位在短时间内无法完全侵入滑坡体，形成向滑体内的动水压力作用，地下水位线开始呈现右弯并且下凹的趋势，越靠近滑体表面趋势越明显；上升速率越大，滑坡内地下水位线向右下凹的趋势越明显。由图 5.4－19 可知，1 号滑体内地下水位线均随着库水位的下降而下降，库水缓慢渗出滑体，形成向滑体外的动水压力作用，滑坡体内

地下水位线的下降滞后于库水位的下降，在滑坡体内外形成较高的水头差，地下水位线呈现明显的上凸趋势；下降速率越大，地下水位线上凸越明显。

3. 不同升降速率对稳定性系数的影响

库水位以4种不同的速率分别从死水位上升到正常蓄水位的过程中，在不同库水位的稳定性系数如图5.4－20所示；从正常蓄水位下降到死水位过程中，在不同库水位的稳定性系数如图5.4－21所示。

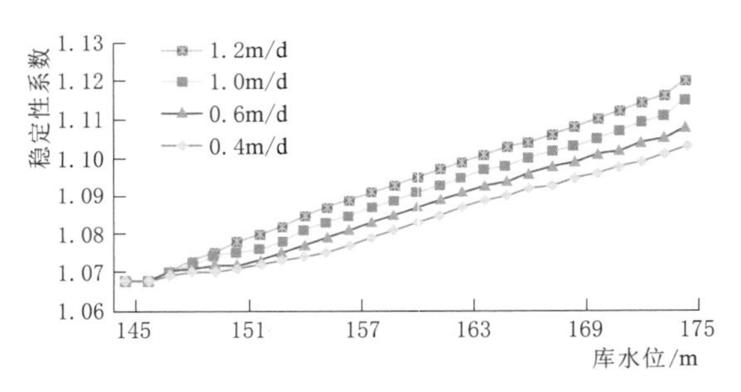

图5.4－20　不同上升速率条件下库水位与稳定性系数的关系曲线

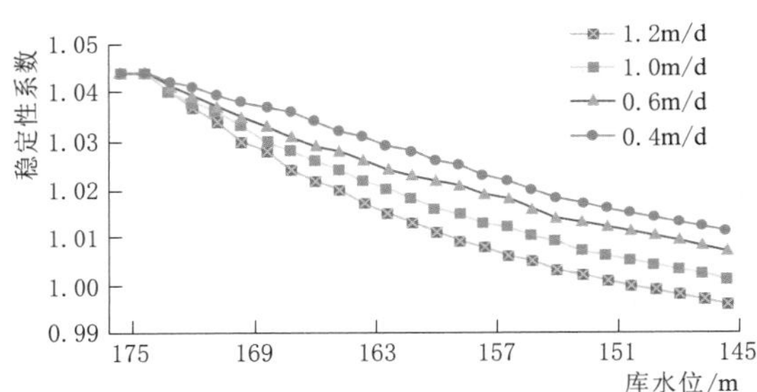

图5.4－21　不同下降速率条件下库水位与稳定性系数的关系曲线

由图5.4－20可知，1号滑坡的稳定性系数随着库水的上升而增大，当库水位达到正常蓄水位时滑坡稳定性系数达到最大值。不同上升速率对滑坡稳定性系数的影响也不同，库水位上升速率越大，滑坡稳定性系数增加的幅度也越大，曲线越陡。由图5.4－21可知，1号滑坡的稳定性系数随着库水位的下降而减小，当库水位下降到死水位时滑坡稳定性系数降到最小值。不同下降速率对滑坡稳定性的影响也不相同，库水位下降速率越大，滑坡稳定性系数的下降幅度也越大，曲线越陡。

5.4.4.3　不同渗透系数计算结果

1. 不同渗透系数对地下水位线的影响

分别取$k/v=0.05$、$k/v=0.5$、$k/v=10$、$k/v=100$四种工况，研究库水位从死水位上升到正常蓄水位时地下水位线的变化过程（图5.4－22）以及库水位从正常蓄水位下降到死水位时地下水位线的变化过程（图5.4－23）。

由图5.4－22可知，k/v的值越小，1号滑坡地下水位线下凹趋势越明显，库水位与滑坡内部地下水产生的水头差就越大，产生向滑体内部的动水压力作用也越大，有利于滑坡稳定性。当$k/v=100$时，库水能很快进入滑体，滑体内地下水位线几乎与库水位持平，基本无动水压力产生。由图5.4－23可知，k/v的值越小，1号滑坡地下水位线上凸趋势越明显，滑坡内部地下水与库水位产生的水头差就越大，产生向坡外的动水压力作用也越大，对滑坡稳定性越不利。当$k/v=100$时，库水能很快排出滑体，滑体内地下水位线几乎与库水位持平，基本无动水压力产生。

2. 不同渗透系数对稳定性系数影响

分别取$k/v=0.05$、$k/v=0.5$、$k/v=10$、$k/v=100$四种工况，研究库水位从死水位上升到正常蓄水位过程中，在不同库水位的稳定性系数，如图5.4－24所示；从正常蓄水位下降到死水位过程中，在不同库水位的稳定性系数，如图5.4－25所示。

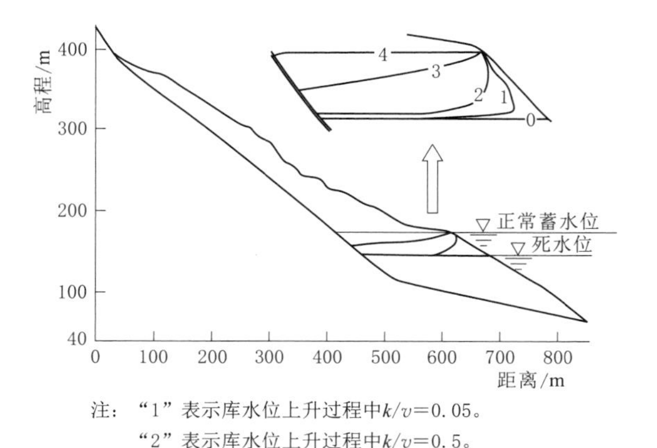

注：“1”表示库水位上升过程中$k/v=0.05$。
“2”表示库水位上升过程中$k/v=0.5$。
“3”表示库水位上升过程中$k/v=10$。
“4”表示库水位上升过程中$k/v=100$。

图 5.4-22　不同工况下库水位上升时地下水位线的变化过程

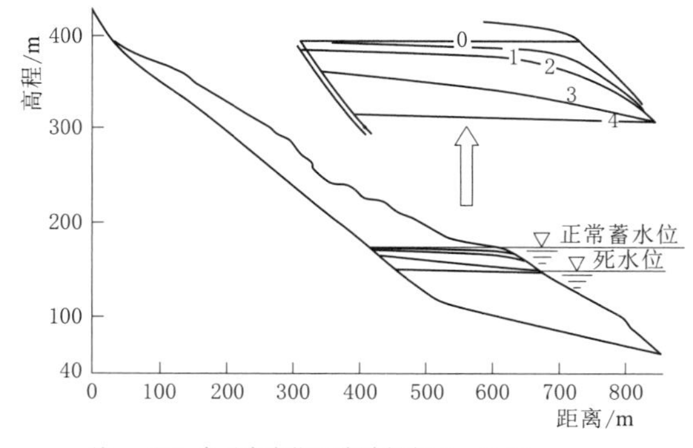

注：“1”表示库水位下降过程中$k/v=0.05$。
“2”表示库水位下降过程中$k/v=0.5$。
“3”表示库水位下降过程中$k/v=10$。
“4”表示库水位下降过程中$k/v=100$。

图 5.4-23　不同工况下库水位下降时地下水位线的变化过程

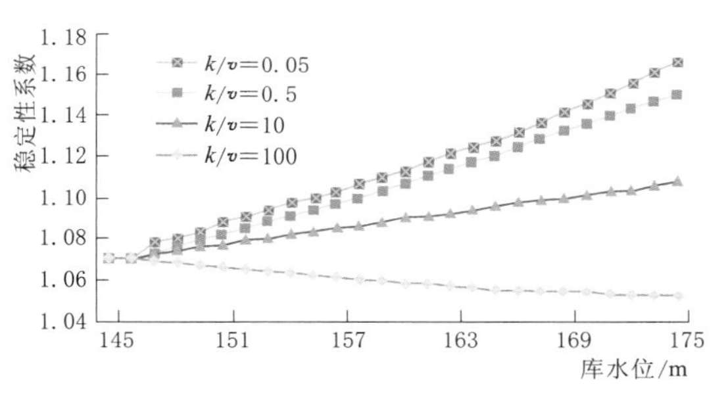

图 5.4-24　不同上升工况下库水位与稳定性系数的关系曲线

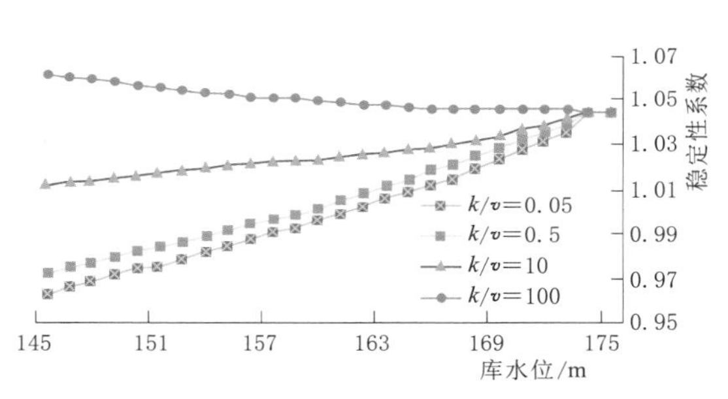

图 5.4-25　不同下降工况下库水位与稳定性系数的关系曲线

由图 5.4-24 可知，在 k/v 为 0.05、0.5、10 的工况下，1 号滑坡稳定系数随着库水位的上升而增大，当库水位达到正常蓄水位时稳定性系数达到最大值；k/v 越小，1 号滑坡稳定性系数上升幅度越大，曲线越陡；在 k/v 为 100 的工况下，1 号滑坡稳定系数有所减小。由图 5.4-25 可知，在 k/v 为 0.05、0.5、10 的工况下，1 号滑坡稳定系数随着库水位的下降而减小，当库水位下降到死水位时滑坡稳定性系数降到最低值；k/v 越小，1 号滑坡稳定性系数下降幅度越大，曲线越陡；在 k/v 为 100 的工况下，1 号滑坡稳定系数有所增大。

第 6 章

消落带水位变化库岸稳定性分析方法

在长期运行条件下，由于水库水位的升降变动，特别是水文地质条件的改变，造成了岸坡的前缘坍塌或整体性的变形和失稳，对影响范围内人民的生命财产安全和大坝的安全造成了潜在的危害。本章以西南地区两个典型库岸边坡为例，分别对库水位变动及蓄水过程中库岸的稳定性进行研究。

6.1 西南某工程不同库水位变动速度库岸稳定性评价方法

6.1.1 岸坡工程地质条件

该工程库岸属于高中山宽谷侵蚀剥蚀岸坡地貌，其上分布有厚度可达 30m 的第四系松散堆积物。电站正常蓄水后，岸坡前缘大部分将处于水位线以下，是否会诱发岸坡产生失稳破坏、是否会威胁到居民的生命财产安全、是否会产生较大涌浪等问题的研究是极为重要的。

6.1.2 库水位变动速度对岸坡渗流场的影响

水位的变动过程中会对岸坡地下水渗流场产生显著影响，随着水位变动速度的变化，其影响程度可能存在一定的差别，而地下水渗流场的改变显然会对岸坡稳定性状况产生较大影响。因此，研究水位变动速度对岸坡稳定性的影响，可从水位变动速度对岸坡渗流场的影响入手。

1. 计算方案

岸坡渗流场计算过程中假定水位上升或下降的速度分别为 0.5m/d、1m/d、2m/d、3m/d 和 5m/d。水位上升过程中，假定水位从初始水位一直上升至正常蓄水位（1240.00m）；水位下降过程中，假定水位从正常蓄水位（1240.00m）一直下降至死水位（1160.00m）。

计算过程中各岩土体的渗流参数见表 6.1-1。堆积体岸坡地下水渗流计算模型如图 6.1-1 所示。在计算岸坡渗流场的过程中不考虑岩体结构特征带来的斜坡岩土体渗流各向异性，即将岸坡岩土体考虑为均质、各向同性的渗透介质。

表 6.1-1　各岩土体的渗流参数

岩　性	渗流系数/(cm/s)	容　水　率
覆盖层	3×10^{-3}	0.75
强风化基岩	1×10^{-4}	0.53
基岩	2×10^{-5}	0.32

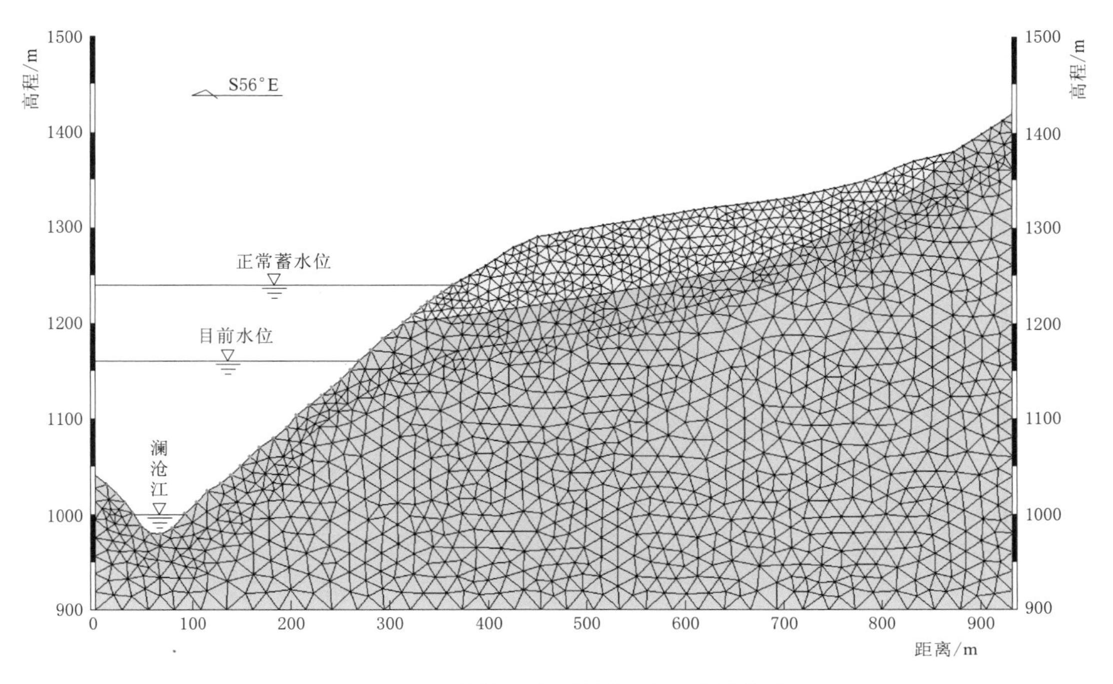

图 6.1-1　堆积体岸坡地下水渗流计算模型

2. 水位上升速度对岸坡渗流场的影响

当蓄水速度分别为 0.5m/d、1m/d、2m/d、3m/d、5m/d 时，岸坡不同时刻、不同水位的地下水瞬时浸润线变化如图 6.1-2～图 6.1-6 所示。由图 6.1-2～图 6.1-6 可

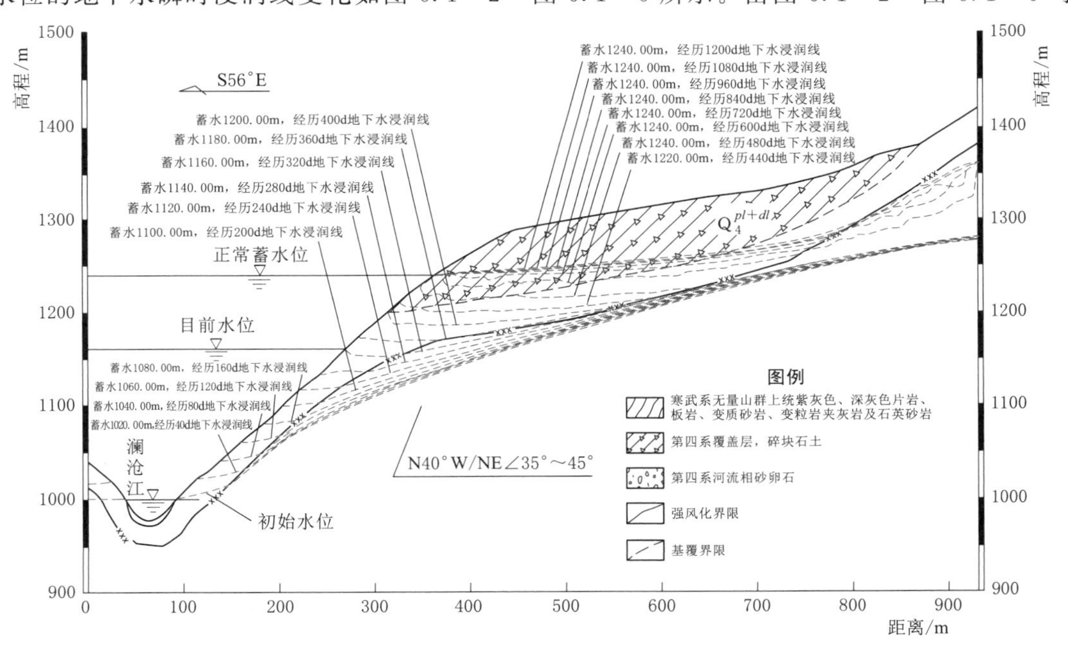

图 6.1-2　蓄水速度为 0.5m/d 时岸坡不同时刻、不同水位的地下水瞬时浸润线

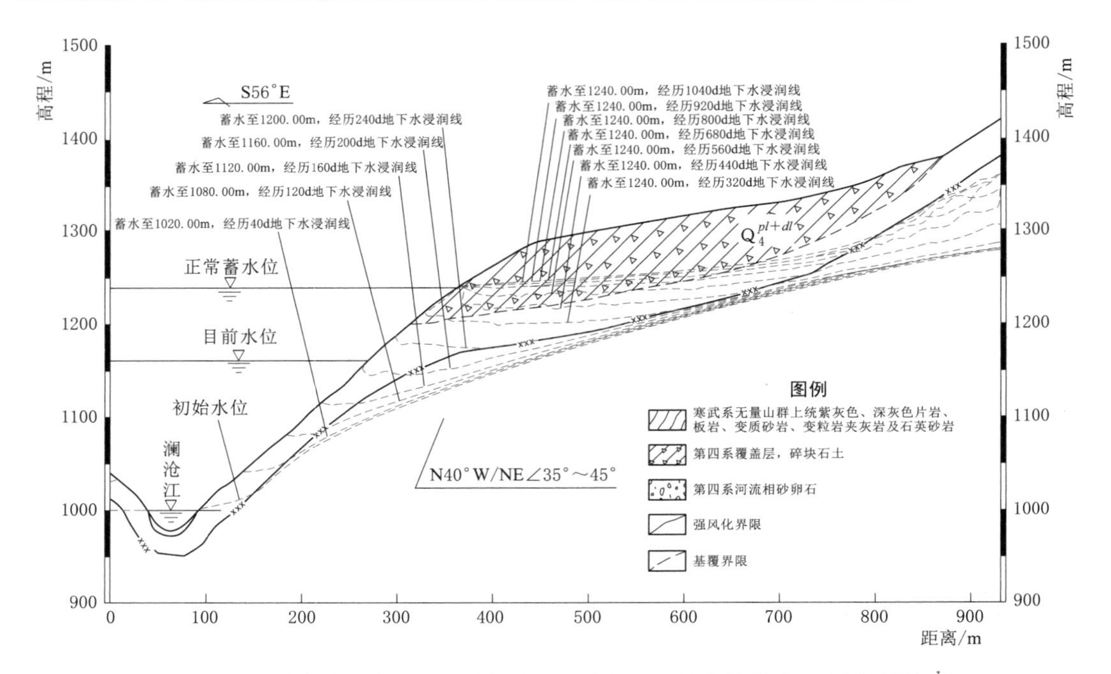

图 6.1-3　蓄水速度为 1m/d 时岸坡不同时刻、不同水位的地下水瞬时浸润线

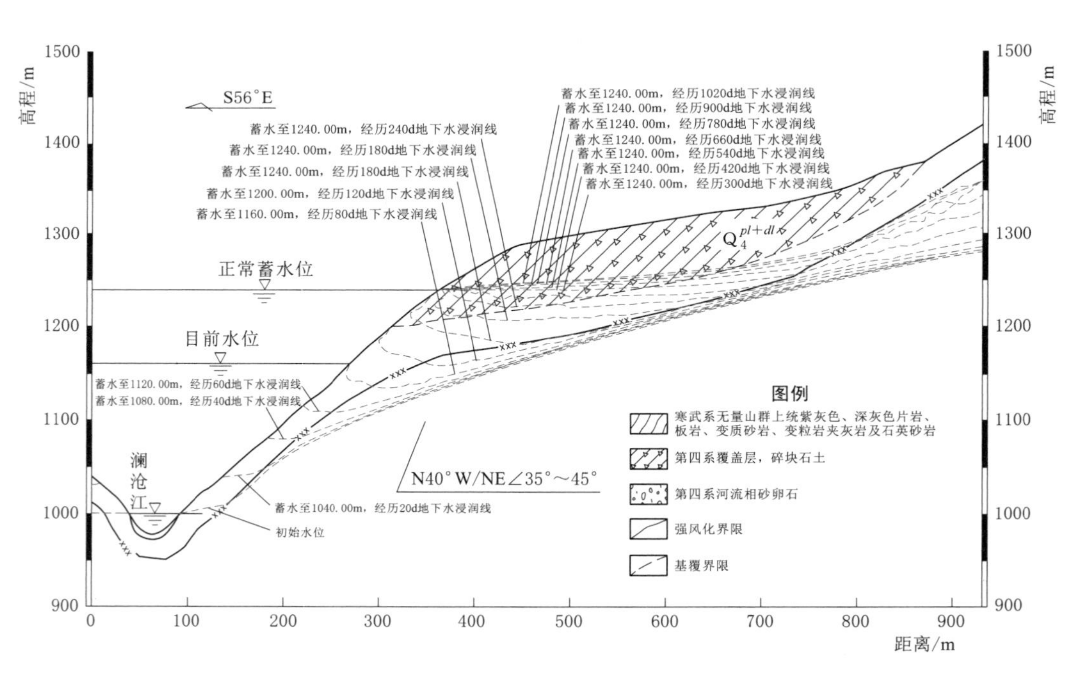

图 6.1-4　蓄水速度为 2m/d 时岸坡不同时刻、不同水位的地下水瞬时浸润线

知，在蓄水过程中，岸坡地下水渗流场的变化大致可分为以下几个阶段：

（1）库水对地下水强烈反补给阶段。受库水位大幅度抬升的影响，这一阶段主要表现为库水对地下水强烈的反补给作用，地下水瞬时浸润线表现为强烈的上凹特点；但受地下

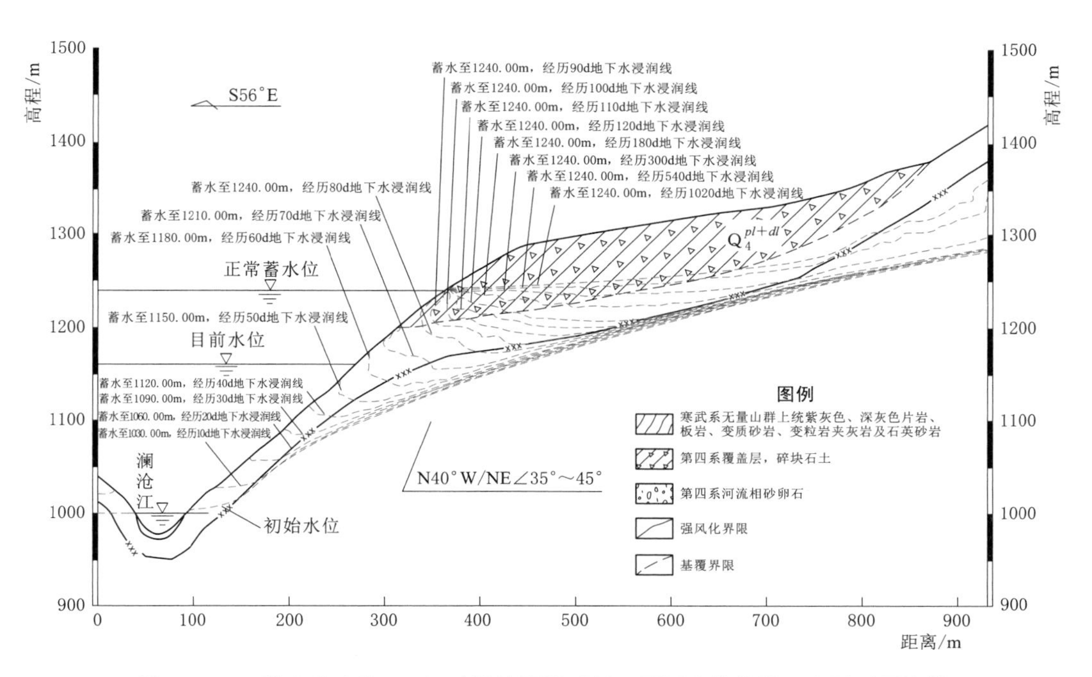

图 6.1-5　蓄水速度为 3m/d 时岸坡不同时刻、不同水位的地下水瞬时浸润线

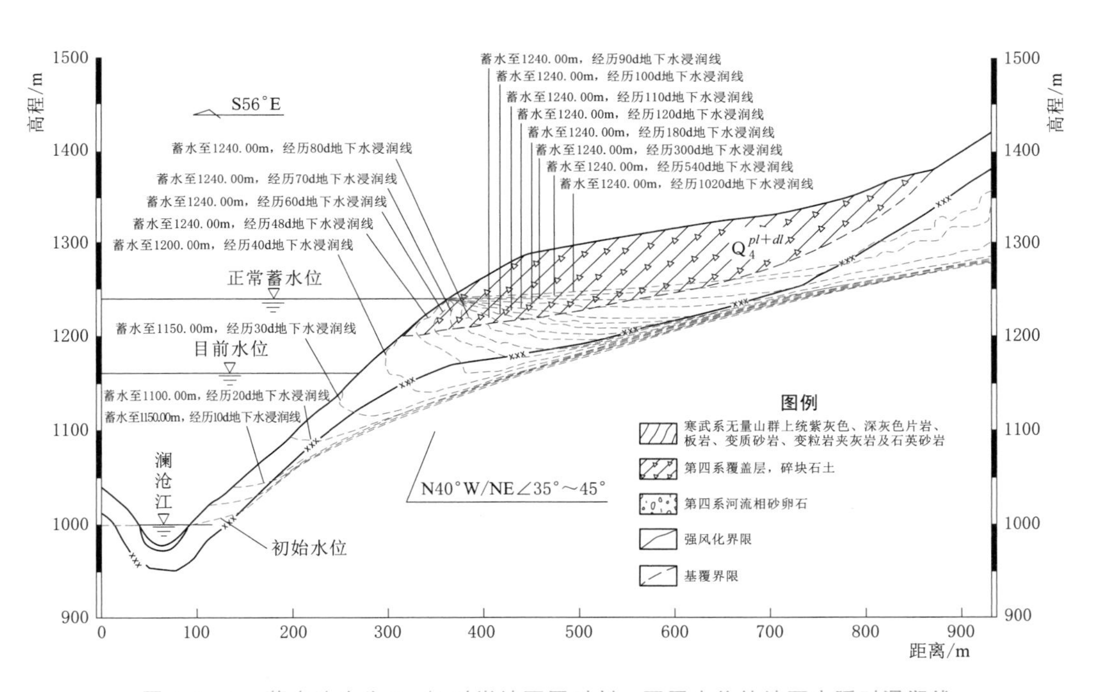

图 6.1-6　蓄水速度为 5m/d 时岸坡不同时刻、不同水位的地下水瞬时浸润线

水渗流的滞后效应影响，岸坡深部浸润线并未出现明显变化，这一阶段持续的时间大约从蓄水开始至蓄水过程结束为止。

（2）岸坡深部地下水浸润线抬升阶段。由于这一阶段的库水位已经显著高于岸坡深部地下水浸润线，因此在库水的反补给作用下，岸坡深部地下水浸润线开始抬升。这一阶段始于蓄水过程结束，一直持续至形成稳定地下水渗流场，该阶段的主要特点是浸润线由强烈上凹形逐渐趋于平缓。

（3）形成稳定地下水渗流场阶段。在不同蓄水速度条件下岸坡形成稳定渗流场所需的时间存在较大差别，如在蓄水速度为 0.5m/d 条件下需要经历 1200d，而在蓄水速度为5m/d 条件下需要经历 1020d。

对比不同蓄水速度条件下地下水不同时期的瞬时浸润线可以发现，随着蓄水速度的增大，地下水瞬时浸润线的弯曲程度明显增大，尤其是当蓄水速度超过 2m/d 后弯曲的幅度急剧增大。

3. 水位下降速度对岸坡渗流场的影响

在库水位从正常蓄水位以不同的下降速度降低至设计死水位的过程中，岸坡不同时刻、不同水位的地下水浸润线计算结果如图 6.1-7～图 6.1-10 所示。从图 6.1-7～图 6.1-10 中可以发现以下特点：

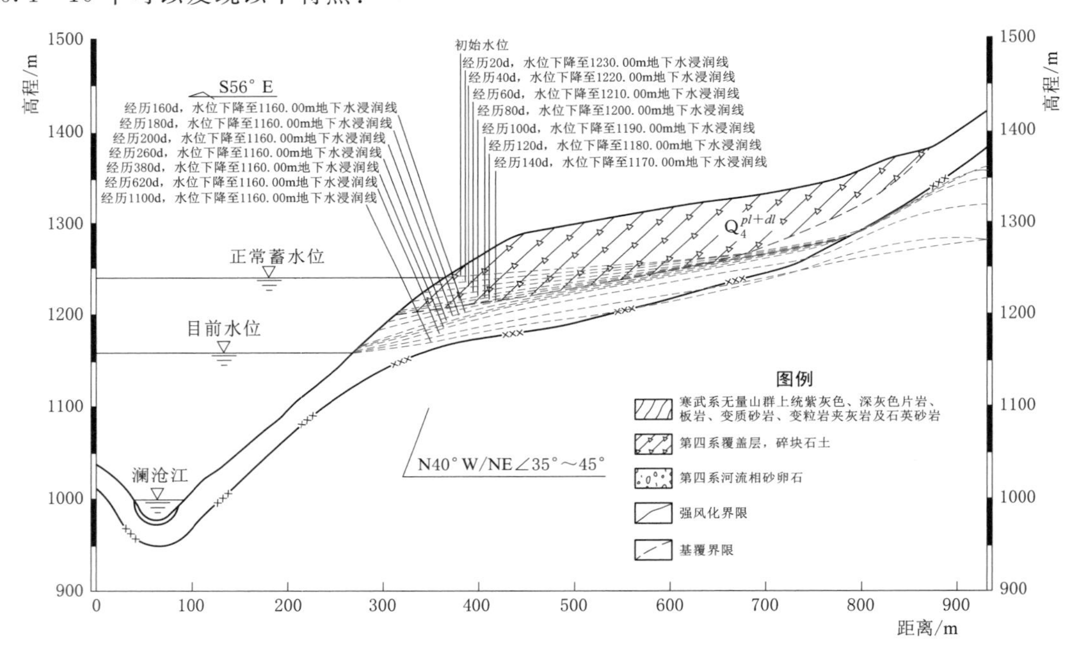

图 6.1-7　水位下降速度为 0.5m/d 时岸坡不同时刻、不同水位的地下水瞬时浸润线

（1）在库水位下降过程中，受地下水渗流、排泄滞后的影响，库水位下降到相应高程时，地下水瞬时浸润线在坡面的出露点一般高于库水位，这种高差一般随着库水位下降速度的增大逐渐增大。

（2）当库水位下降速度相对较缓时，随着库水位的下降，地下水浸润线的调整往往具有一定程度的同步性，但是当库水位下降速度增大时，地下水排泄的滞后性逐渐表现出来，覆盖层前缘地下水浸润线逐渐表现出明显的下凹特点，水力梯度增大或浸润线变陡。

（3）当库水位稳定在设计死水位时，地下水经历 800～1100d 即开始形成基本稳定的渗流场。

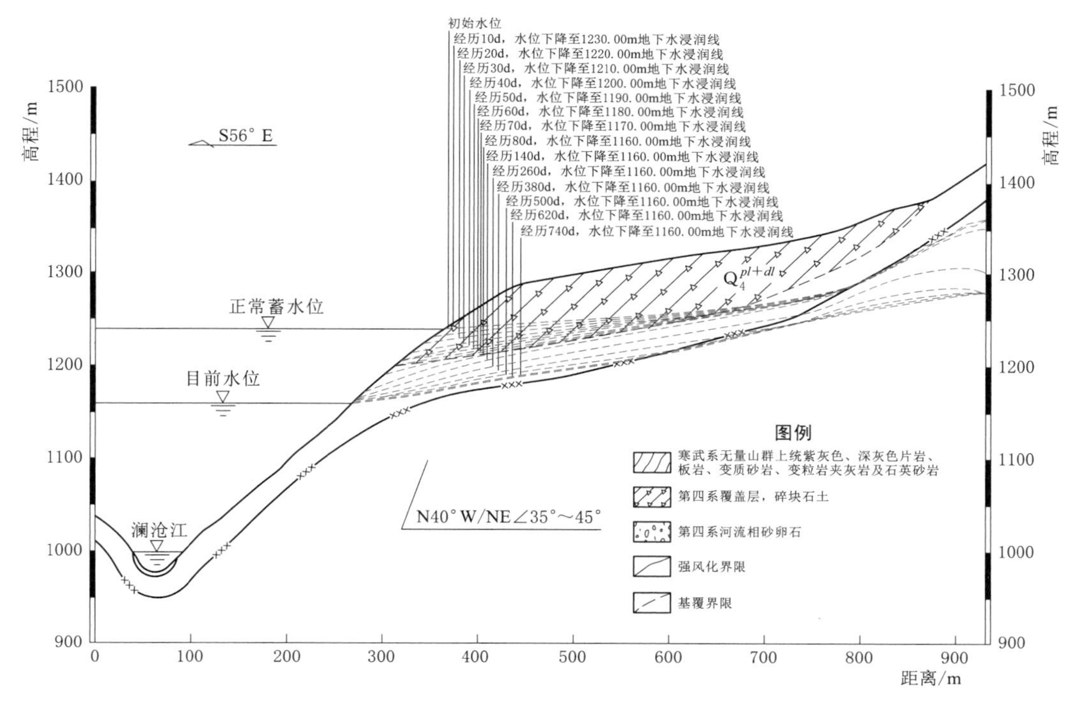

图 6.1-8　水位下降速度为 1m/d 时岸坡不同时刻、不同水位的地下水瞬时浸润线

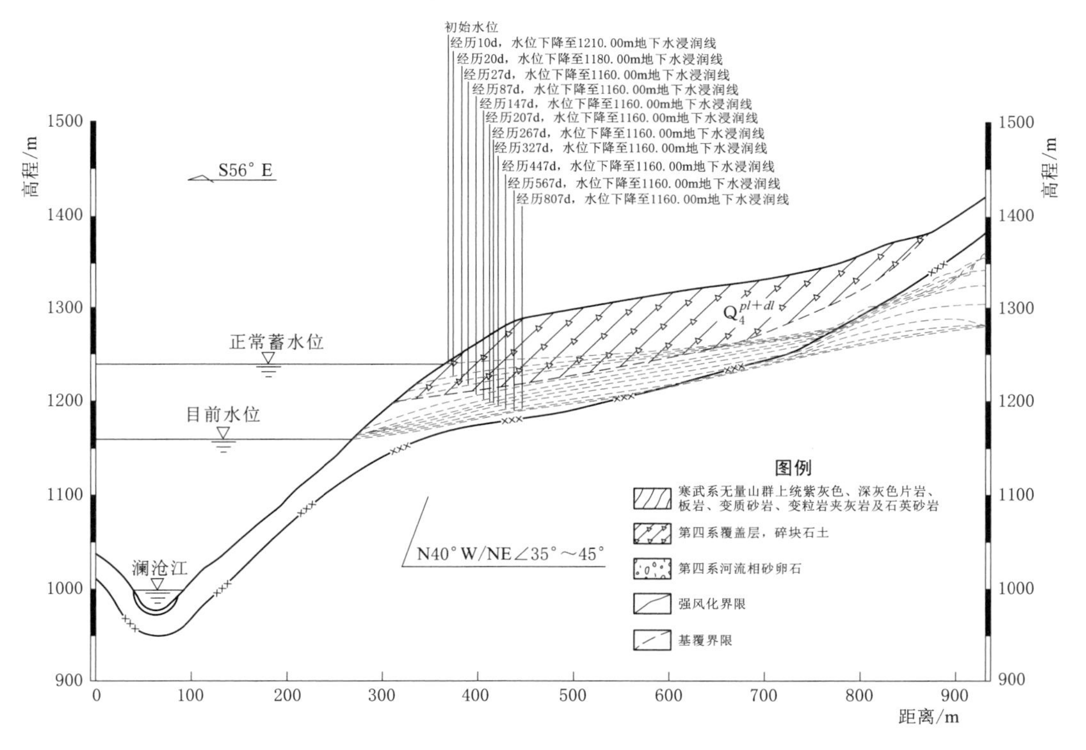

图 6.1-9　水位下降速度为 3m/d 时岸坡不同时刻、不同水位的地下水瞬时浸润线

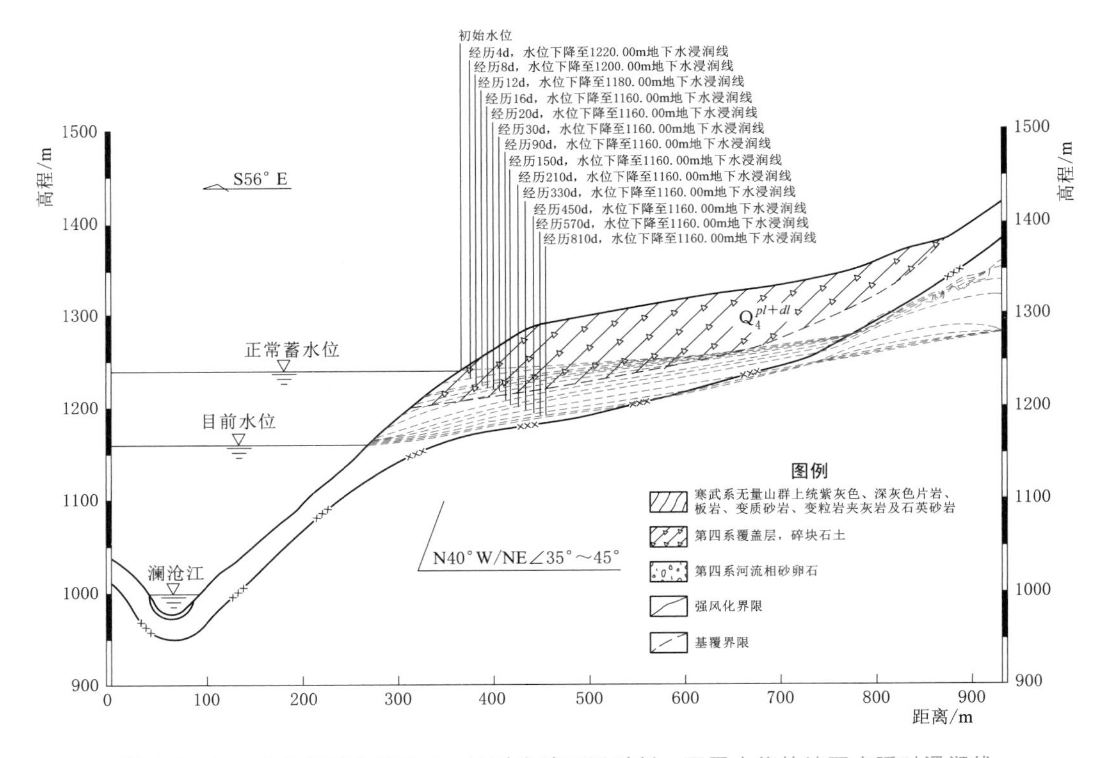

图 6.1-10 水位下降速度为 5m/d 时岸坡不同时刻、不同水位的地下水瞬时浸润线

6.1.3 水位变动速度对岸坡稳定性的影响

在库水位变动过程中，水位上升或下降的速度对岸坡瞬时渗流场产生一定程度的影响，进而影响岸坡的稳定性状况，这是一个复杂的多因素影响过程，因此关于水位变动速度对岸坡稳定性的影响是一个相当前沿的课题，目前国内外学者对这部分内容的研究尚无定论。

6.1.3.1 计算方案

稳定性计算采用刚体极限平衡理论，选取其代表性剖面作为稳定性计算的原始地质模型。根据类似工程确定的岸坡各岩土体物理力学参数见表 6.1-2。为方便分析和比较，在稳定性计算时只考虑天然状态下的蓄水工况。根据岸坡的结构特征及稳定性计算结果，岸坡最危险滑动面如图 6.1-11 所示。

表 6.1-2 岸坡各岩土体物理力学参数

岩土体	天然状态			饱水状态		
	容重/(kN/m³)	黏聚力/kPa	摩擦角/(°)	容重/(kN/m³)	黏聚力/kPa	摩擦角/(°)
覆盖层	22.7	50	29	23.2	30	24
强风化基岩	25.3	220	37	25.5	180	34
基岩	27.1	500	48	27.4	450	46

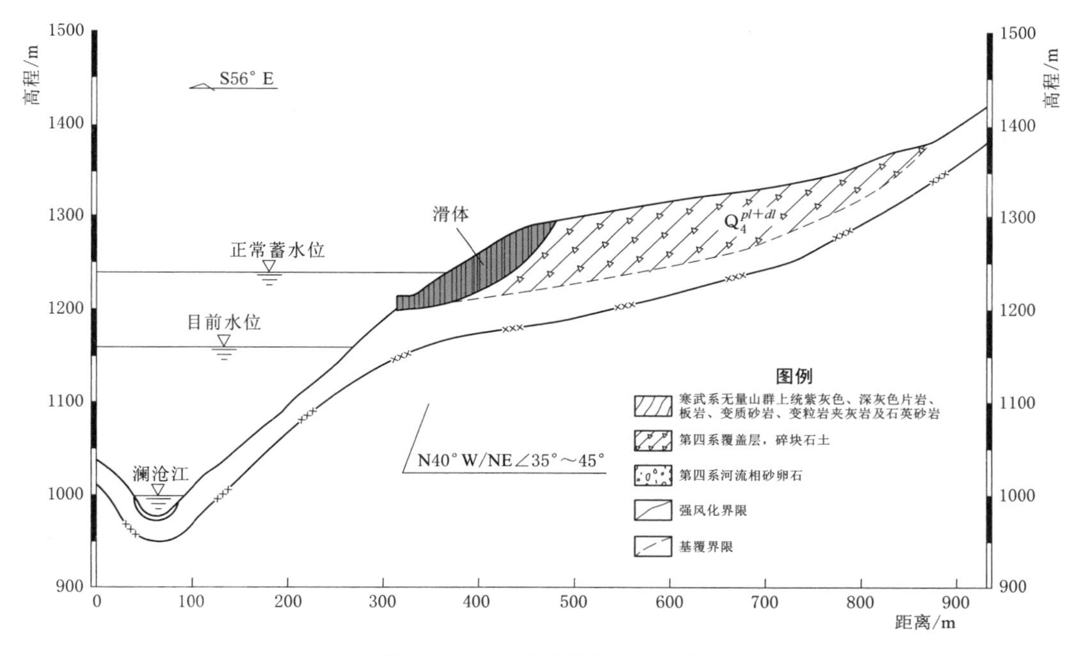

图 6.1－11　岸坡最危险滑动面

6.1.3.2　水位上升速度对岸坡稳定性的影响

由 6.1.2 小节可知，在水库蓄水过程中地下水渗流场将产生明显变化，由此带来的孔隙水压力变化、地下水对堆积体的软化作用等将会给岸坡的稳定性带来明显影响，因此这一时期往往是诱发岸坡失稳的关键时期之一。大量的工程实践表明，这一时期往往是库区岸坡失稳破坏的高发时期。

对于如何计算水位上升过程中的岸坡稳定性，一直以来都是工程界、学术界的焦点和难点，其难度在于这一时期的岸坡地下水渗流场是一个动态变化的过程，而传统方法在计算动态变化过程中某一时刻的瞬时渗流场往往存在较大难度。

在分析库水位变动期间地下水渗流场特点时，利用数值计算的方法已获得了蓄水过程中不同时期的地下水浸润线，因此本书认为可以考虑将计算获得的不同时期地下水浸润线和库水位导入计算程序中进行稳定性计算，即可获得在蓄水阶段不同时期、不同蓄水位、不同蓄水速度条件下的岸坡稳定性情况。

表 6.1－3 为不同蓄水速度条件下岸坡稳定性计算结果，图 6.1－12～图 6.1－16 为不同蓄水速度条件下蓄水水位与稳定性系数的关系曲线，图 6.1－17 是不同蓄水速度条件下时间与稳定性系数的关系曲线。从上述计算结果可以看出：

（1）在蓄水的初始阶段，随着水位的上升，稳定性系数均有小幅度增大的现象，这是因为在蓄水过程中由于地下水位抬升滞后，导致库水向坡内渗流，产生反向渗透压力；而后随着水位的进一步升高，稳定系数持续降低，这是因为随着地下水浸润线的抬升，岩土体强度持续降低。

（2）由图 6.1－17 可以看出，随着蓄水速度的增大，稳定性系数的降低幅度逐渐增

表 6.1-3　　　　不同蓄水速度条件下岸坡稳定性计算结果

蓄水速度/(m/d)	水位/m	时间/d	稳定性系数	蓄水速度/(m/d)	水位/m	时间/d	稳定性系数
0.5	1200.00	400	1.273	3	1200.00	67	1.273
	1220.00	440	1.253		1240.00	80	1.31
	1240.00	480	1.258		1240.00	90	1.303
	1240.00	600	1.154		1240.00	100	1.271
	1240.00	720	1.065		1240.00	110	1.197
	1240.00	840	1.022		1240.00	120	1.138
	1240.00	1080	1.003		1240.00	180	1.065
1	1200.00	200	1.273		1240.00	300	1.019
	1240.00	240	1.305		1240.00	540	0.992
	1240.00	320	1.258		1240.00	1020	0.972
	1240.00	440	1.137	5	1200.00	40	1.273
	1240.00	560	1.051		1240.00	48	1.313
	1240.00	680	1.027		1240.00	60	1.307
	1240.00	920	1.017		1240.00	70	1.296
	1240.00	1160	1.005		1240.00	80	1.22
2	1200.00	100	1.273		1240.00	90	1.161
	1240.00	120	1.309		1240.00	100	1.121
	1240.00	180	1.279		1240.00	110	1.089
	1240.00	240	1.129		1240.00	120	1.064
	1240.00	300	1.059		1240.00	180	1.026
	1240.00	420	1.019		1240.00	300	1.003
	1240.00	540	0.996		1240.00	540	0.98
	1240.00	660	0.985		1240.00	1020	0.978
	1240.00	780	0.977				
	1240.00	1020	0.973				

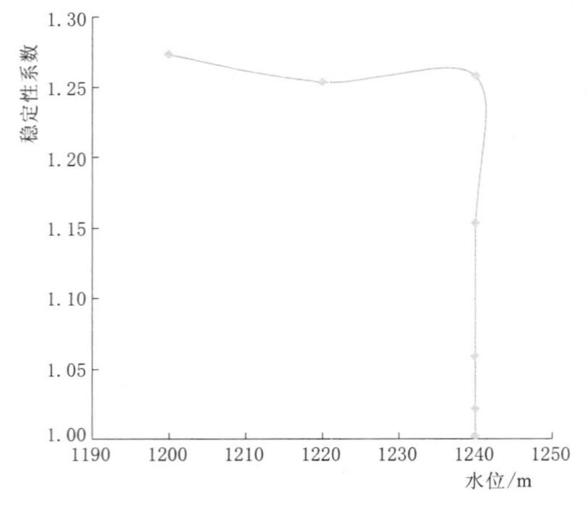

图 6.1-12　蓄水速度为 0.5m/d 时水位与稳定性系数的关系曲线

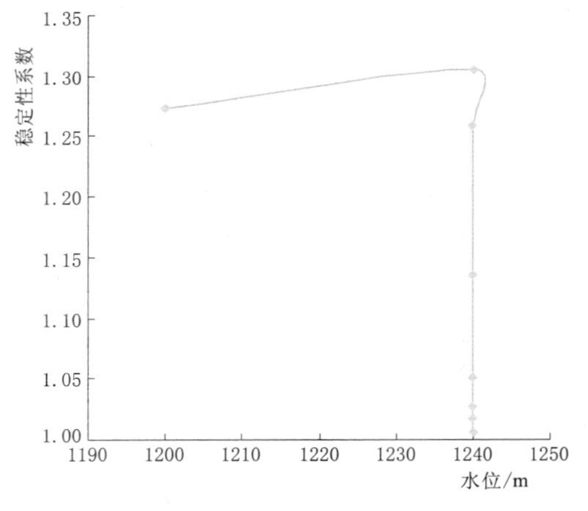

图 6.1-13　蓄水速度为 1m/d 时水位与稳定性系数的关系曲线

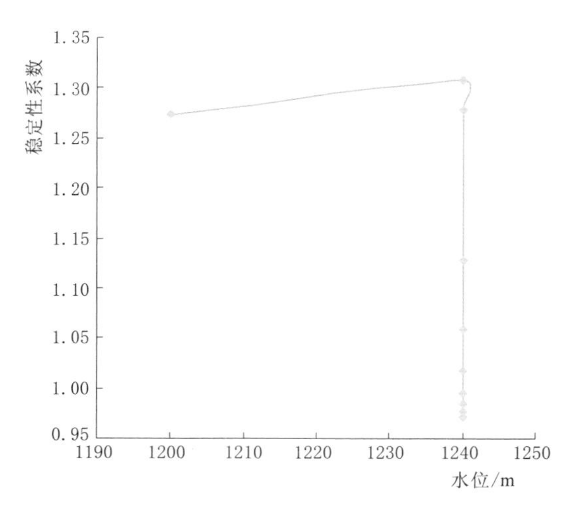

图 6.1-14　蓄水速度为 2m/d 时水位与稳定性系数的关系曲线

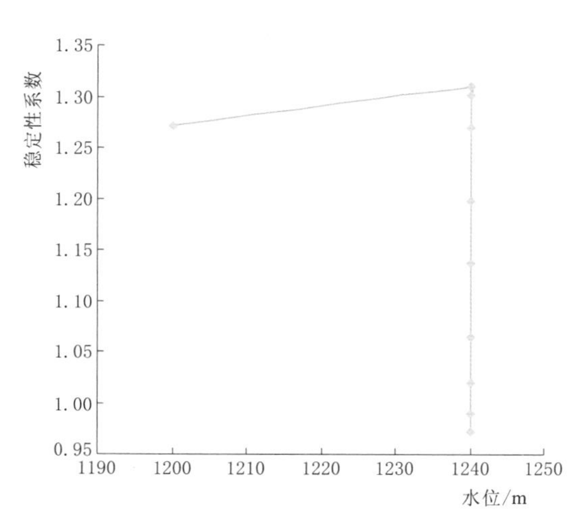

图 6.1-15　蓄水速度为 3m/d 时水位与稳定性系数的关系曲线

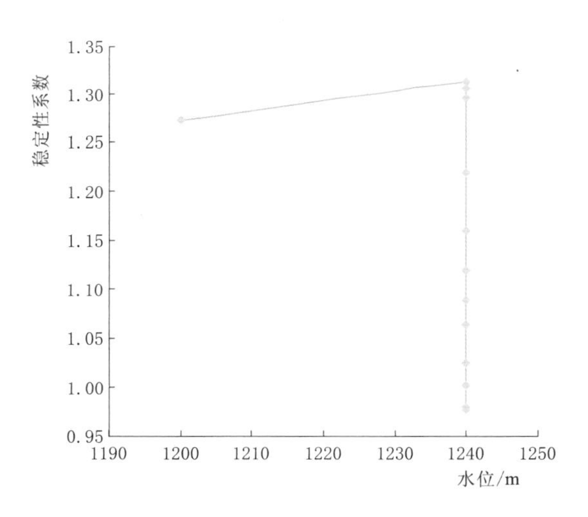

图 6.1-16　蓄水速度为 5m/d 时水位与稳定性系数的关系曲线

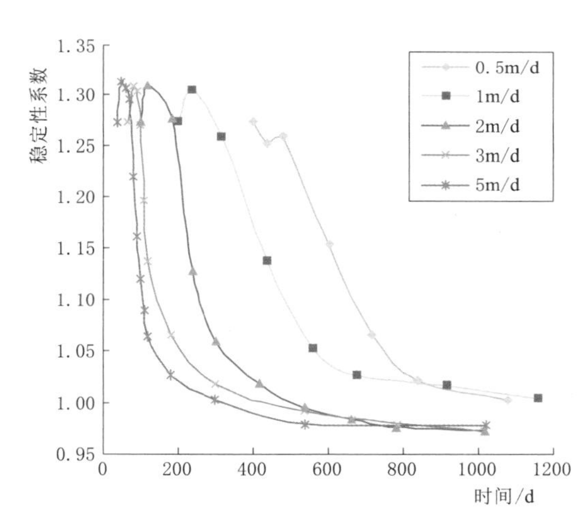

图 6.1-17　不同蓄水速度条件下时间与稳定性系数的关系曲线

大，尤其是当蓄水速度超过 2m/d 后，这说明当蓄水速度较大时，可能导致岸坡稳定性系数在短时间内大幅度降低，也可能诱发岸坡出现突发性失稳破坏。

6.1.3.3　水位下降速度对岸坡稳定性的影响

在水位下降过程中，主要存在两个影响堆积体稳定性的因素：①伴随水位降低，由于地下水浸润线下降相对滞后，地下水在向水库补给时水力坡降增大，由此产生的动水压力增量显然会对堆积体的稳定性产生不利影响；②坡体内地下水的排出，增大了有效应力和岩土体抗剪强度，这是对堆积稳定性有利的主要因素。至于水位下降时，堆积体稳定性如何变化取决于上述两个因素的共同作用。

表 6.1-4 是不同水位下降速度条件下岸坡稳定性计算结果，图 6.1-18～图 6.1-21

是不同降水速度条件下水位与稳定性系数的关系曲线，图 6.1-22 是不同降水速度条件下时间与稳定性系数的关系曲线，图 6.1-23 是降水速度与最小稳定性系数的关系曲线。由表 6.1-4 和图 6.1-18～图 6.1-23 的计算结果可以发现：

表 6.1-4　　不同水位下降速度条件下岸坡稳定性计算结果

下降速度/(m/d)	水位/m	时间/d	稳定性系数	下降速度/(m/d)	水位/m	时间/d	稳定性系数
0.5	1240	0	1.003	3	1240	0	0.972
	1230	20	0.989		1220	6.666667	0.943
	1220	40	1.011		1200	13.33333	1.057
	1210	60	1.053		1180	20	1.16
	1200	80	1.117		1160	26.66667	1.273
	1190	100	1.168	5	1240	0	0.978
	1180	120	1.259		1220	4	0.921
	1170	140	1.273		1200	8	0.887
1	1240	0	1.005		1180	12	1.032
	1230	10	0.971		1160	16	1.123
	1220	20	0.992		1160	20	1.187
	1210	30	1.041		1160	30	1.273
	1200	40	1.112				
	1190	50	1.151				
	1180	60	1.222				
	1170	70	1.273				
	1160	80	1.273				

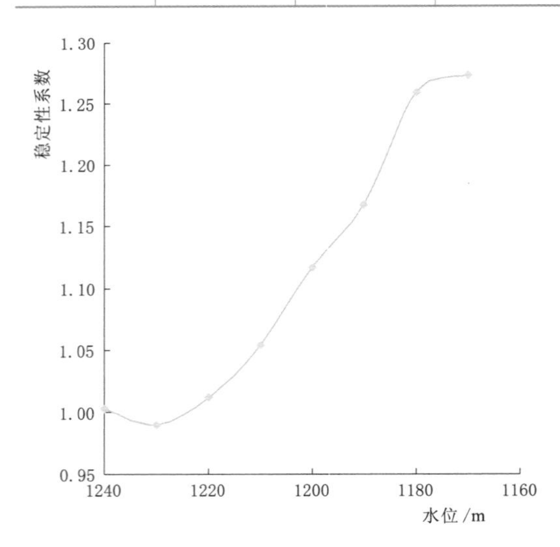

图 6.1-18　降水速度为 0.5m/d 时水位与稳定性系数的关系曲线

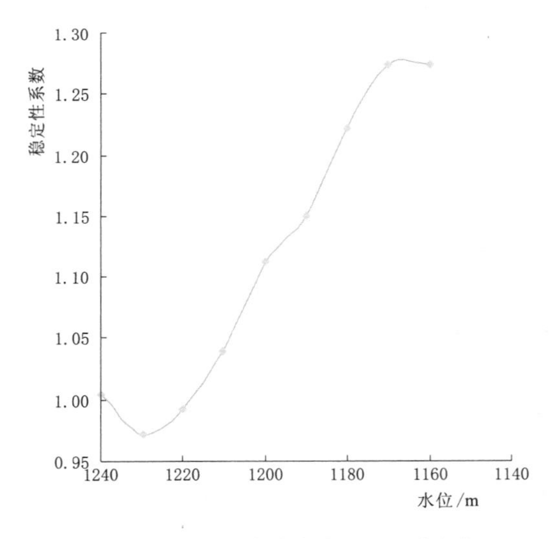

图 6.1-19　降水速度为 1m/d 时水位与稳定性系数的关系曲线

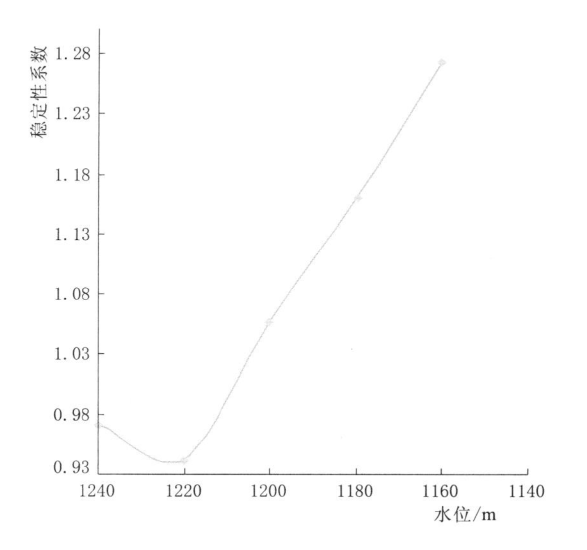

图 6.1-20　降水速度为 3m/d 时水位与稳定性系数的关系曲线

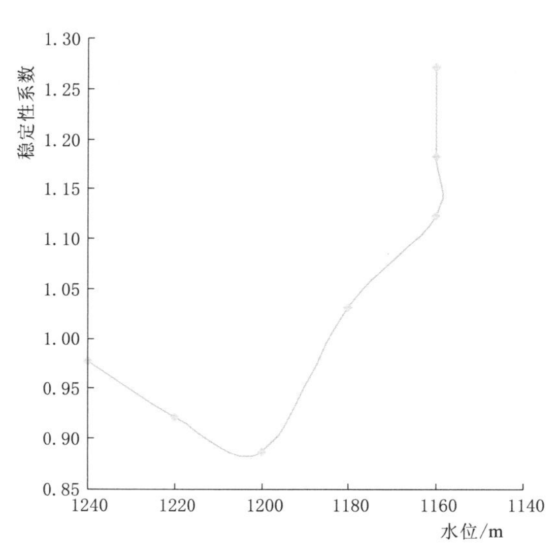

图 6.1-21　降水速度为 5m/d 时水位与稳定性系数的关系曲线

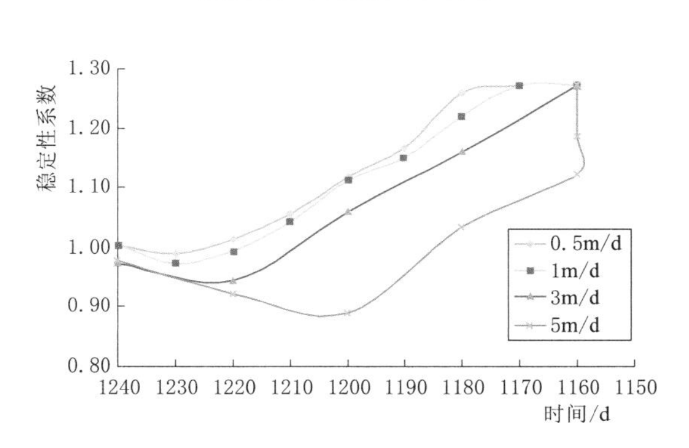

图 6.1-22　不同降水速度条件下时间与稳定性系数的关系曲线

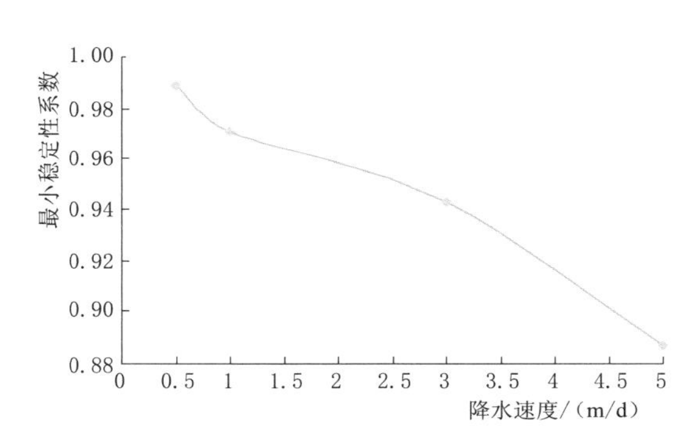

图 6.1-23　降水速度与最小稳定性系数的关系曲线

(1) 在水位下降的初始阶段，随着水位的降低岸坡稳定性系数先减小后逐渐增大。这是因为在降水的初始阶段，由于地下水排泄具有滞后性，岸坡地下水水力梯度和渗透压力增大，从而导致岸坡稳定性系数降低，这种现象随着水位下降速度的增大，稳定性系数的减小幅度逐渐增大；而后随着水位的进一步降低，岸坡地下水逐渐排出，岩土体强度逐渐增大，从而导致岸坡稳定性系数增大。

(2) 从图 6.1-23 可以看出，随着降水速度的增大，岸坡最小稳定性系数逐渐减小。这显然与岸坡内地下水浸润线的水力梯度和渗透压力随着降水速度的增大而增大有关。

6.1.3.4　主要结论

通过对斜坡在不同水位变动速度条件下岸坡稳定性变化特征的计算和分析，可以对水位变动速度对岸坡稳定性的影响得出以下认识：

(1) 水位的上涨和回落对于岸坡体的影响机制是有区别的，水位上升期间，地下水的反向渗透压力和地下水浸润线抬升导致的岩土体强度降低和孔隙水压力增大是影响堆积体稳定性的两个主要因素，二者共同作用决定了堆积体稳定性状况；水位下降期间，地下水排出滞后导致的渗透压力增大、孔隙水压力降低和岩土体有效应力增大是影响堆积体在水位下降期间稳定性的主要因素。

（2）库水位下降过程中，随着水位的下降及降水时间的持续，岸坡稳定性系数的变化可分为两个阶段：第一阶段随着水位的下降，岸坡稳定性系数逐渐减小；第二阶段随着水位的进一步下降，岸坡地下水逐步排出，岸坡稳定性系数逐渐增大。随着水位下降速度的增大，岸坡最小稳定性系数逐渐减小，尤其是当水位下降速度超过 3m/d 时的趋势更为明显。

（3）当库水位下降时，下降速度从 0.5m/d 增大至 5m/d，岸坡最小稳定性系数表现出持续减小的趋势，减小幅度一般在 0.1 左右；当库水位上升时，随着蓄水速度的增大，岸坡最小稳定性系数并未表现出明显减小或增大趋势，但是随着蓄水速度的增大，岸坡稳定性系数在短时间内的减小幅度表现出明显增大的趋势，这说明在较高蓄水速度条件下（尤其是当蓄水速度超过 3m/d 时）可能会诱发岸坡出现突然性的失稳。

6.1.4 长期运行库岸稳定性动态评价方法

对于长期运行的库岸，在库水位变动过程中，岸坡地下水渗流场、斜坡应力场以及岸坡岩土体的物理力学性质都会产生动态的变化，因此岸坡稳定性也应是一个动态的变化过程，其稳定性状况与时间、库水位等因素有着密切的联系。

研究认为，对长期库岸边坡的稳定性评价应从分析岸坡瞬时渗流场入手，基于饱和-非饱和岩土体的应力场-渗流场耦合作用理论，采用多种方法对岸坡稳定性作出动态评价，才能对岸坡稳定性状况及其发展趋势作出准确判断。

以下以西南某水电站坝前堆积体为例，基于饱和-非饱和岩土体的应力场-渗流场耦合作用理论，采用强度折减法对其稳定性在库水位变动期间的动态变化过程进行分析和研究。

1. 岸坡稳定性与时间的关系

在库水位以正常蓄水速度（蓄水速度小于 1m/d）上升过程中，堆积体稳定性状况的变化可分为三个阶段：在蓄水的开始阶段，由于地下水的软化作用及产生的浮托力占主导地位，从而导致冰水堆积体的稳定性系数急剧减小；此后，由于库水向坡内的渗透作用起到明显作用，从而导致堆积体的稳定性系数增大；但随着时间的推移，地下水浸润线逐渐由上凹形变为趋于平顺的稳定渗流场，此时地下水向坡内的渗流作用力逐渐减小甚至渗透力方向转向坡外，因此堆积体的稳定性系数再次减小（图 6.1-24）。

库水位下降过程初期往往伴随岸坡稳定性系数的显著减小，随着时间的推移，岸坡地下水逐渐排出，其稳定性逐渐回升（图 6.1-25）。

2. 岸坡稳定性与库水位的关系

在正常蓄水速度下（蓄水速度小于 1m/d），蓄水初期岸坡稳定性系数随库水位上升逐渐减小，当库水位上升至一定高度后，由于库水向地下水反向补给产生的渗透压力占主导地位，岸坡稳定性系数逐渐增大；库水位下降过程中（水位下降速度小于 2m/d），初期随着库水位的降低，岸坡稳定性系数逐渐减小，而后随着岸坡地下水的逐渐排出，岸坡稳定性系数逐渐增大。研究结果表明，无论是在库水位上升还是下降期间，都存在一个危险水位，此时岸坡稳定性系数取到最小值。堆积体稳定性系数最小值往往出现在水位下降至堆积体下部1/3～1/5坡高处（图6.1-26和图6.1-27）。

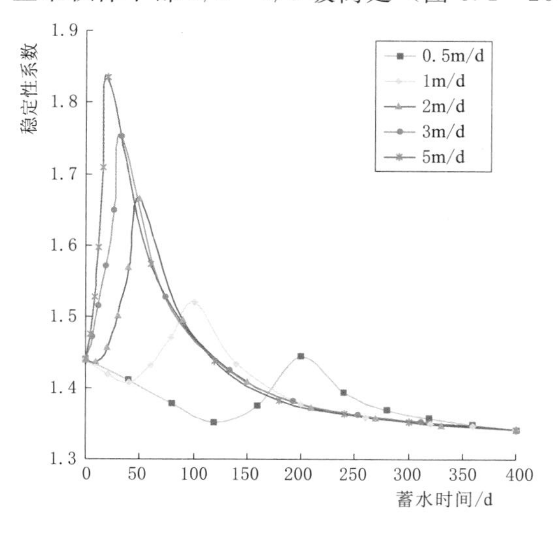

图6.1-24　水位上升过程中蓄水时间与堆积体稳定性系数的关系曲线

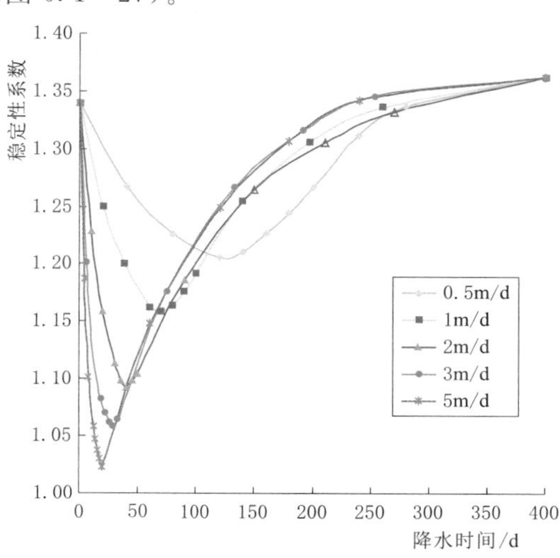

图6.1-25　水位下降过程中降水时间与堆积体稳定性系数的关系曲线

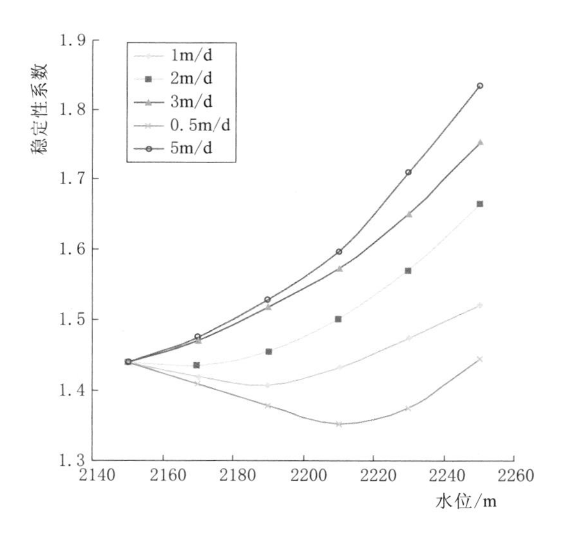

图6.1-26　水位上升过程中水位与堆积体稳定性系数的关系曲线

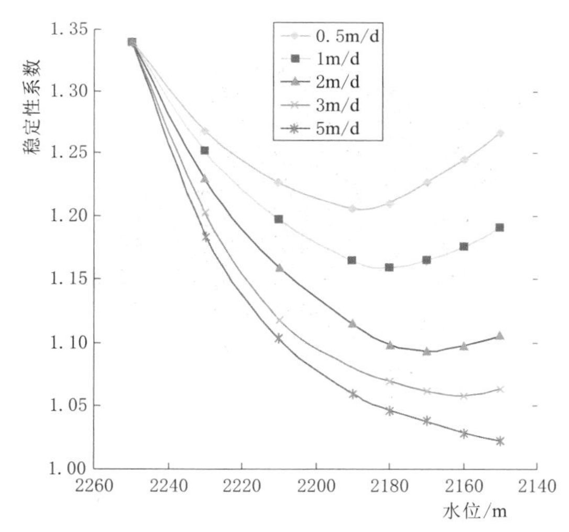

图6.1-27　水位下降过程中水位与堆积体稳定性系数的关系曲线

3. 岸坡稳定性与水位变动速度的关系

研究结果表明，当水位上升速度较大时，对岸坡稳定性有利；当上升速度较小时，水位上升过程中堆积体存在危险水位，若水位上升速度过小（<0.5m/d），堆积体稳定性最小值并不是出现在最高水位处，而是出现在中间过程（即2210.00m水位）。当水位下降速度较小时，对堆积体稳定性有利；水位下降过程中普遍存在危险水位，只有当下降速度

很小时（<0.5m/d），稳定性系数才会随水位的下降持续减小；当水位下降速度由0.5m/d增大至5m/d时，岸坡稳定性系数可降低15%～20%。

6.2 西南某水库大型堆积体岸坡数值模拟及分析评价

在分析西南某水库典型库岸工程地质条件、岩土体结构特征及库水位等因素对岸坡影响的基础上，为了进一步用数值模拟的方法来计算和分析天然状态下和蓄水以后的岸坡稳定性状况，采用了国际大型通用的数值分析软件FLAC3D。FLAC3D（快速拉格朗日差分）源于流体动力学，用于研究时间变化时每个流体质点的情况，即着眼于某一个流体质点在不同时刻的运动轨迹、速度及压力等。FLAC3D将计算域划分为若干单元网格，单元网格可以随着材料的变形而变形，即所谓的拉格朗日算法，这种算法可以准确地模拟材料的屈服、塑性流动、软化直至有限大变形，尤其在材料的弹塑性分析、大变形分析以及模拟施工过程等领域有其独到的优点。

6.2.1 计算模型的建立

在详细研究堆积体工程地质条件的基础上，通过建立岩土体的变形破坏机制模型，进而建立岩土体力学模型，利用先进的有限差分数值模拟技术，分析研究堆积体应力场的变化特征及其变形破坏趋势，进一步说明水库蓄水对堆积体稳定性的影响。

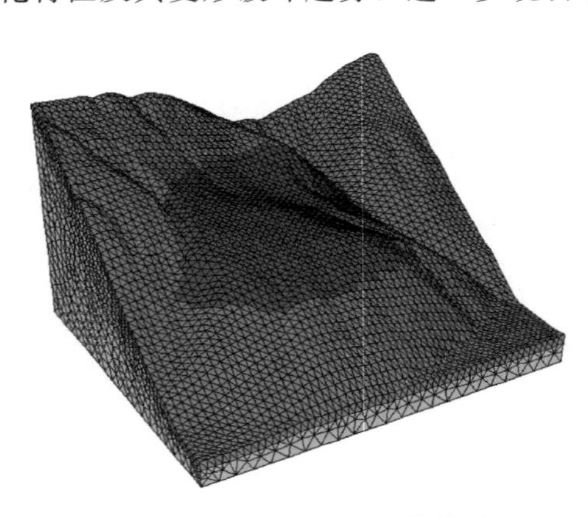
图6.2-1 岸坡数值计算模型

计算模型以指向上游流向为X轴的正方向，以指向河流方向为Y轴的正方向，以铅直向上为Z轴的正方向。考虑到计算范围的相对独立性，取模型的计算范围包括整个堆积体，高程为900.00～1560.00m，则堆积体大小为1112m×994m×660m［宽（沿X轴）×长（沿Y轴）×高（沿Z轴）］。

采用基于莫尔-库仑屈服准则的弹塑性模型，分别计算天然状态下、水库蓄水到高程1240.00m和蓄水到高程1240.00m时遭遇暴雨状态下的堆积体稳定性。模拟计算的三维模型共划分98036个单元和18679个节点（图6.2-1）。

6.2.2 边界条件和初始条件的确定

为重点分析堆积体在重力作用下的变形破坏模式，在初始条件中，不考虑构造应力，仅考虑自重应力产生的初始应力场。计算模型除坡面设为自由边界外，模型底部（$Z=900$）设为固定约束边界，模型四周设为单向边界。

6.2.3 计算参数的选取

物理力学参数是影响坡体稳定性评价的重要因素。岩土体强度参数的选取以室内试验成果为依据，覆盖层强度参数的取值为常数，是参照相关研究经验进行折减和取整求得的；强风化砂岩岩体强度则取自由地质强度指标（Geological Strength Index，GSI）计算的估计值；其他参数则依据相关文献提供的相关数据选取。岩土体物理力学指标取值见表6.2-1。

表6.2-1　岩土体物理力学指标取值表

名称	密度/(t/m³)		体积模量 K/GPa	剪切模量 G/GPa	黏聚力 c/kPa	内摩擦角 φ/(°)	抗拉强度 σ^t/kPa
	正常	饱和					
堆积体	2.00	2.07	500	230	210	25	10
强风化层	2.36	2.46	6100	3150	460	37	400
基岩	2.7	2.77	11000	8600	1800	50	1000

6.2.4　天然状态下大型堆积体的稳定性分析

1. 天然状态下应力场分析

特别要说明的是，在FLAC3D的计算结果中，各种应力的表示方法和材料力学是相同的，即“+”表示拉应力，“-”表示压应力；位移矢量的表示以坐标轴方向为准，即X、Y、Z轴的正方向为正，负方向为负。

天然状态下系统不平衡力演化过程曲线如图6.2-2所示。由图6.2-2可知，随着迭代时步的进行，系统不平衡力逐渐收敛，即边坡系统经过变形及应力的内部调整，能够达到自我稳定状态。

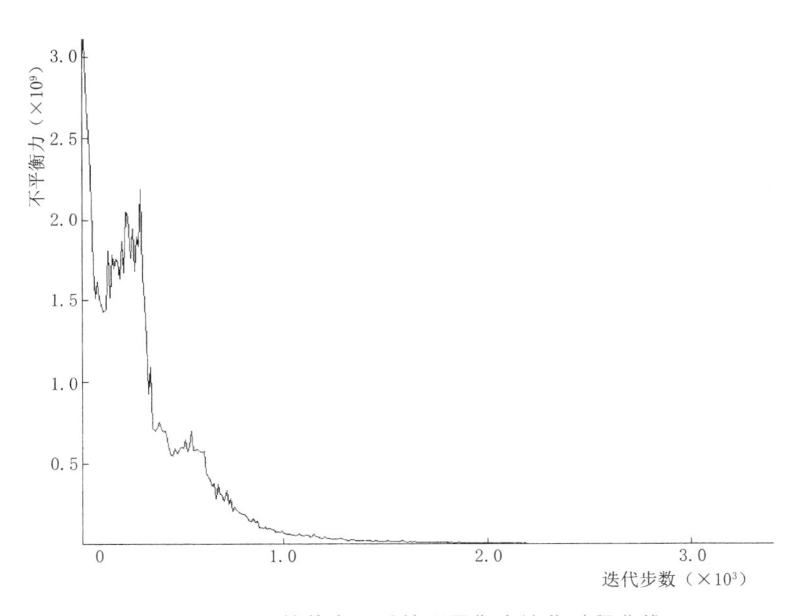

图6.2-2　天然状态下系统不平衡力演化过程曲线

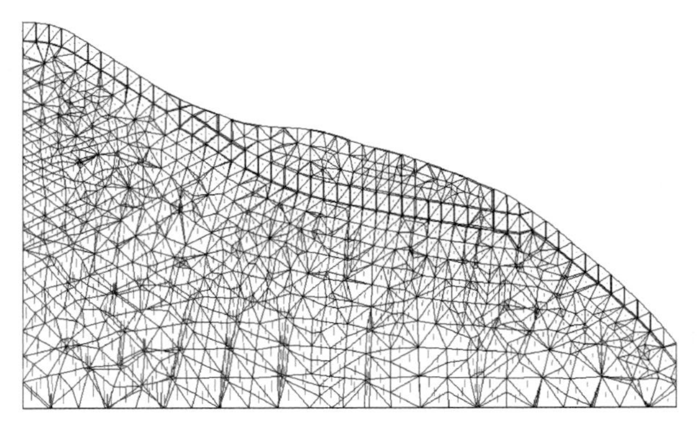

图 6.2-3　天然状态下岸坡主应力矢量特征剖面

选取代表性剖面（在 $X=2600$ 处）作为典型剖面（图 6.2-3），从中可以对在天然状态下岸坡应力场的特征得出以下基本认识：

（1）从图 6.2-3 中边坡最大主应力分布特征可以看出，边坡最大主应力方向在坡体内部与重力方向近于一致，自下而上，在方向上，主应力迹线开始发生偏转，靠近边坡表层，最大主应力逐渐平行于地表，与此同时，最小主应力则逐渐与坡面相垂直。

（2）从图 6.2-4 和图 6.2-5 可以看出，主应力场（最小主应力和最大主应力）表现为以自重应力为主的应力场，且主要受岩性控制，自下而上，主应力在量值上呈逐渐减小的趋势，但是还没有达到拉应力状态，说明堆积体处于稳定状态。在基岩与堆积体的接触部位，软弱或松散的堆积体有屏蔽效应，应力发生锐减。基岩内为高应力区，堆积体内为相对低应力区。

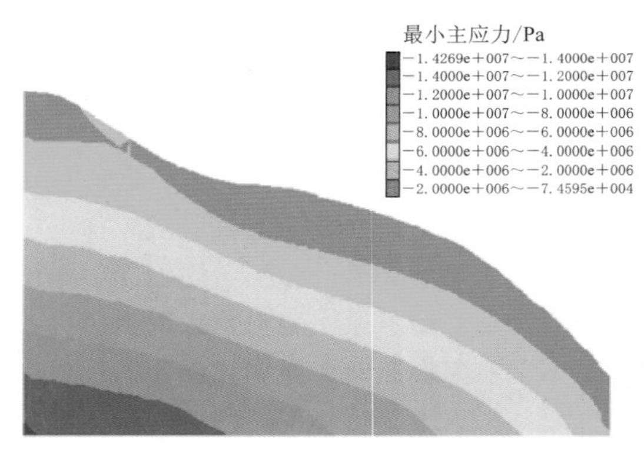

图 6.2-4　天然状态下岸坡最小主应力分布特征

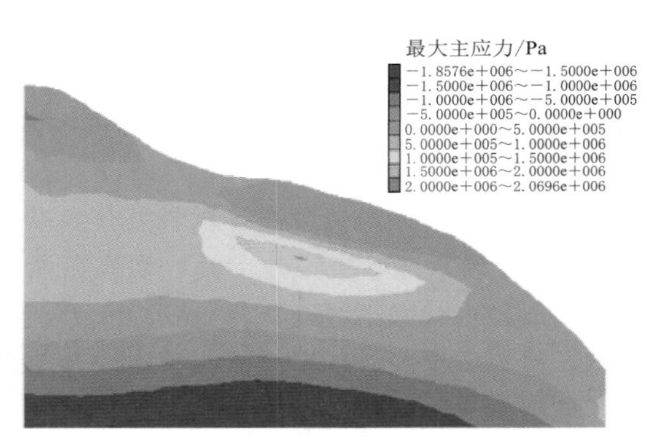

图 6.2-5　天然状态下岸坡最大主应力分布特征

（3）从图 6.2-6 可以看出，剪应变增量在堆积体与基岩接触部位的增量较大，特别是在堆积体中前缘部位，这种现象尤为明显，可以清楚地看到在基覆界面上的一定范围内（约 10m）有一条红色的条带，即剪应变增量增高带，它是堆积体最有可能发生破坏的部位。

2. 天然状态下塑性区分布规律分析

（1）图 6.2-7 为剖面的张拉屈服区分布图。从张拉屈服区域的分布来看，堆积体的张拉屈服区域很小，仅在堆积体上部区域零星出现，未连成片。说明堆积体发生张拉破坏的可能性很小，即使发生，也仅是局部区域，不会对堆积体整体稳定性造成重大影响。

（2）从剖面张拉屈服区分布来看，仅堆积体后缘出现了零星的塑性区，这表明堆积体处于正常工作状态。需要强调的是，计算结果显示的是以莫尔-库仑屈服准则为依据的塑性区分布情况，该屈服准则认为材料进入屈服即破坏，事实上土体材料进入屈服并不意味着破坏，它在一定程度上还可以在硬化状态下继续工作，因而堆积体实际的稳定性状态要比计算结果显示的要好一些。从图6.2-8可以看出，堆积体的变形很小，整体稳定性较好，不会发生较大规模的变形或破坏。

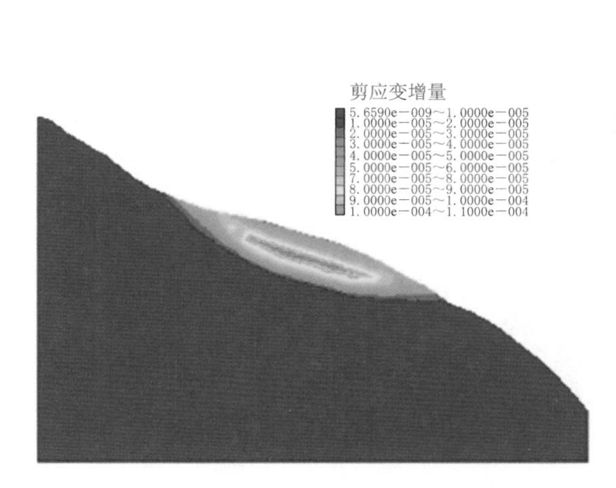

图6.2-6　天然状态下堆积体剪应变增量分布特征

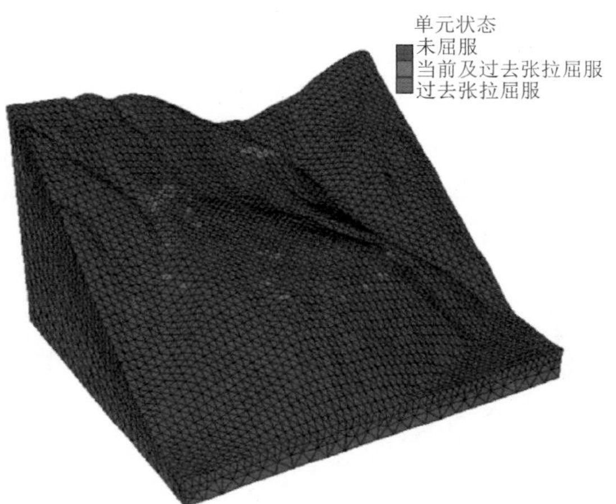

图6.2-7　天然状态下整体张拉屈服区分布特征

堆积体中部附近（高程1260.00～1320.00m）为主要变形或破坏区，有可能发生部分的变形或破坏，其破坏底界为堆积体与基岩接触面及附近的一定范围，破坏深度一般为10～20m。堆积体前后缘也有零星的浅表部破坏，其深度一般不超过5m。

3. 天然状态下位移场规律分析

在整个堆积体分布范围内，以堆积体中部的变形最为显著（图6.2-8），其位移相对高值区分布于高程1260.00～1330.00m范围内。高值中心出现在高程1315.00～1340.00m，最大量值约为1.58cm，主要体现在铅垂方向上的位移，在该范围以上及以下的位移量值均很小。同样，堆积体内部的位移还表现为由内至外（由下而上）逐渐增大的趋势，一方面主要是受自重应力的影响；另一方面是受堆积体时效变形及下部潜在滑动面的影响。从整体变形来看，堆积体总体上有向河谷方向变形（滑移）的趋势（图6.2-9）。

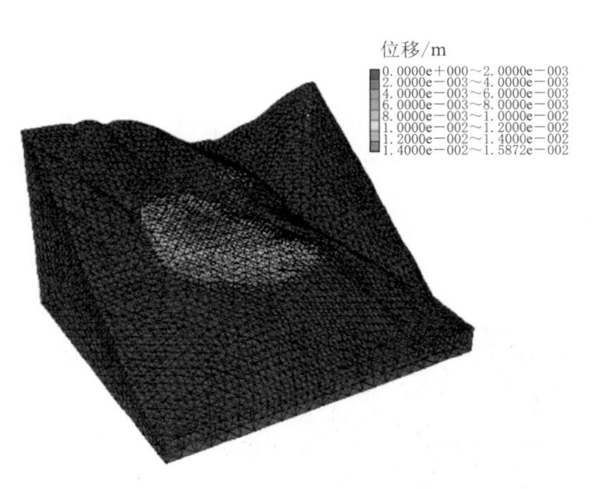

图6.2-8　天然状态下堆积体总体变形特征

6.2.5 水库蓄水后大型堆积体稳定性分析

在堆积体稳定性 3D 数值分析中，为考虑水库蓄水对堆积体稳定性的影响，单独将“水库蓄水到 1240.00m”作为一种工况，并将得到的计算结果与天然状态下的计算结果进行对比研究，以便直观地了解水库蓄水对堆积体稳定性的影响。

1. 蓄水到 1240.00m 后的应力场分析

蓄水后剪应变增量分布特征如图 6.2－10 所示。对比两种工况下的剪应变增量分布特征发现，水库蓄水到 1240.00m 高程以后，剪应变增量峰值位置可集中在 1240.00m 高程以下的部位，并且数值高于天然状态下的情况。说明水下堆积体部分可能会沿着此部分发生剪切破坏，这是由于水库蓄水后地下水位抬升，在波浪侵蚀下，以及经水浸泡后，堆积体物质的强度降低；当堆积体与强风化层接触带的土体经水浸泡后，导致其抗剪强度降低，就有可能引发岸坡失稳。

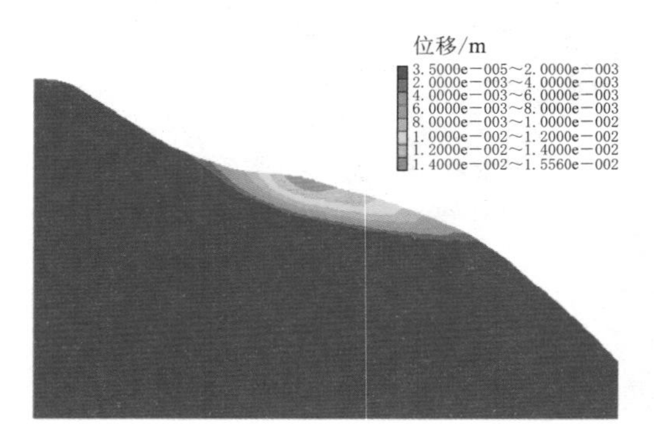

图 6.2－9　天然状态下堆积体变形特征

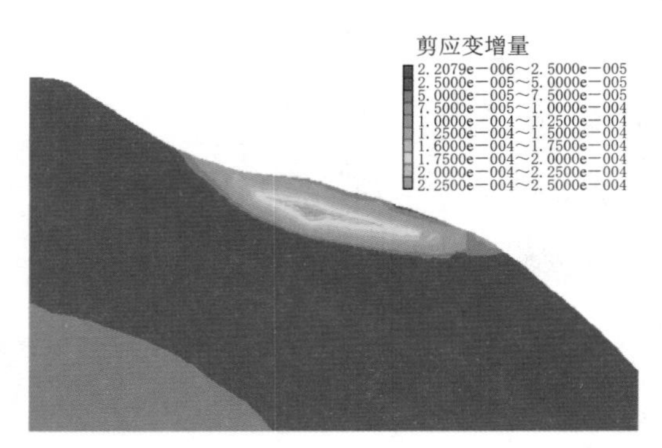

图 6.2－10　蓄水后剪应变增量分布特征

2. 蓄水到 1240.00m 后塑性区分布规律分析

蓄水后整体塑性区分布特征如图 6.2－11 所示。对比两种工况下的剪切屈服区域分布特征发现，屈服区域的分布位置发生明显的变化，高程 1240.00m 以下的位置出现了塑性区。这说明由于水库水位上升，库水补给地下水，而引起地下水上升，使岸坡体逐渐饱和，有效应力的降低使水位以下更大范围内的滑面承受了更大作用力，同时也导致岩土体的强度降低，发生了塑形破坏。

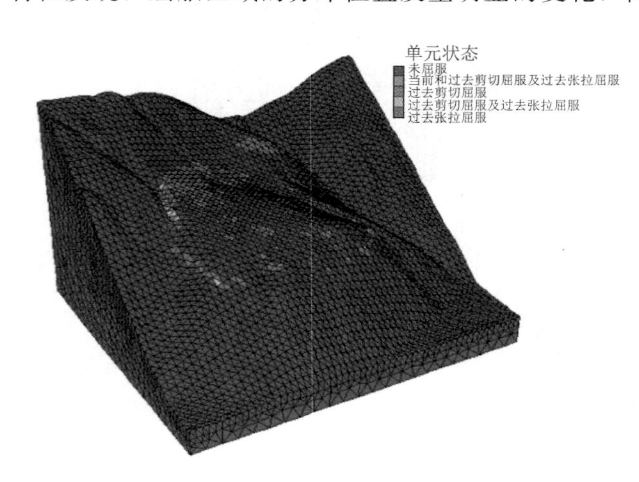

图 6.2－11　蓄水后整体塑性区分布特征

3. 蓄水到 1240.00m 后的位移场规律分析

在水库蓄水达到 1240.00m 以后的状态下，堆积体的整体最大位移、铅垂最大位移以及水平最大位移均比未蓄水时的情况大出几倍。其中水平位移变化不大，最大的是铅垂位移达到了4cm，水库蓄水后导致地下水位抬升，极大地弱化了堆积体土体的强度，使其抗变形能力明显降低（图6.2-12和图6.2-13）。

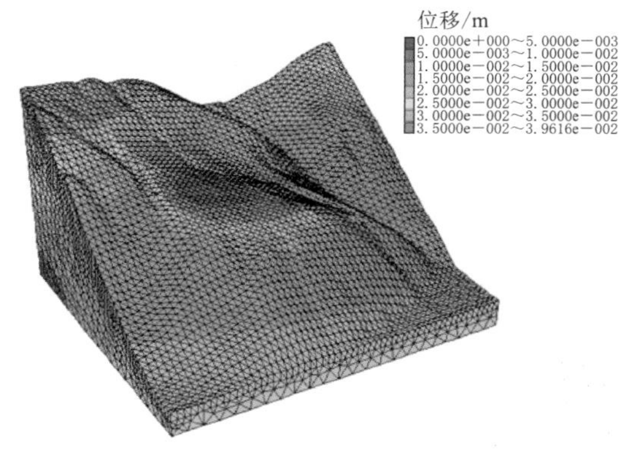

图6.2-12　蓄水后总体变形特征

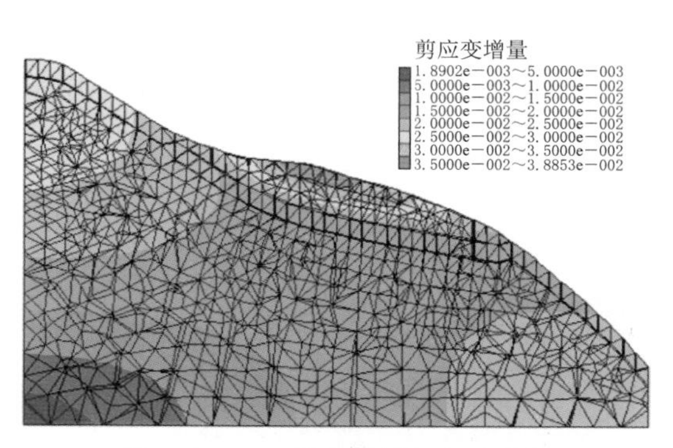

图6.2-13　蓄水后剖面变形特征

4. 蓄水到1240.00m后暴雨条件下的规律分析

对比之前的状态，可以发现“蓄水+暴雨”条件下对岸坡的影响主要有以下几点：

（1）从整体塑性区分布特征（图6.2-14）发现，在暴雨条件下，堆积体后缘出现了部分的张拉破坏，但破坏深度不大。在1240.00m高程以下的堆积体发生了明显的剪切破坏，破坏深度较大。堆积体前缘1240.00m高程以下部分可能会发生进一步的坍塌破坏，但整体上塑性区没有贯通，不会发生大规模的坍塌破坏和整体滑移。

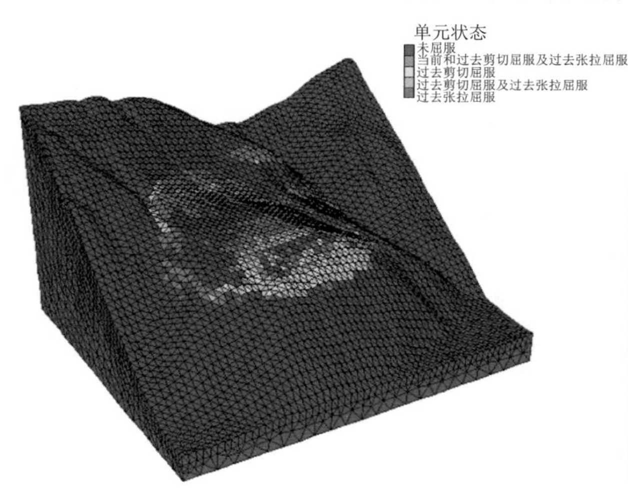

图6.2-14　“蓄水+暴雨”条件下整体塑性区分布特征

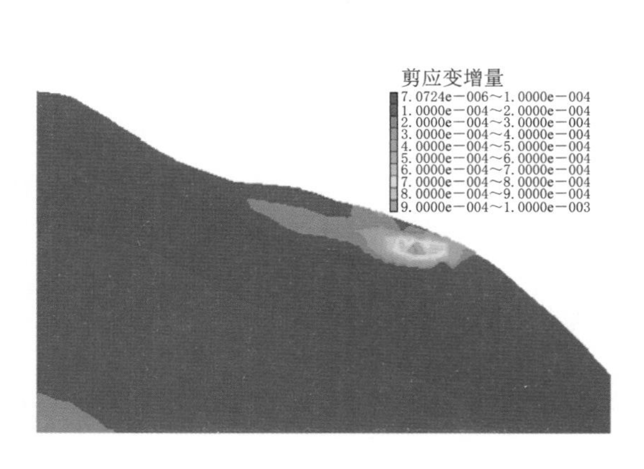

图6.2-15　“蓄水+暴雨”条件下剪应变增量分布特征

（2）由剪应变增量分布特征（图6.2-15）可以看出，剪应变增量较大的部位集中在1240.00m高程以下的堆积体范围内，且数值进一步增大，这一部位则是潜在滑动面（带），变形破坏也多沿此部位发生，因此这个范围内可能会发生失稳破坏。将上述剪应变增量带的分布与前面的位移计算结果对比发现，上述剪应变增量带的分布范围恰恰是堆积体中变形较大的区域。这一范围内的坡体的安全度应是相对较低的，也是最容易（最可能）发生失稳破坏的。

（3）在暴雨和水库蓄水达到1240.00m高程以后的条件下，堆积体的主要变形区域集中在堆积体的前部和中部，其中在蓄水位附近的岩土体变形最为显著，最大变形量接近8cm，显然该部位结构松散的堆积体难以承受这样的变形，因此从变形角度来看，堆积体可能会产生局部的失稳破坏（图6.2-16和图6.2-17）。

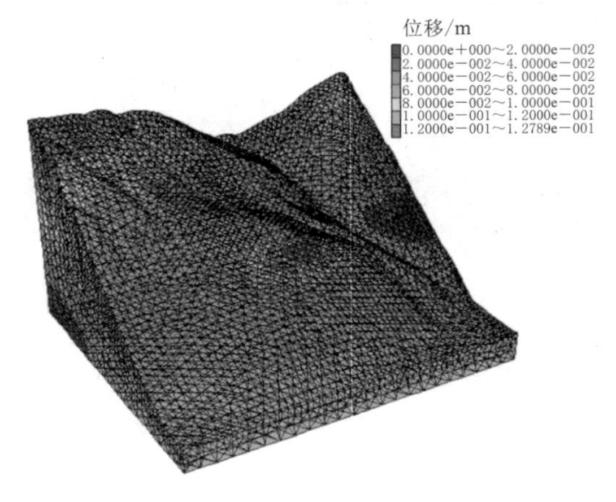

图6.2-16 “蓄水+暴雨”条件下堆积体的总体变形特征

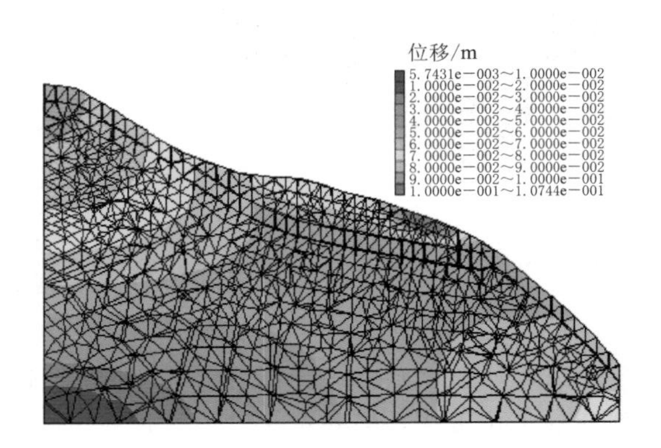

图6.2-17 “蓄水+暴雨”条件下堆积体剖面的变形特征

5. 主要研究结论

通过对典型工程库岸天然状态下和蓄水到1240.00m后的应力场特征及变形趋势的分析评价，可以对岸坡在蓄水后的稳定性状况得出以下基本认识：

（1）天然状态下堆积体的整体稳定性较好，不会发生较大规模的变形或破坏。堆积体中部附近（高程1260.00～1350.00m）为主要变形或破坏区，有可能发生部分的变形或破坏，其破坏底界为堆积体与基岩接触面及附近的一定范围，破坏深度一般为10～20m。堆积体前后缘也有零星的浅表部破坏，其深度一般不超过5m。

（2）水库蓄水到1240.00m以后，通过对比发现堆积体的变形和塑性区发生了明显的变化，位移是以前的两倍多，塑性区的范围有所扩大，在1240.00m水位以下的堆积体出现了塑性区，剪应变增量位置集中在1240.00m水位以下的部位，并且数值高于天然状态下的情况。在“蓄水+暴雨”条件下，堆积体的位移更是超过了10cm，该部位结构松散的堆积体难以承受这样的变形，容易发生剪切破坏，特别是在1240m水位以下的部分，剪应变增量较大（绝对值）的部位集中在此范围内，堆积体有可能沿着此处发生剪切破坏。这是因为水库水位抬升后，使得原处于地下水位以上的前缘堆积体处于水位以下，从而导致其力学强度降低，同时由于水对堆积体前缘产生较大的浮托力，导致其有效应力降低，使得潜在滑面前缘阻滑能力降低，可能引发失稳。

（3）根据上述分析，堆积体整体出现大规模高速滑坡的可能性较小，但其前缘覆盖层尤其是水库蓄水以后水下的堆积体岸坡仍可能出现一定程度的库岸再造，可能会给当地居民的生活带来威胁。

6.2.6　后期现象的验证

库水位在蓄水到1220.00m时，出现了很多变形痕迹，这些现象可以作为对库岸段稳定性分析的一个很好的验证。

水库蓄水到1220.00m后，库岸出现了明显的坍塌变形，在库水位上涨的情况下，堆积体前缘发生了局部的塌岸现象，后缘高程约为1260.00m，距离水面高差约有40m，属于深厚堆积层浅表部滑移型塌岸。后壁直立，前面有水淘蚀痕迹，除了岸坡前缘的几个局部塌岸外，未见其他裂缝，说明岸坡整体稳定性较好，这些现象和前面的分析结果比较吻合。

第 7 章

高位大型滑坡涌浪预测及堵江灾变效应研究

涌浪是随着库岸滑坡而产生的一种次生灾害。滑坡高速入水激起巨大的涌浪，涌浪向对岸传播形成对岸爬坡浪，向上下游传播并爬上岸坡形成沿程爬坡浪，严重威胁库区水利工程、航行船只安全，以及沿岸居民的生命财产安全，很有可能造成比滑坡本身更大的灾害。涌浪研究的关键是预测涌浪高度，分析其传播规律，进而才能评价涌浪对周围建筑物的危害。影响库岸滑坡涌浪高度的因素不仅多而且复杂，到现在为止国内外对于涌浪高度的计算、传播规律的分析已有一定研究，大部分计算方法均是基于一定的物理模型、数值模型得出的，很大程度上简化了影响涌浪的各种变量，涌浪函数过于理想化，适用范围比较狭窄，计算参数的选取也大都依赖经验。因此，通过物理模型实验分析涌浪形成机制、拟合出适合某一河道特征的涌浪相关的函数方程式，对涌浪灾害的研究预测有着重要意义。

在我国，无论是水电工程数量还是建设规模在世界上均居首位。目前水电工程建设正处于新中国成立以来的兴盛时期，水电工程数量和建设规模前所未有，但随之带来的各种技术问题也日益突出。一批重点水电工程（如三峡水电站、小湾水电站、洪家渡水电站、瀑布沟水电站、拉西瓦水电站、紫坪铺水电站等）蓄水后，由于高库水位及水库运行效应的影响，库区内均存在严峻的边坡稳定和滑坡涌浪问题。

水库已经发生的灾害实例为人们敲响了警钟，滑坡涌浪灾害造成的损失已经成为滑坡灾害的主体组成部分之一，滑坡涌浪传播规律及危险性动态预测、应急处置是学术界和灾害管理部门最为关心的水库安全问题。影响水库库岸滑坡滑速及涌浪的因素十分复杂，滑体入水过程中力学模式及河道特征对滑坡涌浪传播的影响等研究均有待深入。因此开展库岸滑坡运动及涌浪灾害研究具有重要的理论和实际意义。

在对西部山区的地质环境条件、典型倾倒型滑坡进行详细地质调查分析的基础上，本章以工程地质分析评价为主线，运用现代力学、数值模拟和物理模拟等手段，对倾倒型滑坡的稳定性、失稳危害性状况进行深入研究。

7.1 滑坡涌浪形成机制研究

7.1.1 影响滑坡涌浪的主要因素

从已有的影响滑坡涌浪规模的研究成果中可知，滑坡速度和滑坡体积是产生滑坡涌浪的主要影响因素，特别是水库库岸大型高速滑坡在冲入水库时，所具有的高速度和大体积决定了其必然要激起较高的涌浪，也必然会产生较大的危害。

7.1.2 滑坡涌浪的分类及形成机制

大型高速滑坡入水后会在很短的时间内占用大量的水下容积（图 7.1-1），被侵占了空间的这部分水体的一部分会在水表面涌出形成涌浪，并以一定的速度向远处传播，这种由于大体积岩土体入水而引起的涌浪称为体积涌浪。由体积涌浪的定义可以看出，滑坡体积涌浪形成必须有两个充分条件：①滑入水库的滑坡必须具有一定的体积，微小体积的岩土体滑入水库时几乎不会激起体积涌浪；②滑坡岩土体必须以一定的速度滑入水库，岩土体以微小速度滑入水库时也不会激起体积涌浪。

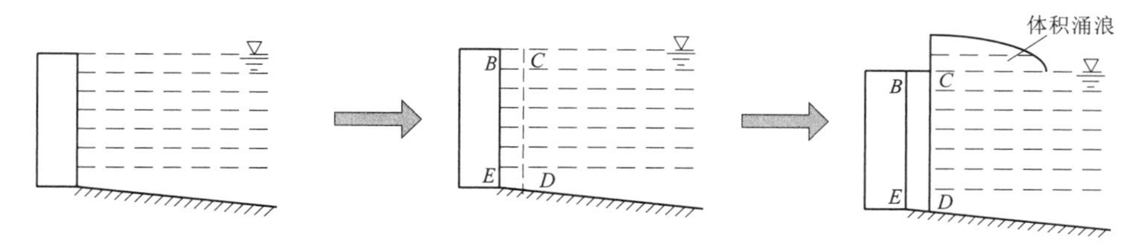

图7.1-1　体积涌浪形成机制示意图

高速度和大体积滑坡的高速运动会推动其前缘的水体运动，而处于运动状态的水体会受到边缘静止水体的流场阻力及黏滞阻力的作用（图7.1-2），滑坡部分岩土体以速度 v 冲入水中，该部分的岩土体会受到其后未滑入水库的岩土体的推力在水中继续运动，设其从 BE 运动到 CD 处，而滑坡前的水体运动受阻，仅从 BE 运动到 FG 处，那么 $FGDC$ 范围内的水体会在滑坡界面的挤压作用下在水体表面形成涌浪。因此，作者认为，这种前推后阻的作用正是滑坡高速入水时在水体表面引起涌浪的原因，这种由于高速度引起的涌浪称为冲击涌浪。滑坡冲击涌浪形成必须有两个充分条件：①库水位以下运动的岩土体必须具有一定的速度，微小速度的水下运动不会激起冲击涌浪；②库水位以下运动的岩土体必须具有一定的截面面积，截面面积微小的岩土体的水下运动不会激起冲击涌浪，高而扁或者宽而短形状的岩土体的水下运动也不会激起冲击涌浪。

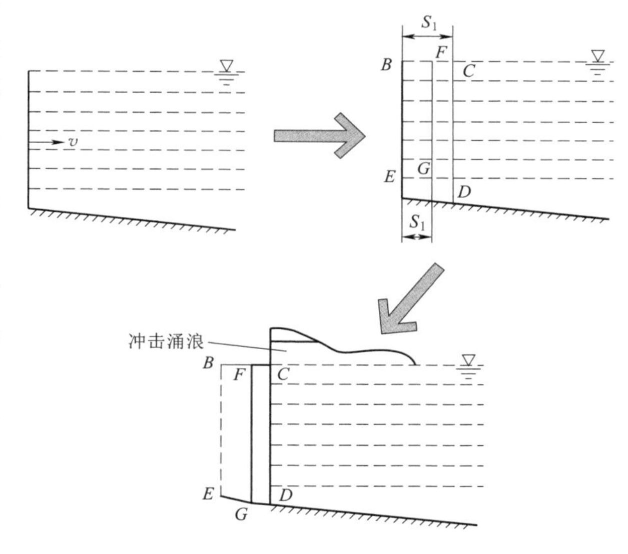

图7.1-2　涌浪形成机制示意图

大型高速滑坡入水时引起的涌浪由体积涌浪和冲击涌浪组成，从形成机理和计算方法上可将其看作两个部分来考虑，但两者在滑坡岩土体入水过程中是同时产生的，并不是孤立的，体积涌浪或者冲击涌浪都不能脱离对方而独立存在。

7.1.3　滑坡入水引起的涌浪计算

7.1.3.1　点附近的体积涌浪计算

1. 滑坡入水的体积守恒原理

滑坡入水的体积守恒原理是指一定体积的滑坡岩土体高速滑入水库的瞬间会排开一定

体积的水体，假如不考虑滑坡岩土体入水过程中水在岩土体内部孔隙中的渗透，那么它排开水的体积就等于滑入水中的岩土体的体积。这些被排开的水体会在库水表面激起涌浪，并以一定的速度向远处传播（图 7.1-3）。设其速度为 c_1，产生的涌浪高度为 h_1；设库水的深度为 h_0，滑坡岩土体体积为 V_0，如果考虑涌浪产生的水体体积均分布在左、右两侧及前方和上方四个方位，那么引起涌浪的水体体积 V_1 为滑坡岩土体体积的 0.25 倍，入水时间为 t_1，该涌浪将以滑入点为圆心，以水库库岸为边界，在库水表面呈半圆形展布（图 7.1-4），其展布半径为 R。

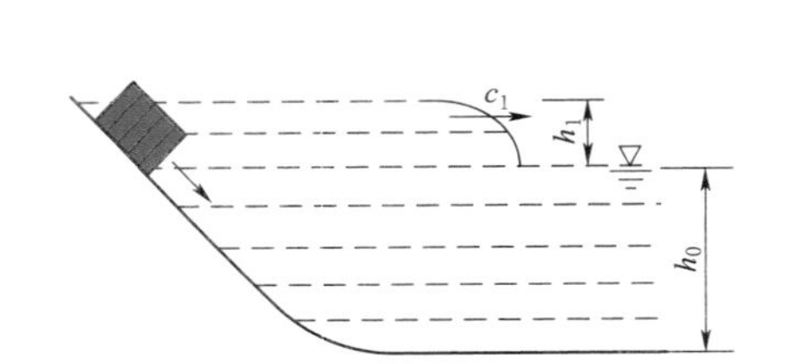

图 7.1-3　岩土体入水体积守恒剖面计算图

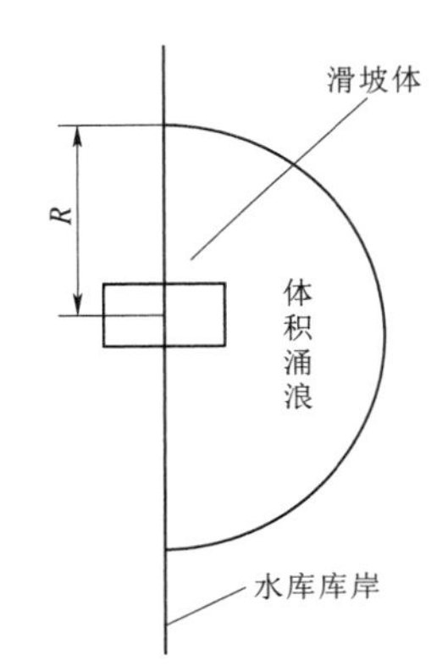

图 7.1-4　入水体积守恒平面图

根据位移公式：

$$R=c_1t_1 \tag{7.1-1}$$

根据体积守恒原理：

$$V_1=0.25V_0=\frac{\pi R^2}{2}h_1=\frac{\pi(c_1t_1)^2}{2}h_1 \tag{7.1-2}$$

2. 扰动波在明槽中的传播速度计算

由式（7.1-2）可知，当已知滑坡岩土体入水瞬间的涌浪波速度为 c_1 时，就可以求得体积涌浪的高度。以平底的棱柱形渠道、静水情况为例，设某一时刻由于某种原因在渠道产生一向右传播的扰动波［图 7.1-5（a）］，扰动波所到之处带动水体运动，形成一非恒定流动。这里，取一短时间 Δt，假设波速、波高在该时间段的值保持不变，取一运动惯性参考系随波峰一起运动，波形相对于参考系固定不动，取相距很近的波前截面 1—1 及波峰截面 2—2 之间的水体为研究对象［图 7.1-5（b）］。那么截面 1—1 处相对的运动流速为 c_1，方向向左，设截面 2—2 处相对的运动流速为 v_1、静止状态下的水深为 h_0、波峰的高度为 h_1，那么可以认为在短时间 Δt 内，扰动波附近的水体相对为恒定非均匀流。根据伯努力方程，对于不可压缩均质理想流体，在质量力只有重力的情况下且作恒定流动时，在同一条流线上的单位机械能保持不变。

这里，取垂直向上的方向为正，以明槽底部为基准面，对于水体表面的流线的任意点，其单位机械能为常数，用位置水头 z、压强水头 $\frac{p}{\gamma}$ 和流速水头 $\frac{u^2}{2g}$ 之和表示为

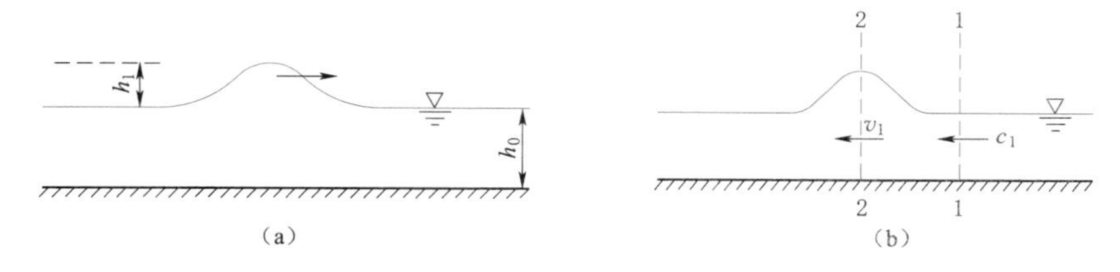

图 7.1-5　扰动波在明槽中的传播示意图

$$z+\frac{p}{\gamma}+\frac{u^2}{2g}=常数 \tag{7.1-3}$$

式中：z 为位置水头，m；p 为压强，Pa；γ 为容重，N/m^3；u 为流速，m/s；g 为重力加速度，m/s^2。

对于水体表面流线上的截面 1—1 与截面 2—2 的压强相等的两点，式（7.1-3）可以写为

$$h_0+\frac{c_1^2}{2g}=h_0+h_1+\frac{v_1^2}{2g} \tag{7.1-4}$$

取单位明槽宽度，对于截面 1—1 与截面 2—2，其过水断面面积可以用 h_0 及 h_0+h_1 来表示，根据水流连续性原理可得

$$c_1h_0=v_1(h_0+h) \tag{7.1-5}$$

把式（7.1-5）代入式（7.1-4），就可以求出传播波速与水深及涌浪高度的关系式为

$$c_1=(h_0+h_1)\sqrt{\frac{2g}{2h_0+h_1}} \tag{7.1-6}$$

3. 滑坡入水点附近的体积涌浪计算

根据式（7.1-2）和式（7.1-6），可以求出引起体积涌浪的岩土体体积与体积涌浪高度、水深及运动时间之间的关系式为

$$V_1=g\pi t_1^2\frac{h_1(h_0+h_1)^2}{(2h_0+h_1)} \tag{7.1-7}$$

为了求解，将式（7.1-7）写成函数形式：

$$f(x)=V_1-g\pi t_1^2\frac{x(h_0+x)^2}{(2h_0+x)} \tag{7.1-8}$$

式（7.1-8）中，滑坡在一定运动时间段内的入水体积可以通过稳定分析计算求出，可以认为滑坡入水体积、运动时间、水深均已知，只有涌浪高度是未知量。然而，式（7.1-8）是个关于涌浪高度 h_1 的隐性表达式，不能直接求解，在这里借助于数值算法，采用迭代法中的二分法进行求解（图 7.1-6），其基本思路为：任取两点 x_1 和 x_2，让 $f(x)=0$ 的实根位于（x_1，x_2）区间内，就是让

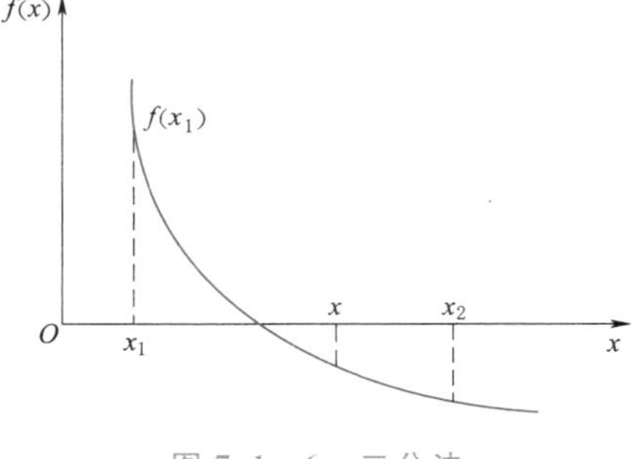

图 7.1-6　二分法

$f(x_1)$ 及 $f(x_2)$ 取值的符号相反，然后取 (x_1, x_2) 的中点 x，检查 $f(x)$ 的值是否与 $f(x_1)$ 同号，如果同号，则实根位于区间 (x_1, x) 内；如果异号，则实根位于区间 (x, x_2) 内，那么实根所在区间的范围就缩小一半，直到区间小到允许的范围内为止，就可以认为这时的中点的取值即为 $f(x)=0$ 的实根。

7.1.3.2 点附近的冲击涌浪计算

1. 滑坡冲击涌浪计算的基本思路

滑坡入水瞬间，库水一方面由于受到岩土体的冲击，会以一定的速度向对岸运动；另一方面，运动的水体因受到静止水体的阻力而降低速度，岩土体的前推及水体的后阻就会使水在运动岩土体的前部固液界面处形成涌浪，计算时采用体积固容法进行求解。体积固容法的基本思路：首先假定运动水体被密封在固定的容器里，在一定时间段内计算出固定的容器以一定初速度运动时，在静止水体的阻力作用下前进的位移；其次再计算冲击岩土体的位移，就可以得出两者运动位移之差，打开密封容器，两者运动位移之差内的水体就会涌出；最后求解涌出水的体积，并根据体积守恒原理即可求出冲击涌浪高度（图 7.1-7）。

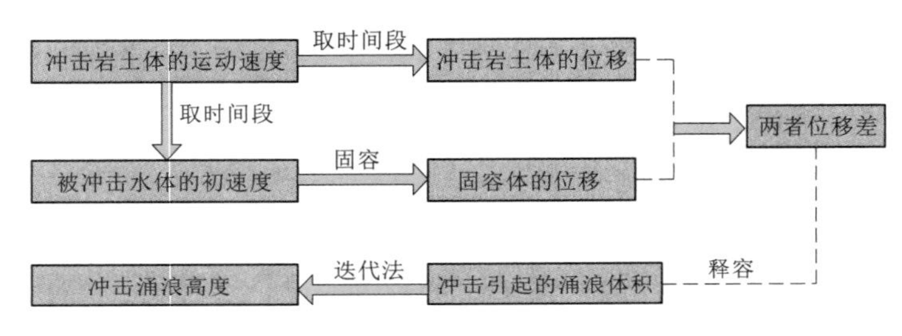

图 7.1-7 冲击涌浪高度计算模型

2. 水体运动的黏滞阻力计算

在力学分析中，通常会遇到三方面的物理量：①几何学方面的物理量，如长度、面积、体积等；②运动学方面的物理量，如速度、加速度、流量、运动黏度等；③动力学方面的物理量，如质量、力、密度、动力黏度、应力、压强等。物理学规定长度、时间及质量对应的单位 $[L]$ $[T]$ $[M]$ 为三个基本量纲，其他的所有物理量的量纲都可以由基本量纲组成。实际上，只要在几何学、运动学、动力学中各选一个物理量就可以组成任何量纲。

根据水力学的基本理论，运动流体中流层间的切应力 τ_0 应与流体密度、相对运动速度有关，可以选取动力学中流体密度 ρ、运动学中的速度 v 及位移 s 作为该分析的基本量纲，可表示为

$$[\tau_0]=[\rho]^a[v]^b[s]^c \tag{7.1-9}$$

根据量纲一致原则，很容易得出 $a=1$，$b=2$，$c=0$，那么，表层摩擦切应力可表示为

$$\tau=\frac{c_d \rho v^2}{2} \tag{7.1-10}$$

式中：c_d 为阻力系数，其值与流体的流动状态及运动体的形状有关。

设运动水体与静止水体接触的表面积为 A，则运动时受到的摩擦阻力 f 可表示为

$$f=\tau A=\frac{c_{\mathrm{d}}\rho v^{2}A}{2} \tag{7.1-11}$$

3. 水体运动的动力学及运动学计算

流体的动力学及运动学计算要借助于固容法，即把运动流体的体积固定，其他的参数不变，暂时不让其在运动时发生流动，其动力学方程可表示为

$$m\frac{\mathrm{d}v}{\mathrm{d}t}=-\frac{1}{2}c_{\mathrm{d}}\rho v^{2}A \tag{7.1-12}$$

将其变形为

$$\int\frac{\mathrm{d}v}{v^{2}}=-\frac{c_{\mathrm{d}}\rho A}{2m}\int\mathrm{d}t \tag{7.1-13}$$

令 $B=\frac{c_{\mathrm{d}}\rho A}{2m}$，可以求出运动速度与时间的表达式：

$$\frac{1}{v}=Bt+C \tag{7.1-14}$$

根据初始条件 $t=0$、$v=v_0$ 求出常数 C 为

$$C=\frac{1}{v_0} \tag{7.1-15}$$

得出速度的计算公式为

$$v=\frac{v_0}{Bv_0+1} \tag{7.1-16}$$

最后根据速度求位移：

$$s_1=\int_0^t v\mathrm{d}t=\int_0^t\frac{v_0}{Bv_0+1}\mathrm{d}t=\frac{\ln(Bv_0+1)}{B} \tag{7.1-17}$$

4. 滑坡入水点附近的冲击涌浪计算

冲击涌浪是由于岩土体推动水体形成的，其作用范围在垂直截面上不大于库水的深度，也就是说，当入水岩土体的高度大于库水的深度时，应取库水的深度作为计算涌浪时的截面高度；反之，取入水岩土体的高度作为计算涌浪时的截面高度。在这里按滑坡平面图上的范围取滑坡体宽度为 W，计算时取一短时段 Δt，设水深为 h_0，在 Δt 内起冲击作用的岩土体的平均高度为 H_0，运动的位移为 S_0，那么，引起的冲击涌浪的库水位以下的部分岩土体的截面面积 SS 取值如下：

当 $H_0\geqslant h_0$ 时，$SS=0.5Wh_0$；

当 $H_0<h_0$ 时，$SS=0.5WH_0$。

那么在 Δt 内，利用固容法计算出的由于运动位移差引起的水体体积 V_2' 为

$$V_2'=SS(S_0-S_1)=0.5SS\left[v_0\Delta t-\frac{\ln(Bv_0\Delta t+1)}{B}\right] \tag{7.1-18}$$

将运动水体从固定容积中释放，水体就会从假想的固定容积的左、右两侧及前方和上方四个方位涌出。在计算时，可以认为沿四个方位涌出的水体的体积相等，这样，引起冲击涌浪的岩土体的体积 V_2 为

$$V_2=\frac{V_2'}{4} \tag{7.1-19}$$

根据式（7.1-16）～式（7.1-19），利用体积守恒原理，可以求出引起冲击涌浪的岩土体体积与冲击涌浪高度、水深及运动时间的具体关系式为

$$V_2=g\pi\Delta t^2\frac{h_2(h_0+h_2)^2}{(2h_0+h_2)} \tag{7.1-20}$$

式（7.1-20）也是隐性表达式，同样采用迭代法中的二分法进行求解。

7.2 滑坡涌浪物理模型实验

物理模型实验依托于澜沧江某水电站库区的梅里石4号滑坡堆积体（图7.2-1）。该滑坡堆积体位于拟建的某水电站上游5000m处，分布高程2620.00～3060.00m，相对高差440m，未来库区将蓄水至高程2267.00m，为典型的高位滑坡。现场通过平洞编录、

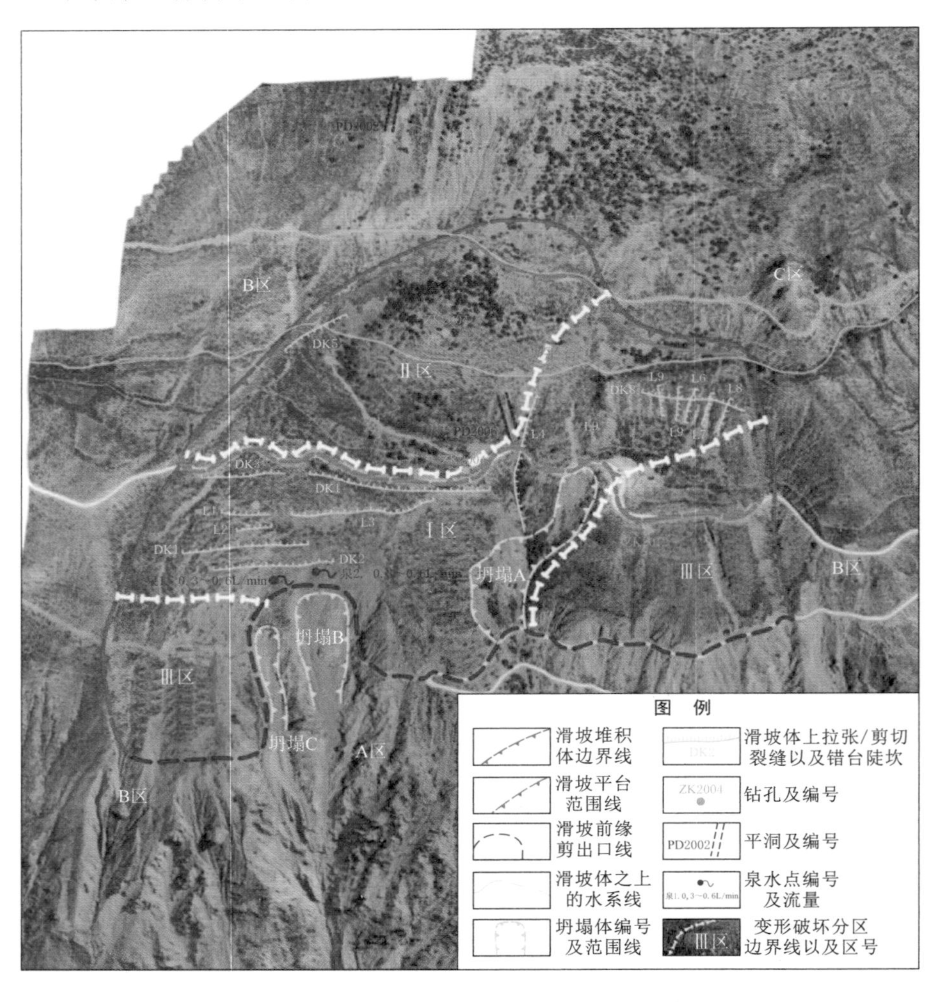

图7.2-1 梅里石4号滑坡堆积体无人机遥感正射影像变形破坏分区图

钻孔编录、地表勘察、数值计算等方式综合分析了滑坡的稳定性，对滑坡进行了变形破坏分区并且提出了滑坡失稳模式以及相应的灾害程度。

1. 滑坡分区

4号滑坡堆积体分为一个强变形区（Ⅰ）、一个弱变形区（Ⅱ）及一个微变形区（Ⅲ）（图7.2-1），各区特征详述如下：

根据滑坡的地表地裂缝、错台陡坎、滑坡平台等地表变形情况以及平洞、钻孔等地质勘查成果，进行了数值模拟以及稳定性计算，综合对滑坡失稳情况作了一个大致的预测。将滑坡体范围划分为A、B、C三个区（图7.2-1和表7.2-1）。

表7.2-1　滑坡失稳分区

分区编号	变形程度	位　置	分布高程/m	面积/万 m^2	物质结构特征	水文特征	变形特征
A	强变形区	滑坡平台左部、滑坡中部靠右侧区域	2620.00～2870.00	14.2	以碎块石土为主，破碎岩体带状、零星分布	2处泉点，平洞没有滴水或者浸水	裂缝，土体垮塌，陡坎
B	微变形区	滑坡从后缘到前缘的左边部分	2750.00～2990.00	13.3	以碎块石土为主，表层为薄层碎石土	无明显地下水活动	裂缝，土体垮塌，陡坎
C	弱变形区	滑坡平台右部、后缘	2870.00～3060.00	12.5	以碎块石土为主	无明显地下水活动	陡坎

A区包括Ⅰ区及右部的坍塌A、左边Ⅲ区右侧的坍塌B和坍塌C。A区的主要特征包括Ⅰ区发育的多条拉张裂缝以及拉张作用形成的错台陡坎，坍塌B和坍塌C所在斜坡相对于其之上的A区坡度明显增加，达到40°左右。因而A区是地表变形作用最为强烈的区域，同时又由于其处于滑坡前缘部位，稳定性最差，如果发生滑动，A区是最有可能先滑动的区域。A区前缘部分的坍塌B实拍图如图7.2-2所示。

B区包括Ⅱ区和Ⅲ区左边和右边两部分。B区后缘部分发育有多条断续、小规模剪切裂缝以及错动形成的陡坎。虽然B区前缘也是临空面，但是根据现场观察B区前缘未见垮塌的迹象，总体稳定性较好。根据数值模拟结果显示B区后缘区域有拉应力分布，位移量较周围区域明显增大，同时剪应变增量也呈现橙黄色高能量条带，总的来说B区为变形较为强烈的区域，B区后缘区域为滑坡典型的推移区，因而B区也有滑动的可能性。

C区包括滑坡平台的右边部分以及滑坡的整个后缘区域，变形比较微弱，整个区域仅在右侧边界靠近后缘的地方有一个长约100m、错台相对高度为5～15m的错台陡坎，其他部分不见地表变形的现象。数值模拟结果也显示此区域变形较小，最大主应力在C区几乎没有拉应力的表现形式，剪应变增量也比较小，因而C区是相对稳定的区域，如果发生滑动预测其应该是最后滑动的块体。

2. 发生滑动时有三种可能

（1）A区中下部先发生滑动，一段时间后B区也失稳发生滑动，最后C区下方完全失去土体支撑而发生滑动。即A区、B区、C区分别发生滑动，在时间上有一定的间隔，这一时间间隔足以使得涌浪平复，因而可以独立地分析A区、B区、C区因失稳所激起的涌浪。

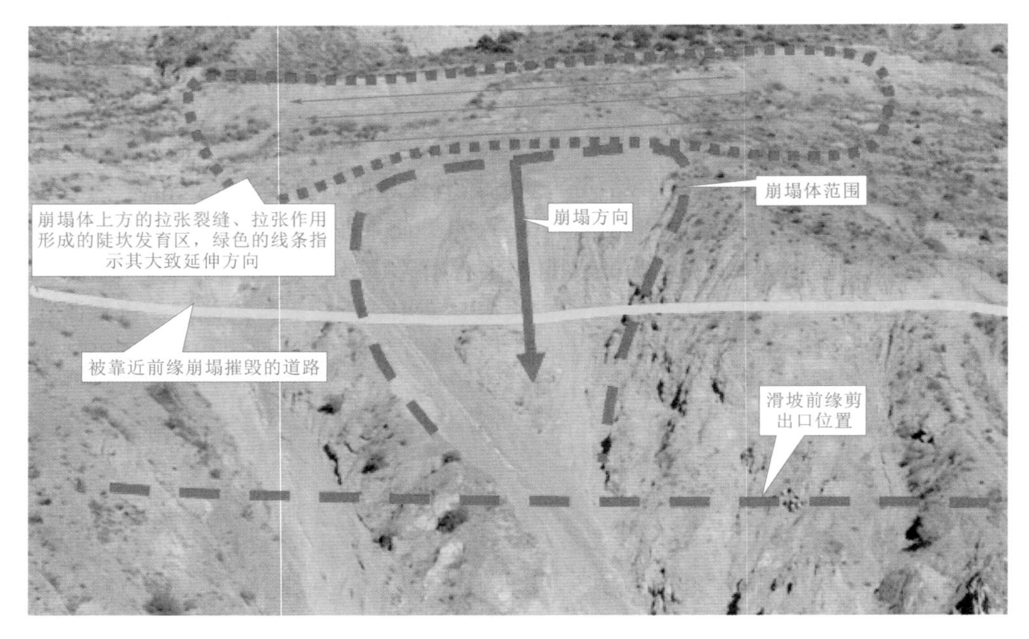

图 7.2-2　A 区前缘部分的崩塌 B 实拍图

（2）A 区与 B 区同时发生滑动，一段时间后 C 区再发生滑动，由于 A 区与 B 区同时失稳的时间与 C 区失稳时间存在时间间隔，因而可以独立地讨论 A 区和 B 区滑动所激起的涌浪，同理也可以独立地讨论 C 区滑动所激起的涌浪。

（3）A 区、B 区、C 区同时失稳发生滑动时，可将 A 区、B 区、C 区看作一个整体来讨论涌浪。

对于三种失稳模式，根据推导的最大首浪高度公式计算各失稳块体最大首浪高度，利用推导的沿程传播浪公式计算各失稳块体坝前涌浪高度。其中，最大静态水深 $h=167$m，各失稳块体入水速度均采用条分法计算，速度 $v=62.46$m/s，河道宽度 $b=600$m。不同失稳条件下的滑坡最大首浪高度计算结果见表 7.2-2。

表 7.2-2　　不同失稳条件下的滑坡最大首浪高度计算结果

失稳块体	失稳方量/万 m^3	最大首浪高度/m	坝前涌浪高度/m
A	142	40.01	6.67
B	133	29.94	4.99
C	125	14.14	2.36
A+B	275	84.27	14.06
A+B+C	400	91.17	15.22

7.2.1　物理模型实验相似准则

选取某电站坝址至上游 5850m 段河道为原型，在遵守几何相似、运动相似和动力相似的前提下，建立比例尺为1∶2000的河道物理模型，研究了包括大型物体激光光栅测速器、抛光木板、高速摄像头、180gA4纸条、染色标记法等组成的实验量测系统，并以此为基础开展滑坡涌浪的三维物理模型实验。

7.2.1.1　相似理论

相似理论是模型实验的理论基础，主要包括第一相似定理、第二相似定理和第三相似定理，简称为相似三定理。相似三定理是模型设计和实验数据处理、推广的依据，并可基于此建立科学而间接的经验方法，工程上的许多经验公式就是由此得出的。

第一相似定理和第二相似定理说明了相似现象的性质，提出了相似的必要条件。第三相似定理则提出了相似现象的充要条件。采用相似常数表征两个相似现象同名物理量之间的比例关系，其中以 l 表示某个系统内两点间的距离、v 表示流速、ρ 表示密度、F 表示作用力。则各相似常数可以表示为

$$C_l=\frac{l_p}{l_m},C_v=\frac{v_p}{v_m},C_\rho=\frac{\rho_p}{\rho_m},C_F=\frac{F_p}{F_m} \tag{7.2-1}$$

式中：l_p 为原型长度；l_m 为模型长度；C_l、C_v、C_ρ、C_F 为相似常数。

原型的每一个物理量都可以根据相似常数 C 进行线性变化，从而转化为对应的物理量。对于不同的物理量，相似常数可以不同，但对于某个确定的原型和模型，相似常数是严格不变的。C 起着向不同物理量赋值的作用，其值的选择取决于实验条件和研究的问题。

1. 第一相似定理

法国人贝特朗建立了第一相似定理，可表述为“对于相似现象，其相似指标值等于1”。这一定理从相似现象为已知事实出发，也是现象相似的必然结果，说明了相似的基本性质。本书以质点运动为例进行说明，运动质点微分方程为

$$v=\frac{dl}{dt} \tag{7.2-2}$$

式中：v 为运动速度；l 为运动长度；t 为运动时间。

则原型和模型的运动速度可分别表示为

$$v_p=\frac{dl_p}{dt_p} \tag{7.2-3}$$

$$v_m=\frac{dl_m}{dt_m} \tag{7.2-4}$$

式中：v_p 为原型的运动速度；l_p 为原型的运动长度；t_p 为原型的运动时间；v_m 为模型的运动速度；l_m 为模型的运动长度；t_m 为模型的运动时间。

其中长度、时间、速度的相似常数为

$$\frac{l_p}{l_m}=C_l \tag{7.2-5}$$

$$\frac{t_p}{t_m}=C_t \tag{7.2-6}$$

$$\frac{v_p}{v_m}=C_v \tag{7.2-7}$$

联立可得

$$C_v v_p = \frac{C_l \mathrm{d}l_p}{C_t \mathrm{d}t_p} \tag{7.2-8}$$

比较式（7.2－3）和式（7.2－4），可知必定存在条件：

$$C_v = \frac{C_l}{C_p} \text{或} \frac{C_v C_t}{C_l} = 1 \tag{7.2-9}$$

式中：$\frac{C_v C_t}{C_l}$为相似指标，表示相关物理量的相似常数关系，说明各相似常数选取要受相似指标为1的限制。

这种约束关系也可以表示为

$$\frac{v_p t_p}{l_p} = \frac{v_m t_m}{l_m} \text{或} \frac{vt}{l} = \text{不变量} \tag{7.2-10}$$

2. 第二相似定理

研究对象的物理规律性通常可用各物理量之间的函数关系式表示。规律本身是客观的，与人为建立的测量单位无关。第二相似定理为建立各物理量之间的无量纲关系式提供了可操作的方法和依据。

第二相似定理表述为“描述自然界的各物理量的方程式，常可表示为各相似准数间的函数关系。”在相似现象中，相似准数是由某些物理量表示的单值条件组成的无量纲综合数，如弗劳德数$Fr = \frac{v_p}{\sqrt{gh}}$。对于两个相似现象，表征其物理过程的方程式必然一致，区别在于物理量数值大小，这种方程式可表述为各无量纲准数间的关系式。

第二相似定理提出把实验结果整理成无量纲准数关系式，为实验数据整理分析提供了基础。是否准确地选择了与现象有关的物理量决定了模型实验是否能正确推广。从目前国内外计算涌浪的方法可以看出，各模型实验总结的公式均采用了无量纲表达式。

3. 第三相似定理

第三相似定理是相似现象的充要条件。第三相似定理表述为“对于同一类物理现象，如果单值量相似，且由单值量所组成的相似准数相等，则现象相似。”单值量指的是单值条件中的物理量。单值条件是将现象群通解转化为特解的条件，将个别现象与同类现象区分开来。单值条件包括以下三个方面：

（1）几何条件。具体的现象都存在于一定的物理空间之中，因此现象中各物理量的形状、尺寸、相对位置都属于单值条件。

（2）边界条件。现象的发生受到边界环境的影响，且都在物理介质的参与下进行，因此边界情况等物理条件属于单值条件。

（3）初始条件。某些物理现象中的物理量受初始条件影响，如运动学中动力初始条件。这类现象中初始条件应作为单值条件来考虑。

7.2.1.2 量纲分析

从地质和工程角度分析，滑坡失稳进入库区引起的涌浪是滑坡地质灾害的重要次生灾害，涌浪的行程、发展、消散消解过程符合波浪动力学和流体动力学的基本定理。影响涌浪高度的综合因素主要包括滑坡入水纵向长度 l、滑坡入水平均宽度 w、滑坡入水平均厚度 t、滑坡入水速度 v、滑坡失稳处最大静态水深 h、滑坡滑动面倾角 α、滑坡所处一侧水下岸坡坡角 β、滑坡失事处河道水面宽度 b、滑坡孔隙比 p、滑体密度 ρ_s、水密度 ρ_w 和重力加速度 g 等12个变量。

在滑坡入水过程中，如果考虑滑坡的形状和孔隙比这两个影响因素，实验会变得非常困难，因而使用刚性滑坡模型，假设滑坡体为长方体；根据黄种为等[67] 学者的推算，滑坡材料的孔隙率对滑坡涌浪高度的影响微乎其微，因此实验中并不考虑滑坡的孔隙比，密度 ρ_s 固定为 $2.2\times10^3\,kg/m^3$。

同时参考庞昌俊、潘家铮、汪洋等的研究成果，选取滑坡入水纵向长度 l、滑坡入水平均宽度 w、滑坡入水平均厚度 t、滑坡入水速度 v、滑坡失稳处最大静态水深 h、滑坡失事处河道水面宽度 b 这6个影响因素来设计滑坡涌浪实验，以求得这6个因素与滑坡最大首浪高度 H_{max} 的回归分析关系式，并且在此滑坡首浪实验的基础上改变对岸岸坡坡角来进行滑坡对岸爬坡浪的相关实验。

滑坡最大首浪高度的计算共涉及8个物理量，这些物理量之间的关系式如下：

$$f(H_{max},l,w,t,v,h,b,g)=0 \tag{7.2-11}$$

总共可以构造出6个无量纲常量：

$$\Lambda_1=\frac{H_{max}}{h},\ \Lambda_2=\frac{l}{b},\ \Lambda_3=\frac{w}{b},\ \Lambda_4=\frac{t}{h},\ \Lambda_5=\frac{v}{\sqrt{gh}},\ \Lambda_6=\frac{b}{h} \tag{7.2-12}$$

根据 Buckingham 第二定理得

$$f(\Lambda_1,\Lambda_2,\Lambda_3,\Lambda_4,\Lambda_5,\Lambda_6)=0 \tag{7.2-13}$$

求解式（7.2-13）可得

$$\Lambda_1=\frac{H_{max}}{h}=f_2\left(\frac{l}{b},\frac{w}{b},\frac{t}{h},\frac{v}{\sqrt{gh}},\frac{b}{h}\right)=f_3\left(\frac{v}{\sqrt{gh}}\right)f_4\left(\frac{l}{b},\frac{w}{b},\frac{t}{h},\frac{b}{h}\right) \tag{7.2-14}$$

又由于 $f_4\left(\frac{l}{b},\frac{w}{b},\frac{t}{h},\frac{b}{h}\right)$ 有 l，w，t，b，h 这5个变量，可以将 $f_4\left(\frac{l}{b},\frac{w}{b},\frac{t}{h},\frac{b}{h}\right)$ 变形为 $f_5\left(\frac{l}{b},\frac{w}{b},\frac{t}{h}\right)$，所以有

$$\frac{H_{max}}{h}=f_3\left(\frac{v}{\sqrt{gh}}\right)f_5\left(\frac{l}{b},\frac{w}{b},\frac{t}{h}\right) \tag{7.2-15}$$

7.2.1.3 实验相似条件

根据相似理论，在流体运动的模型实验中，当原型和模型两种流动现象相似时，流体运动应遵循同一个物理方程，且单值条件相似，由单值条件组成的相似准数也相等。因此，两种流动中表征流动状态的物理量应具有一定的比例关系。

液体运动是在一定空间和时间范围内进行的，遵循流体动力学和运动学相关原理。表征流体运动过程的物理量可以分为流场几何形状、运动状态及动力特性三种。根据第三相似定理，流动相似的两个系统必须保持几何相似、动力相似、运动相似。

1. 几何相似

几何相似要求原型和模型流动中对应部位保持一定的比例关系，即将原型的尺寸按照

同一比例尺塑造在模型之中，模型和原型外观相似，对应夹角相同，模型是原型的放大或者缩小的复制品。

若某几何体体积为 V，面积为 S，长度为 l，角度为 θ，则各几何变量的相似常数为

$$\begin{cases} C_l=\dfrac{l_{\mathrm{p}}}{l_{\mathrm{m}}},C_\theta=\dfrac{\theta_{\mathrm{p}}}{\theta_{\mathrm{m}}},C_s=\dfrac{s_{\mathrm{p}}}{s_{\mathrm{m}}}=\dfrac{l_{\mathrm{p}}^2}{l_{\mathrm{m}}^2}=C_l^2 \\ C_v=\dfrac{v_{\mathrm{p}}}{v_{\mathrm{m}}}=\dfrac{l_{\mathrm{p}}^3}{l_{\mathrm{m}}^3}=C_l^3 \end{cases} \tag{7.2-16}$$

根据实验的目的、场地、设备和测试技术等条件，在满足相似条件的情况下，该河道模型采用比例为 1∶2000 的正态模型。所谓正态模型指的是三个方向采用同一个长度的比例尺，故实验中长度相似常数 $C_l=\dfrac{l_{\mathrm{p}}}{l_{\mathrm{m}}}=2000$，体积相似比 $C_v=\dfrac{v_{\mathrm{p}}}{v_{\mathrm{m}}}=C_l^3=2000^3$。

2. 动力相似

动力相似指的是作用于原型和模型两个流动系统不同性质的作用力都呈现同一比例关系。一般情况下，流体系统的力有重力、惯性力、黏性力、表面张力、弹性力等。模型实验中只要保证起主导作用的力满足相似条件就可以反映出流体运动状态。实验中重力是主要作用力，根据弗劳德模型定律，弗劳德数相等是重力作用条件下动力相似的充要条件，即

$$Fr_{\mathrm{p}}=\frac{v_{\mathrm{p}}}{(g_{\mathrm{p}}l_{\mathrm{p}})^{0.5}}=Fr_{\mathrm{m}}=\frac{v_{\mathrm{m}}}{(g_{\mathrm{m}}l_{\mathrm{m}})^{0.5}} \tag{7.2-17}$$

实验中密度相似常数 $C_\rho=1$，重力加速度相似常数 $C_g=1$，质量相似常数 $C_m=C_l^3=2000^3$，重力相似常数 $C_G=2000^3$。

3. 运动相似

运动相似是指原型与模型两个流动系统中对应质点的迹线是几何相似的，而且质点流过相应线段所需要的时间成同一比例，即两个流动系统的速度场、加速度场是相似的。设 v_{p} 为原型流动至某一点的流速，v_{m} 为模型流动对应点的流速，则流速比例尺 $C_v=v_{\mathrm{p}}/v_{\mathrm{m}}$，由式（7.2-17）得出速度相似常数 $C_v=v_{\mathrm{p}}/v_{\mathrm{m}}=l_{\mathrm{p}}^3/l_{\mathrm{m}}=\sqrt{2000}$。根据第一相似定理，时间相似常数 $C_t=t_{\mathrm{p}}/t_{\mathrm{m}}=c_{\mathrm{p}}^3/c_{\mathrm{m}}=\sqrt{2000}$。

7.2.2 物理模型实验技术

7.2.2.1 实验模型

1. 河道模型

利用河道模型模拟滑坡所在河道两侧的地形，实际河道与河道模型分别如图 7.2-3 和图 7.2-4 所示。河道模型比例尺为 1∶2000，模型尺寸为 2.6m×0.75m×0.28m（长×宽×高）。实际河道的起点为水电站坝前，沿着河道向上游前进 5000m 到达 4 号滑坡堆积体左侧边界，再往上游前进 850m 达到 4 号滑坡堆积体右侧边界（终点），河道总长度 5850m。河床海拔高度约 2100.00m，河道模型根据实际形态制作了高程 2100.00～2600.00m 的山体，最多可以蓄水到 2600m，即对应模型的 25cm 深度，但实际在实验中只需要蓄水至 20cm 即可。

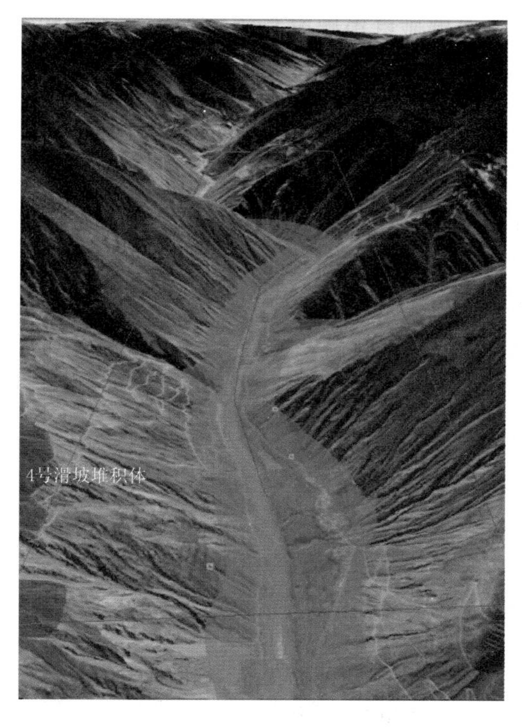

图 7.2-3　实际河道

图 7.2-4　河道模型

由于模拟的是蓄水之后库区的情况，可以将库区水看作静水处理，因此模型也采用静水模型，不需要作过多处理，主要观察涌浪向下游传播的规律，因此本书几乎没有修筑4号滑坡堆积体上游的河道模型。河道模型施工图如图7.2-5所示，库区等高线如图7.2-6所示。

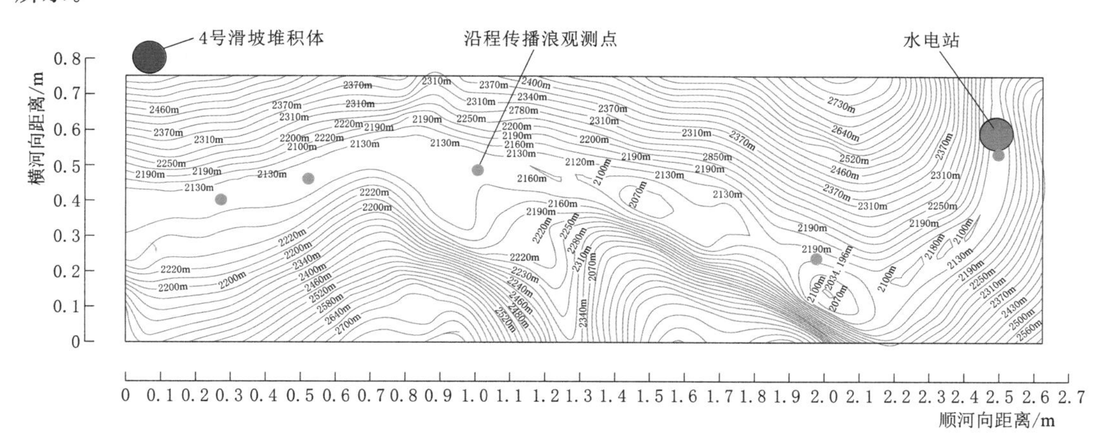

图 7.2-5　河道模型施工图

2. 滑坡模型

虽然入水滑坡形状对于最大涌浪高度有着一定的影响，但要定量研究这种影响关系非常困难，所以在实验中不考虑入水滑块形状对于涌浪的影响，统一将所有滑块概化为长方体，主要为了定量研究不同规模（长度、宽度、厚度）的滑块对于涌浪的影响。滑块模型主要采用水泥和碎石作为原材料（图7.2-7），设计过程取其密度 $\rho=2.2\mathrm{g/cm^3}$。

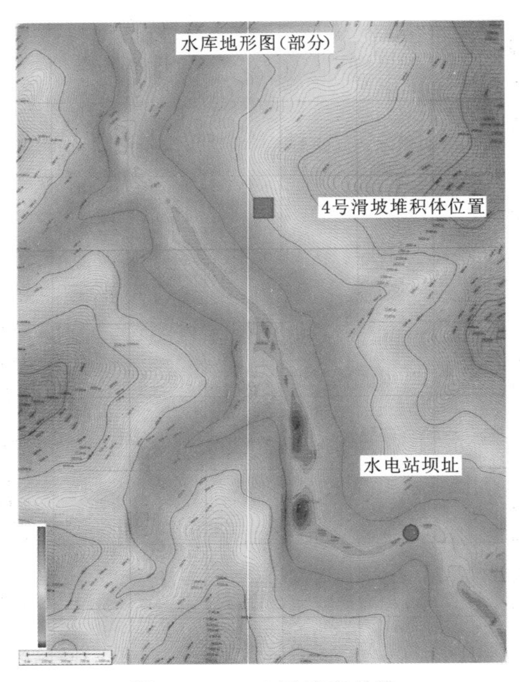

图7.2-6　库区等高线图

图7.2-7　滑块模型

7.2.2.2　实验控制系统

实验控制系统由抛光的木板（用作滑动面）和大型物体激光光栅测速器两部分组成。其中，抛光的木板较为光滑，各部位摩擦系数比较稳定，因此当滑块从一定倾斜角度的木板上滑下时，滑块的速度近似于匀加速，通过调整滑块滑动的路程可以调整滑块滑出木板前端时的速度，经过多次尝试可以有效地控制滑块滑出速度。

虽然抛光木板较为光滑，但是其摩擦系数仍然较大，在具体操作过程中发现，当木板倾角低于25°时滑块根本无法自然下滑，因此也就无法测量滑动面角度低于25°情况下相应的涌浪高度，于是实验中无法考虑滑动面倾角变动对于涌浪高度的影响。实验不考虑滑动面倾角对于涌浪高度的影响，统一将所有组次实验的滑动面倾角固定为40°。

根据已有的各种推导公式，滑坡入水速度和入水处的最大静水深度是影响滑坡涌浪高度最为重要的两个因素。因此，在实验过程中控制滑块模型的入水速度也是极为关键的一个环节。为了实现这个目的，实验使用了大型物体激光光栅测速器（图7.2-8），精度可达到0.002m/s（图7.2-9），完全可以满足实验要求的最高速度为1m/s的实际情况。将测速器两个激光头安装在木板前端就可以测量滑块滑出木板的速度（即入水速度）。

7.2.2.3　实验测量方法

1. 涌浪形态观察与最大首浪高度测量

为了观察滑块入水形态的变化情况，更重要的是为了测量最大首浪高度的数据，需要以下两种设备：

图 7.2-8 大型物体激光光栅测速器与抛光木板

图 7.2-9 测速器 PC 记录软件

（1）高速摄像头（图 7.2-10）。图像采集速度为 120fps，分辨率可达到 640×480。

（2）背景幕板（图 7.2-11）。刻画有 2mm 间距的水平线，幕板置于滑坡入水点上游，幕板平面与河流向垂直、滑坡主滑方向平行。

实验之前蓄水至一定高程，将高速摄像头固定于尽量接近水面的区域，将背景幕板放置于如图 7.2-11 所示的位置。实验开始后即记录影像，实验结束后查看高速影像的慢动作回放，通过观察后面背景幕板的涌浪高度，即可得到一组实验的最大涌浪高度。

图 7.2-10 高速摄像头

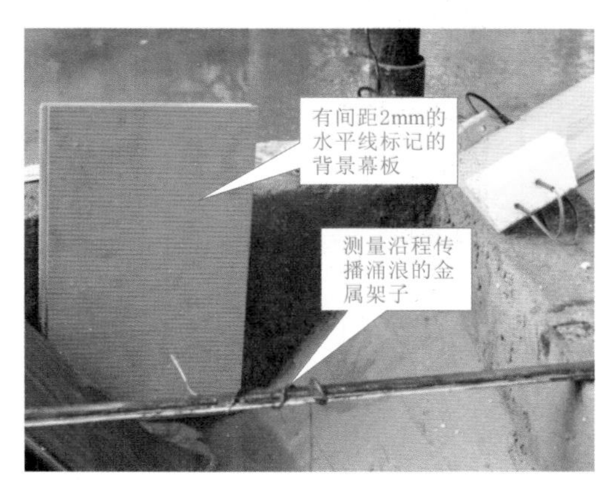

图 7.2-11 有刻度线的背景幕板

2. 沿程传播涌浪高度测量

当滑坡入水之后会形成一系列的涌浪，涌浪随着时间向上下游传播，在上下游某点区域的水质点会发生一系列的振动，相应形成一系列的涌浪，其中涌浪所能达到的最大高程与静水面高程的距离就是沿程传播涌浪的高度。

测量沿程传播涌浪高度需要以下工具：

(1) 180g 的高密度 A4 纸，将其切成长 10cm、宽 1cm 左右的纸条。

(2) 染料。

(3) 固定纸条的金属架子以及粗铁丝。

3. 实验过程

实验设置了 5 个沿程传播浪的观测点（图 7.2-5），分别位于沿着河道长度距离滑坡入水点 500m、1000m、2000m、4000m、5000m（即水电站坝址所在处）的位置。实验过程如下：

(1) 蓄水至一定高程后，加入一定量的蓝色染料调匀，其目的是便于肉眼观察水痕迹，随后等待水面恢复平静。

(2) 安装好 5 个沿程涌浪传播高度测量装置，轻轻将细纸条贴在粗铁丝上面并插入水中，粗铁丝则被固定在金属架子上，此时静水面会在细纸条上留下水痕迹（图 7.2-12）。

(3) 将静水面的水痕迹用细铅笔或者出墨量较小的细红笔标注一下。

(4) 进行实验。

(5) 待水面平静之后抽出纸条观察波浪所能达到的最大高度，即可测出沿程传播浪高度（图 7.2-13）。

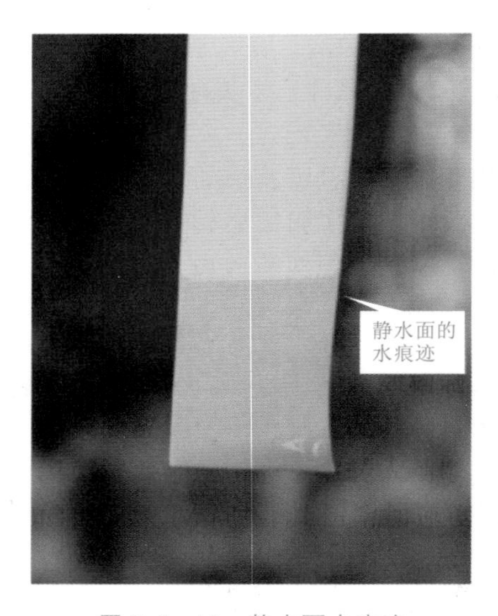

图 7.2-12 静水面水痕迹

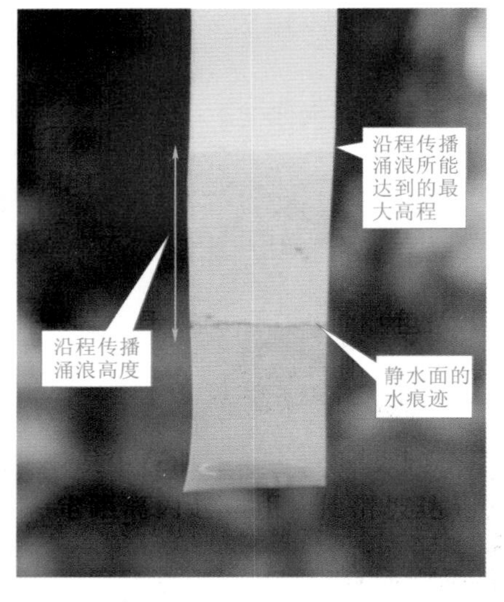

图 7.2-13 沿程传播涌浪造成的水痕迹

值得注意的是，一定要使用克数较大（密度较大）的 A4 纸，否则水痕迹扩散比较快，测量误差较大；经过测试了解到水痕在 180g 的 A4 纸面上扩散的速度很慢，测量误差很小，符合实验要求的精度（1mm）。

7.2.3 实验方案设计

由实验量纲分析可知，选取入水滑体长度 l、入水滑体宽度 w、入水滑体厚度 t、库水面宽度 b、入水点处最大水深 h、滑体入水速度 v、最大首浪高度实验值 H_{max} 作为滑坡最大首浪高度的影响因素。依托西南某水电站开展实验，其中库水面宽度以河道实际值为准。

刘艺梁[68] 统计了三峡库区122个滑坡的长度、宽度、厚度、下滑速度等因素，并得出各影响因素平均值。本书以此为依据选取各影响因素水平值，采用1：2000比例尺进行换算，具体各因素水平值见表7.2-3。

表7.2-3　各因素水平值

因素水平	1	2	3	4	5	6	7
库水面宽度/m	0.176	0.336	0.383	0.434	0.477	0.515	0.56
入水点处最大水深/m	0.05	0.1	0.12	0.14	0.16	0.18	0.2
入水滑体宽度/m	0.04	0.05	0.06	0.07	0.08	0.09	0.1
入水滑体厚度/m	0.04	0.05	0.06	0.07	0.08	0.09	0.1
入水滑体长度/m	0.04	0.05	0.06	0.07	0.08	0.09	0.1
滑体入水速度/(m/s)	0.1	0.2	0.3	0.4	0.6	0.8	1

正交试验设计（orthogonal experimental design）是研究多因素水平的又一种设计方法，它是根据正交性从全面试验中挑选出部分有代表性的点进行试验，这些有代表性的点具备了“均匀分散，齐整可比”的特点。正交试验设计是分式析因设计的主要方法，是一种高效率、快速、经济的实验设计方法。日本著名的统计学家田口玄一将正交试验选择的水平组合列成表格，称为正交表。

同时为了分析不同变量对最大首浪高度的影响，本书设计了单因素影响下的实验组合表（表7.2-4）。敏感度实验即在研究某个影响因素对涌浪高度的影响时，假定其他影响因素的数值不变，通过改动某个影响因素从而观察其对涌浪高度的影响程度。

表7.2-4　敏感度实验结果

实验编号	入水点处最大水深/m	入水滑体宽度/m	入水滑体厚度/m	入水滑体长度/m	滑体入水速度/(m/s)
1	0.14	0.07	0.07	0.07	0.8
2	0.14	0.07	0.07	0.07	0.6
3	0.14	0.07	0.07	0.07	0.4
4	0.14	0.07	0.07	0.07	0.3
5	0.14	0.07	0.07	0.07	0.2
6	0.18	0.07	0.07	0.07	0.4
7	0.16	0.07	0.07	0.07	0.4
8	0.14	0.07	0.07	0.07	0.4
9	0.12	0.07	0.07	0.07	0.4
10	0.1	0.07	0.07	0.07	0.4
11	0.14	0.07	0.07	0.09	0.4
12	0.14	0.07	0.07	0.08	0.4

续表

实验编号	入水点处最大水深/m	入水滑体宽度/m	入水滑体厚度/m	入水滑体长度/m	滑体入水速度/(m/s)
13	0.14	0.07	0.07	0.07	0.4
14	0.14	0.07	0.07	0.06	0.4
15	0.14	0.07	0.07	0.05	0.4
16	0.14	0.09	0.07	0.07	0.4
17	0.14	0.08	0.07	0.07	0.4
18	0.14	0.07	0.07	0.07	0.4
19	0.14	0.06	0.07	0.07	0.4
20	0.14	0.05	0.07	0.07	0.4
21	0.14	0.07	0.09	0.07	0.4
22	0.14	0.07	0.08	0.07	0.4
23	0.14	0.07	0.07	0.07	0.4
24	0.14	0.07	0.06	0.07	0.4
25	0.14	0.07	0.05	0.07	0.4

7.2.4 滑坡涌浪形成过程简述

滑坡入水和滑坡涌浪的产生是一个连续的过程。大型高速滑坡入水会在很短时间内占用大量水下容积，被侵占空间的这部分水体的一部分必然会在水面涌出形成涌浪，并以一定速度向远处传播（图 7.2-14）。滑坡涌浪的形成需要符合两个充分条件：①滑入水库的滑坡必须具有一定体积；②滑坡岩土体必须以一定速度滑入水库。

一定体积的滑坡岩土体高速滑入水库必定在瞬间排开一定体积的水体，这些被排开的水体会在库水表面激起涌浪，同时入水的滑坡岩土体表面与水体之间存在冲击坑（图 7.2-15），滑坡入水体积守恒原理是指涌浪体积等于滑坡入水岩土体体积与冲击坑体积之和，表示如下：

$$V_1 = V_s + V_a \tag{7.2-18}$$

式中：V_1 为原静止水面以上的涌浪体积，m^3；V_s 为滑坡入水岩土体体积，m^3；V_a 为冲击坑体积，m^3。

汪洋[69] 认为滑坡刚入水时产生的涌浪主要是由于排水作用，原有水体空间被滑坡占据，涌浪以体积涌浪为主；之后，滑坡继续进入水体，直至全部入水，此时被排开的水体体积不再增大，但是滑坡仍然在惯性作用下向前运动，水体在滑坡推动下继续向前运动，此时涌浪以冲击涌浪为主。

值得注意的是，在本次实验中使用长、宽、高均为 5cm 的正方体滑块（图 7.2-16）和长、宽、高均为 5cm 且前部为 45°斜面的楔形滑块（图 7.2-17），在同样的水深、入水速度、入水角度条件下进行对比观测，发现正方体滑块入水瞬间激起的舌状水体的速度、高度、规模都小于楔形滑块激起的舌状水体，是由于楔形滑块迎水面可以更好地使水体往上爬升，因而激起的舌状水体效果更为明显。

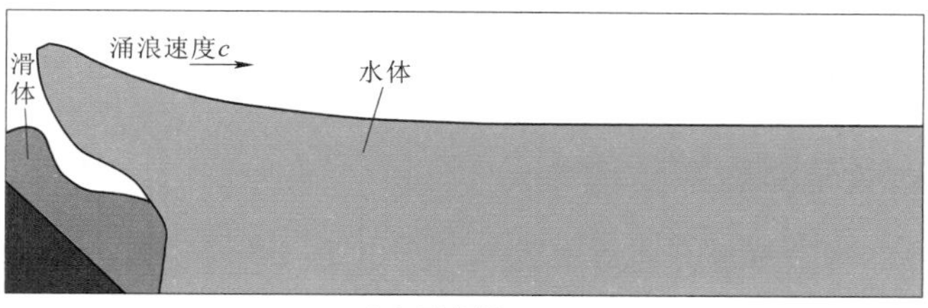

（a）示意图（一）

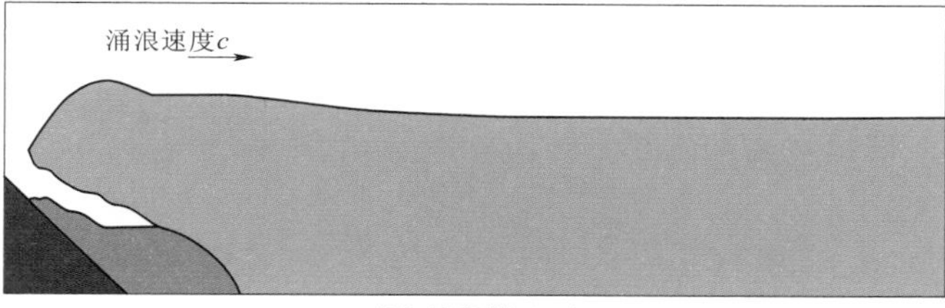

（b）示意图（二）

（c）示意图（三）

图7.2-14　滑坡入水引起涌浪示意图

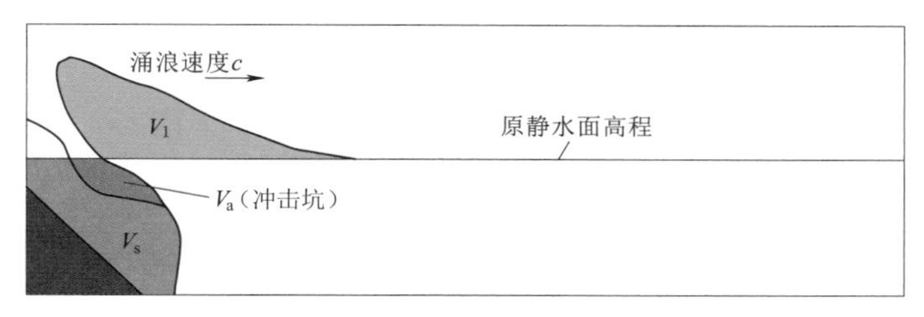

图7.2-15　滑坡入水体积守恒示意图

图7.2-16　正方体滑块入水情况

图7.2-17　楔形滑块入水情况

滑坡入水激起涌浪，从入水点向四周传播，其中顺其滑动方向上的涌浪高度最大，这一方向上的涌浪成为最大首浪，相应的高度为最大首浪高度。

7.2.5 滑坡涌浪物理模型实验成果分析

7.2.5.1 最大首浪高度敏感度分析

考虑到影响首浪高度的因素较多，且具有一定的不确定性，因此本次实验采用固定其他自变量，研究某一自变量的变化对因变量的影响。例如，要研究水深对于最大首浪高度的影响，则保持滑体的长度、宽度、高度以及滑体入水速度不变，仅改变水深值，观察最大首浪高度的变化。计算公式如下：

$$R=\frac{\psi_h}{\psi_x} \tag{7.2-19}$$

式中：ψ_h 为因变量的相应变化率；ψ_x 为某一自变量的变化率；R 为敏感度系数。

1. 水深敏感度系数

水深对涌浪高度的敏感性计算结果见表 7.2-5。

表 7.2-5 水深对涌浪高度的敏感性计算结果

水深/m	水深变化率/%	最大首浪高度/m	最大首浪高度变化率/%	敏感度系数	平均敏感度系数
0.10	−28.60	0.022	10.00	−0.3497	−0.3497
0.12	−14.30	0.021	5.00	−0.3497	
0.14	0.00	0.020	0.00	—	
0.16	14.30	0.019	−5.00	−0.3497	
0.18	28.60	0.018	−10.00	−0.3497	

2. 滑体入水速度敏感度系数

滑体入水速度对涌浪高度的敏感性计算结果见表 7.2-6。

表 7.2-6 滑体入水速度对涌浪高度的敏感性计算结果

速度/m	速度变化率/%	最大首浪高度/m	最大首浪高度变化率/%	敏感度系数	平均敏感度系数
0.8	100.00	0.043	79.17	0.7917	0.9063
0.6	50.00	0.039	62.50	1.2500	
0.4	0.00	0.024	0.00	—	
0.3	−25.00	0.018	−25.00	1.0000	
0.2	−50.00	0.017	−29.17	0.5834	

3. 入水滑体宽度敏感度系数

入水滑体宽度对涌浪高度的敏感性计算结果见表 7.2-7。

4. 入水滑体厚度敏感度系数

入水滑体厚度对涌浪高度的敏感性计算结果见表 7.2-8。

5. 入水滑体长度敏感度系数

入水滑体长度对涌浪高度的敏感性计算结果见表 7.2-9。

表 7.2-7　入水滑体宽度对涌浪高度的敏感性计算结果

宽度/m	宽度变化率/%	最大首浪高度/m	最大首浪高度变化率/%	敏感度系数	平均敏感度系数
0.09	28.57	0.014	16.67	0.5835	0.5834
0.08	14.28	0.013	8.33	0.5833	
0.07	0.00	0.012	0.00	—	
0.06	−14.28	0.011	−8.33	0.5833	
0.05	−28.57	0.010	−16.67	0.5835	

表 7.2-8　入水滑体厚度对涌浪高度的敏感性计算结果

厚度/m	厚度变化率/%	最大首浪高度/m	最大首浪高度变化率/%	敏感度系数	平均敏感度系数
0.09	28.57	0.014	16.67	0.5835	0.6563
0.08	14.28	0.013	8.33	0.5833	
0.07	0.00	0.012	0.00	—	
0.06	−14.28	0.011	−8.33	0.5833	
0.05	−28.57	0.009	−25.00	0.8750	

表 7.2-9　入水滑体长度对涌浪高度的敏感性计算结果

长度/m	长度变化率/%	最大首浪高度/m	最大首浪高度变化率/%	敏感度系数	平均敏感度系数
0.09	28.57	0.015	13.08	0.4578	0.4262
0.08	14.28	0.014	6.08	0.4258	
0.07	0.00	0.012	0	—	
0.06	−14.28	0.009	−5.88	0.4118	
0.05	−28.57	0.008	−11.70	0.4095	

根据表 7.2-5～表 7.2-9 的计算结果可以得出以下结论：

最大首浪高度随着水深的增大而减小，随着入水滑体长度、宽度、厚度及滑体入水速度的增大而增大。根据各因素平均敏感度系数的绝对值来衡量其对最大首浪高度的影响程度，则各因素平均敏感度系数绝对值的排序：滑体入水速度>水深>入水滑体厚度>入水滑体宽度>入水滑体长度。由此可见，水深和滑体入水速度对于最大首浪高度的影响程度大体一致，是非常显著的；入水滑体长度、宽度、厚度对于最大首浪高度影响程度大体一致，明显不如水深和滑体入水速度显著。

7.2.5.2　最大首浪高度计算公式

滑坡最大涌浪正交实验数据见表 7.2-10。

表 7.2-10　滑坡最大涌浪正交实验数据表

滑体编号（实验编号）	入水滑体长度 l /m	入水滑体宽度 w /m	入水滑体厚度 t /m	库水面宽度 b /m	入水点处最大水深 h /m	滑体入水速度 v /(m/s)	最大首浪高度实验值 H_{max}/m
1	0.040	0.040	0.040	0.176	0.050	0.100	0.003
2	0.050	0.050	0.050	0.176	0.050	0.200	0.008

续表

滑体编号（实验编号）	入水滑体长度 l /m	入水滑体宽度 w /m	入水滑体厚度 t /m	库水面宽度 b /m	入水点处最大水深 h /m	滑体入水速度 v /(m/s)	最大首浪高度实验值 H_{max}/m
3	0.060	0.060	0.060	0.176	0.050	0.300	0.019
4	0.070	0.070	0.070	0.176	0.050	0.400	0.03
5	0.080	0.080	0.080	0.176	0.050	0.600	0.035
6	0.090	0.090	0.090	0.176	0.050	0.800	0.051
7	0.100	0.100	0.100	0.176	0.050	1.000	0.15
8	0.080	0.040	0.070	0.336	0.100	0.800	0.018
9	0.090	0.050	0.080	0.336	0.100	1.000	0.027
10	0.100	0.060	0.090	0.336	0.100	0.100	0.003
11	0.040	0.070	0.100	0.336	0.100	0.200	0.026
12	0.050	0.080	0.040	0.336	0.100	0.300	0.021
13	0.060	0.090	0.050	0.336	0.100	0.400	0.026
14	0.070	0.100	0.060	0.336	0.100	0.600	0.036
15	0.050	0.040	0.100	0.383	0.120	0.400	0.014
16	0.060	0.050	0.040	0.383	0.120	0.600	0.009
17	0.070	0.060	0.050	0.383	0.120	0.800	0.017
18	0.080	0.070	0.060	0.383	0.120	1.000	0.039
19	0.090	0.080	0.070	0.383	0.120	0.100	0.003
20	0.100	0.090	0.080	0.383	0.120	0.200	0.044
21	0.040	0.100	0.090	0.383	0.120	0.300	0.017
22	0.090	0.040	0.060	0.434	0.140	0.200	0.008
23	0.100	0.050	0.070	0.434	0.140	0.300	0.008
24	0.040	0.060	0.080	0.434	0.140	0.400	0.021
25	0.050	0.070	0.090	0.434	0.140	0.600	0.024
26	0.060	0.080	0.100	0.434	0.140	0.800	0.044
27	0.070	0.090	0.040	0.434	0.140	1.000	0.036
28	0.080	0.100	0.050	0.434	0.140	0.100	0.003
29	0.060	0.040	0.090	0.477	0.160	1.000	0.017
30	0.070	0.050	0.100	0.477	0.160	0.100	0.014
31	0.080	0.060	0.040	0.477	0.160	0.200	0.007
32	0.090	0.070	0.050	0.477	0.160	0.300	0.014
33	0.100	0.080	0.060	0.477	0.160	0.400	0.028
34	0.040	0.090	0.070	0.477	0.160	0.600	0.028

续表

滑体编号（实验编号）	入水滑体长度 l /m	入水滑体宽度 w /m	入水滑体厚度 t /m	库水面宽度 b /m	入水点处最大水深 h /m	滑体入水速度 v /(m/s)	最大首浪高度实验值 H_{max}/m
35	0.050	0.100	0.080	0.477	0.160	0.800	0.038
36	0.100	0.040	0.050	0.515	0.180	0.600	0.008
37	0.040	0.050	0.060	0.515	0.180	0.800	0.01
38	0.050	0.060	0.070	0.515	0.180	1.000	0.018
39	0.060	0.070	0.080	0.515	0.180	0.100	0.014
40	0.070	0.080	0.090	0.515	0.180	0.200	0.031
41	0.080	0.090	0.100	0.515	0.180	0.300	0.037
42	0.090	0.100	0.040	0.515	0.180	0.400	0.027
43	0.070	0.040	0.080	0.560	0.200	0.300	0.019
44	0.080	0.050	0.090	0.560	0.200	0.400	0.025
45	0.090	0.060	0.100	0.560	0.200	0.600	0.032
46	0.100	0.070	0.040	0.560	0.200	0.800	0.025
47	0.040	0.080	0.050	0.560	0.200	1.000	0.018
48	0.050	0.090	0.060	0.560	0.200	0.100	0.012
49	0.060	0.100	0.070	0.560	0.200	0.200	0.017

为求得最佳的拟合优度（决定系数 R^2），本书采用四种多元回归方法对表7.2-10中的数据进行分析处理，拟合出以入水滑体长度 l、入水滑体宽度 w、入水滑体厚度 t、库水面宽度 b、入水点处最大水深 h、滑体入水速度 v 为回归自变量（又称解释变量），最大首浪高度实验值 H_{max} 为因变量（又称被解释变量）的回归方程式。四种回归分析方法分别是：①第一种以量纲推导分析为基础的多元非线性回归分析方法；②第二种以量纲推导分析为基础的多元非线性回归分析方法；③多元线性回归分析方法；④多元非线性表达式转化为线性表达式的回归分析方法。

1. 第一种以量纲推导分析为基础的多元非线性回归分析方法

由式（7.2-15）可知，最大首浪高度 H_{max} 与入水点处最大水深 h、滑体入水速度无量纲式 $\frac{v}{\sqrt{gh}}$、入水滑体长度无量纲式 $\frac{l}{b}$、入水滑体宽度无量纲式 $\frac{w}{b}$、入水滑体厚度无量纲式 $\frac{t}{h}$ 之间存在因果关系。通过观察发现，$\frac{l}{b}\frac{t}{h}$ 有一定的物理意义，一定程度上可以简化非线性拟合的过程，提高非线性回归方程式的决定系数（拟合优度）。lt 为滑坡堆积体的纵切面面积，bh 为库水中平行于滑坡纵切面的概化面积，两个平面相互平行，方向一致，可以作为相互比较的依据，它们的比值为无量纲。而同理可知 $\frac{w}{b}$ 也是无量纲关系式。于是，最大首浪高度无量纲关系式可以改写为

$$H_{max}=hf_1\left(\frac{v}{\sqrt{gh}}\right)f_3\left(\frac{l}{b}\frac{t}{h}\right)f_4\left(\frac{w}{b}\right) \tag{7.2-20}$$

$$H_{max}=a_1h\left(\frac{v}{\sqrt{gh}}\right)^{a_2}\left(\frac{l}{b}\frac{t}{h}\right)^{a_3}\left(\frac{w}{b}\right)^{a_4} \tag{7.2-21}$$

式中：H_{max} 为滑坡入水处造成的最大首浪高度，m；h 为入水点处最大水深，m；l 为入水滑体长度，m（实际斜长而非平面长度）；w 为入水滑体宽度，m；t 为入水滑体厚度，m；g 为重力加速度，m/s^2；v 为滑体入水速度，m/s；b 为库水面宽度，m（方向垂直于河道轴线）；a_1、a_2、a_3、a_4 为计算参数。

在 SPSS 软件中，通过 33 次迭代运算之后得出的结果见表 7.2-11。参数估计值见表 7.2-12。

表 7.2-11 第一种以量纲推导分析为基础的多元非线性回归分析方法迭代历史记录[②]

迭代数[①]	残差平方和	参数			
		a_1	a_2	a_3	a_4
0.1	3.042	1.100	1.000	0.100	0.400
1.1	0.116	−0.045	1.625	1.135	0.604
2.1	0.022	0.054	1.671	1.202	0.613
3.1	0.022	0.053	1.672	1.199	0.610
4.1	0.022	0.053	1.673	1.193	0.604
5.1	0.021	0.058	1.695	1.111	0.510
6.1	0.020	0.074	1.755	0.881	0.245
7.1	0.019	0.100	1.833	0.577	−0.105
8.1	0.019	0.107	1.849	0.506	−0.185
9.1	0.013	0.138	1.748	0.692	0.072
10.1	0.012	0.161	1.771	0.538	−0.088
11.1	0.011	0.169	1.748	0.570	−0.034
12.1	0.011	0.172	1.747	0.558	−0.038
13.1	0.011	0.173	1.744	0.537	−0.032
14.1	0.011	0.179	1.715	0.423	0.048
15.1	0.010	0.177	1.689	0.345	0.148
16.1	0.009	0.161	1.626	0.220	0.411
17.1	0.009	0.154	1.597	0.197	0.523
18.1	0.008	0.150	1.569	0.161	0.616
19.1	0.008	0.146	1.560	0.154	0.642
20.1	0.008	0.145	1.550	0.150	0.659
21.1	0.008	0.140	1.491	0.131	0.729
22.1	0.008	0.130	1.368	0.109	0.824
23.1	0.008	0.112	1.064	0.084	0.977

续表

迭代数[①]	残差平方和	参数			
		a_1	a_2	a_3	a_4
24.1	0.007	0.093	0.653	0.097	1.072
25.1	0.007	0.099	0.644	0.163	0.926
26.1	0.006	0.107	0.630	0.294	0.574
27.1	0.006	0.108	0.654	0.279	0.582
28.1	0.006	0.107	0.632	0.269	0.597
29.1	0.006	0.107	0.646	0.271	0.591
30.1	0.006	0.108	0.645	0.273	0.588
31.1	0.006	0.108	0.644	0.272	0.590
32.1	0.006	0.108	0.644	0.272	0.590
33.1	0.006	0.108	0.644	0.272	0.590

注　导数是通过数字计算的。

①　主迭代数在小数点左侧显示，次迭代数在小数点右侧显示。

②　在第33次迭代之后停止运行，此时已找到最优解。

表7.2-12　　参数估计值

参数	估计值	标准误差	95%置信区间	
			下限	上限
a_1	0.852	0.011	0.084	0.131
a_2	0.610	0.114	0.319	0.970
a_3	0.368	0.095	0.099	0.445
a_4	1.005	0.213	0.259	0.920

通过表7.2-12可以看出，a_1的标准误差（参数的剩余标准差）为0.011，在四个参数中的值最小，其估计值为0.852，0.011/0.852为1.3%，精确度很高，同时较低的标准误差也表征着较小的置信区间。其他三个参数的分析方法同上，a_2和a_4的标准误差都很大，导致它们两者的置信区间都显得比较大，因此可信度较低；a_3标准误差为0.095（0.011<0.095<0.114），因此a_3精确度介于a_1和a_2之间。于是非线性回归方程为

$$H_{max}=0.852h\left(\frac{v}{\sqrt{gh}}\right)^{0.610}\left(\frac{l}{b}\frac{t}{h}\right)^{0.368}\left(\frac{w}{b}\right)^{1.005} \tag{7.2-22}$$

对于4号滑坡堆积体来说，在完全一次性失稳的工况下，$h=167$m，$v=62.46$m/s，$l=600$m，$t=10$m，$b=600$m，$w=830$m，计算得到最大首浪高度$H_{max}=91.17$m。

参数估计值相关性见表7.2-13，其中相关系数是用以反映变量之间相关关系密切程度的统计指标。相关系数是按积差方法计算的，同样以两变量与各自平均值的离差为基础，通过两个离差相乘来反映两变量之间的相关程度，着重研究线性的单相关系数。需要说明的是，皮尔逊相关系数并不是唯一的相关系数，却是最常见的相关系数，以下解释都是针对皮尔逊相关系数的，这里相关系数反映的是参数与参数之间的线性相关关系。除了

a_1 与 a_4 相关性绝对值达到 0.512 外，其他参数间的相关性绝对值都低于 0.219（参数自身与自身相关性为 1 除外），说明非线性回归方程中自变量与因变量关系是显著的。

表 7.2-13　　参数估计值相关性

参数	参数			
	a_1	a_2	a_3	a_4
a_1	1.000	0.205	0.179	−0.512
a_2	0.205	1.000	−0.168	−0.219
a_3	0.179	−0.168	1.000	−0.204
a_4	−0.512	−0.219	−0.204	1.000

表 7.2-14 为平方和计算表，此表反映拟合公式决定系数（拟合优度）R^2 的计算过程。其中，回归平方和 $=0.045=\sum_{k=1}^{N}[(y_{k估计}-y_{平均})^2]$，$y_{k估计}$ 指的是回归函数的值，$y_{平均}$ 指的是样本的算术平均值，N 为样本数量。残差平方和 $=0.006=\sum_{k=1}^{N}[(y_{k观测}-y_{k估计})^2]$，$y_{k观测}$ 指的是每个样本的实际因变量观测值，即真实值。未更正总计平方和 $=\sum_{k=1}^{N}[(y_{k观测}-y_{平均})^2]$，已更正总计平方和即经过修正的数据。决定系数 $R^2=1-\dfrac{残差平方和}{已更正总计平方和}=0.780$。判定系数达到多少为宜没有一个统一且明确的界限值，若建模的目的是预测因变量的值，一般需考虑有较高的判定系数；若建模的目的是结构分析，就不能只追求较高的判定系数，而是要得到总体回归系数的可信任的估计量。判定系数高并不一定表示每个回归系数都可信任。

表 7.2-14　　平方和计算表（ANOVA①）

源	平方和	df	均方
回归	0.046	4	0.012
残差	0.005	45	0.000
未更正总计	0.051	49	
已更正总计	0.023	48	

注　因变量：首浪高度实验值。

①　$R^2=1-$残差平方和/已更正总计平方和$=0.780$。

一般情况下，决定系数达到 0.9 以上说明拟合效果非常好，0.8～0.9 说明拟合效果很好，0.7～0.8 说明拟合效果比较好。显然，决定系数 $R^2=0.780$ 说明拟合效果未能达到非常好的标准。但是在某些情况下，如解释变量（回归自变量）和被解释变量（因变量）的关系不明确、太过于复杂且波动性很强，那么即使决定系数在 0.5 以下仍然可以说模型达到了较好的效果。对于滑坡涌浪最大首浪高度数据，存在极大的不确定性以及极多的影响因素，由于自然界地形千变万化，迄今为止并没有一个公认的方法可以去准确预测涌浪高度。本书仅提取对最大首浪高度影响较大的因素加以拟合研究，因实验条件所限未充分考虑其他因素的影响，如滑动面倾角这一因素，并未将其充分地考虑进模型中，因此决定系数（拟合优度）能达到0.780实属不易，完全可以作为预测因变量的模型。

异方差性检验的主要目的是检验回归模型是否存在异方差性（图7.2-18）。如果回归模型存在异方差性，则违背回归模型的前提条件，从统计学意义上可认为回归模型是不适合的。如图7.2-18所示，X 轴为估计值，Y 轴为残差值，如果散点图具有可辨认的图形，则模型存在异方差性，说明模型不适合；反之，如果散点图不具有可辨认的图形，则模型不存在异方差性，说明模型效果很好。图7.2-18明显不具有可辨认的图形，因此认为回归模型是适合的。

图7.2-19为因变量预测值与观测值散点图，X 轴为首浪高度预测值，Y 轴为首浪高度实验观测值。散点图如果呈现 $Y=X$ 曲线关系，则表明预测值与实际值较为接近，说明回归模型效果很好；反之，说明回归模型效果差。散点图中，散点几乎都分布在 $Y=X$ 曲线周围，说明回归模型效果很好，可以较好地预测滑坡最大首浪高度。

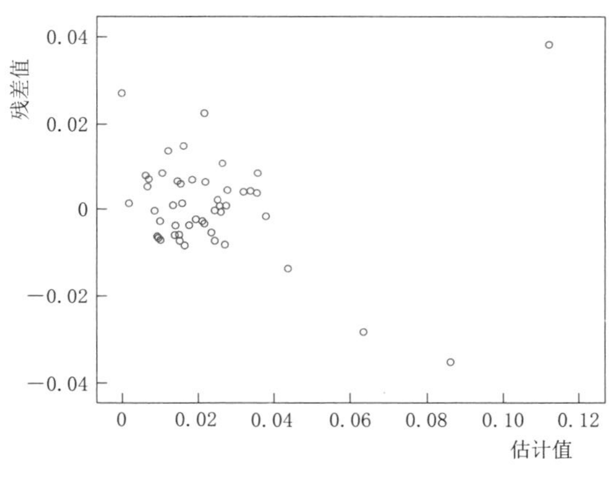

图7.2-18 回归标准化估计值图

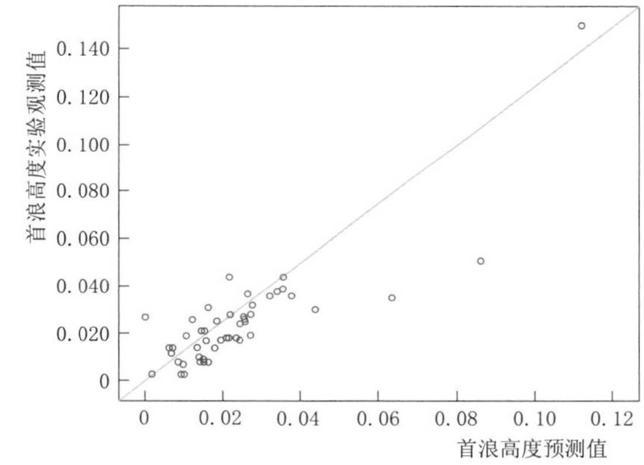

图7.2-19 因变量预测值与观测值散点图

2. 第二种以量纲推导分析为基础的多元非线性回归分析方法

由式（7.2-15）可知，可将 $f_2\left(\frac{l}{b},\frac{w}{b},\frac{t}{h}\right)$ 函数简化为 $f_3\left(\frac{l}{b}\right)f_4\left(\frac{w}{b}\right)f_5\left(\frac{t}{h}\right)$，根据已有的经验公式推测 $\frac{v}{\sqrt{gh}}$、$\frac{l}{b}$、$\frac{w}{b}$、$\frac{t}{h}$ 之间可能为相乘的关系，由此推导出下式：

$$H_{\max}=a_1h\left(\frac{v}{\sqrt{gh}}\right)^{a_2}\left(\frac{l}{b}\right)^{a_3}\left(\frac{w}{b}\right)^{a_4}\left(\frac{t}{h}\right)^{5} \tag{7.2-23}$$

在SPSS软件中，通过22次迭代运算之后，找到最优解。参数估计值见表7.2-15。

表7.2-15 参数估计值

参数	估计值	标准误差	95%置信区间	
			下限	上限
a_1	1.100	0.328	−0.921	70.108
a_2	0.609	0.115	0.378	0.841

续表

参数	估计值	标准误差	95%置信区间	
			下限	上限
a_3	0.307	0.197	−0.090	0.704
a_4	0.998	0.215	0.565	1.432
a_5	0.428	0.189	0.047	0.809

表 7.2-15 中，a_2、a_4 的标准误差分别为 0.115、0.215，与它们的估计值 0.609、0.998 相比小很多，说明可信程度比较高。a_1、a_3、a_5 的标准误差分别为 0.328、0.197、0.189，与它们对应的估计值 1.100、0.307、0.428 相比相差较大，其对应置信区间也较大，所以相应的准确性比较低。对于 4 号滑坡堆积体完全失稳来说，计算的最大首浪高度 $H_{max}=99.15$m。

$$H_{max}=1.1h\left(\frac{v}{\sqrt{gh}}\right)^{0.609}\left(\frac{l}{b}\right)^{0.307}\left(\frac{w}{b}\right)^{0.998}\left(\frac{t}{h}\right)^{0.428} \quad (7.2-24)$$

参数估计值相关性见表 7.2-16。由表 7.2-16 可知，参数两两之间的相关系数（线性相关系数）均小于 0.300，说明参数之间的独立性良好，非线性回归方程式是适合的。

表 7.2-16　参数估计值相关性

参数	参数				
	a_1	a_2	a_3	a_4	a_5
a_1	1.000	0.124	−0.197	−0.203	0.196
a_2	0.124	1.000	−0.073	−0.139	−0.059
a_3	−0.197	−0.073	1.000	−0.241	−0.217
a_4	−0.203	−0.139	−0.241	1.000	−0.102
a_5	0.196	−0.059	−0.217	−0.102	1.000

平方和计算结果见表 7.2-17。由表 7.2-17 可知，决定系数 R^2 为 0.781，回归方程拟合结果能较好地反映真实情况。此方程拟合数据甚至高于"第一种以量纲推导分析为基础的多元非线性回归分析方法"的决定系数。

表 7.2-17　平方和计算结果（ANOVA[①]）

源	平方和	df	均方
回归	0.046	5	0.009
残差	0.005	44	0.000
未更正总计	0.051	49	
已更正总计	0.023	48	

注　因变量：首浪高度实验值。

①　$R^2=1-$残差平方和/已更正的平方和$=0.781$。

图 7.2-20 为回归标准化估计值图，图 7.2-20 中明显不具有可辨认的图形，说明模型不具有异方差性，因此回归模型是适合的。

图 7.2-21 为因变量预测值与观测值散点图，X 轴为首浪高度预测值，Y 轴为首浪高度实验观测值。散点图中，散点几乎都分布在 $Y=X$ 直线周围，说明回归模型效果很好，可以较好地预测滑坡最大首浪高度。

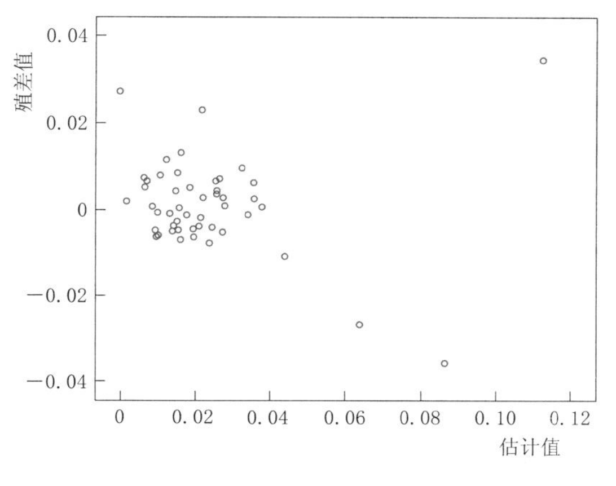

图 7.2-20　回归标准化估计值图

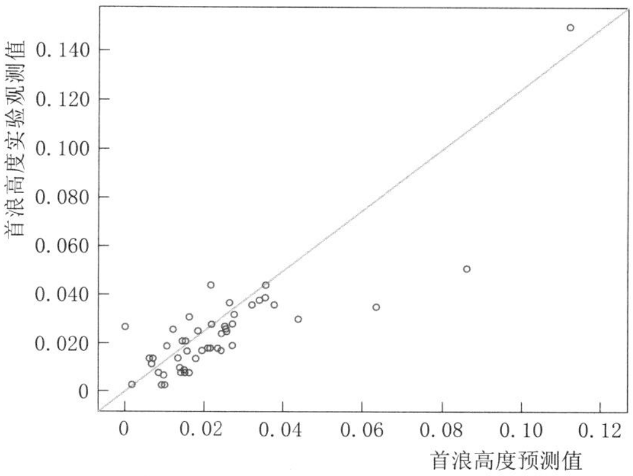

图 7.2-21　因变量预测值与观测值散点图

3. 多元线性回归分析方法

下面尝试使用多元线性回归分析方法对各变量进行拟合，得到的平方和计算结果见表 7.2-18。

表 7.2-18　　平方和计算结果表[②]

模型	R	R^2	调整的 R^2	标准估计的误差	Durbin - Watson
1	0.825[①]	0.681	0.635	0.013227	2.230

① 预测变量：(常量)，滑体入水速度，入水滑体长度，入水滑体厚度，入水滑体宽度，入水点处最大水深，库水面宽度。

② 因变量：首浪高度实验值。

在表 7.2-18 中，调整的 R^2 即为决定系数，Durbin - Watson 为自相关检验指标。利用多元线性回归分析方法计算的决定系数为 0.635，明显低于前两种方法的决定系数。自相关检验指标为 2.230。线性模型的一个基本假设是，总体残差相互独立，不满足该条件的称为自相关，自相关主要出现在时间数列分析中。观测值与回归趋势直线的偏差不再是随机的，而是在偏差方向上受到前面观察值的影响。自相关会导致在计算回归系数的标准误差时出现偏差，从而也使得回归系数的置信曲线存在偏差。简而言之，如果线性模型存在自相关，则模型不合理；如果不存在自相关，则模型合理。分析回归的自变量个数为 6，样本量为 49，查表得到相应不显著区域下限值为 1.325，不显著区域上限值为 1.771，因此可以得出自相关区域为 (0，1.325)∪(2.675，4)，无自相关区域为 (1.771，2.229)，经过检验可知模型属于不显著区域，不好判定自相关程度。

由表 7.2-19 可看出 $F=13.473>F_{查表值}=2.3$，相应显著性水平 $P(\mathrm{Sig.})=0.000<0.05$，因此可以判定回归关系的因果关系是显著的，即回归曲线可信。

由表 7.2-20 可知，回归曲线的表达式为

$$H_{max}=-0.027-0.375b+0.822h+0.476w+0.388t+0.256l+0.031v \qquad (7.2-25)$$

表 7.2-19　　F 统计量表（Anova[②]）

模型		平方和	df	均方	F	Sig.
1	回归	0.015	6	0.003	13.473	0.000[①]
	残差	0.008	42	0.000		
	总计	0.023	48			

① 预测变量：（常量），滑体入水速度，入水滑体长度，入水滑体厚度，入水滑体宽度，入水点处最大水深，库水面宽度。

② 因变量：首浪高度实验值。

表 7.2-20 和表 7.2-21 中各回归系数标准误差均比较大，此表主要观察各回归自变量的标准系数列以及 t 列，分别表征回归自变量的标准化回归系数以及 t 统计量实际值。标准化回归系数的计算公式为

$$F=f\frac{\sigma_x}{\sigma_h} \tag{7.2-26}$$

式中：σ_x 和 σ_h 分别为自变量标准差和因变量标准差；f 为非标准化回归系数；F 为标准化回归系数。

表 7.2-20　　回归系数表（一）

模型	非标准化回归系数		标准化回归系数	t	Sig.
	B	标准误差	Beta		
（常量）	−0.027	0.011		−2.168	0.036
库水面宽度 b	−0.375	0.042	−0.213	−0.015	0.050
入水点处最大水深 h	0.822	0.026	0.421	4.417	0.433
入水滑体宽度 w	0.476	0.020	0.243	1.792	0.000
入水滑体厚度 t	0.388	0.019	0.405	3.819	0.000
入水滑体长度 l	0.256	0.010	0.356	2.642	0.012
滑体入水速度 v	0.013	0.003	0.451	4.878	0.000

表 7.2-21　　回归系数表（二）

模型	B 的 95%置信区间		共线性统计量	
	下限	上限	容差	VIF
（常量）	−0.046	−0.002		
库水面宽度 b	−0.170	0.000	0.986	1.014
入水点处最大水深 h	−0.032	0.073	0.983	1.017
入水滑体宽度 w	0.048	0.128	0.969	1.032
入水滑体厚度 t	0.034	0.112	0.935	1.070
入水滑体长度 l	0.006	0.047	0.959	1.042
滑体入水速度 v	0.010	0.023	0.953	1.049

标准化回归系数主要表示自变量对于因变量的影响程度，标准化回归系数越大则自变量对因变量的影响也越大。可以看出，各因素重要性的关系为滑体入水速度>入水点处最

大水深>入水滑体厚度>入水滑体长度>入水滑体宽度>库水面宽度。

这个结论除了入水滑体长度和入水滑体宽度的次序相比敏感度分析结果有所倒置外，其他因素重要性次序都和敏感度分析结果基本一致。

对于统计量 t 来说，自由度为 49－6－1＝42，查表得到显著性水平 5%的 $t_{查表值,0.05}=2.041$。经比较可知，库水面宽度、入水滑体宽度小于 $t_{查表值,0.05}$，入水滑体厚度、入水滑体长度、入水点处最大水深、滑体入水速度大于 $t_{查表值,0.05}$。说明库水面宽度、入水滑体宽度对最大首浪高度的影响不显著，而入水滑体厚度、入水滑体长度、入水点处最大水深、滑体入水速度对最大首浪高度的影响是显著的。这个结果与标准化回归系数的检验结果一致，也符合前辈们推导的经验公式所表达的意义，即对于最大涌浪高度影响最大的因素为滑体入水速度、滑体入水处最大水深。这一点在潘家铮涌浪计算公式、美国土木工程师协会推荐公式、E. Noda 方法中均有体现，这三种方法计算最大涌浪高度的自变量均为滑体入水速度、滑体入水点处最大水深。

表 7.2-21 为各回归自变量对应的回归系数在 95%置信程度下的置信区间及容差共线性统计量。线性回归模型有一个前提是自变量完全线性独立，一个变量不能是其余自变量的线性函数，否则会出现共线性，线性回归模型假设不存在共线性。

$$T_j=1-R_j^2 \tag{7.2-27}$$

式中：T_j 为某一个回归自变量容差；R_j^2 为自变量 X_j 对其余自变量的线性回归函数的决定系数。

$$X_j=f(X_1,\cdots,X_{j-1},X_{j+1},\cdots,X_j) \tag{7.2-28}$$

因此，容差越接近 1 则说明共线性程度越低，越接近 0 则代表共线性程度越高。方差膨胀因子 VIF 则是容差的倒数。显然，6 个回归自变量的容差几乎都接近 1，说明回归方程不存在共线性。

残差统计见表 7.2-22。由表 7.2-22 可知，标准化残差均在（－2，2）的标准区间之内，不存在离群者，说明回归方程的前提并未被违背。

表 7.2-22　残差统计表

残差统计量①					
	极小值	极大值	均值	标准化偏差	N
预测值	－0.01591	0.08678	0.02406	0.017768	49
残差	－0.020724	0.063225	0.00000	0.012807	49
标准化预测值	－2.250	3.530	0.000	1.000	49
标准化残差	－1.514	1.618	0.000	0.935	49

① 因变量：首浪高度实验值。

残差正态曲线直方图如图 7.2-22 所示，标准化残差正态概率图如图 7.2-23 所示。由图 7.2-22 可知，残差的正态分布比较理想；由图 7.2-23 可知，散点分布在直线上或者直线附近，说明因变量和回归自变量之间呈线性关系。

图 7.2-24 为检验残差的异方差性，目的是检验回归方程的异方差性，X 轴是回归标准化预计值，Y 轴是回归标准化残差值，可以看出散点不具有可辨认的图形，整体显得非

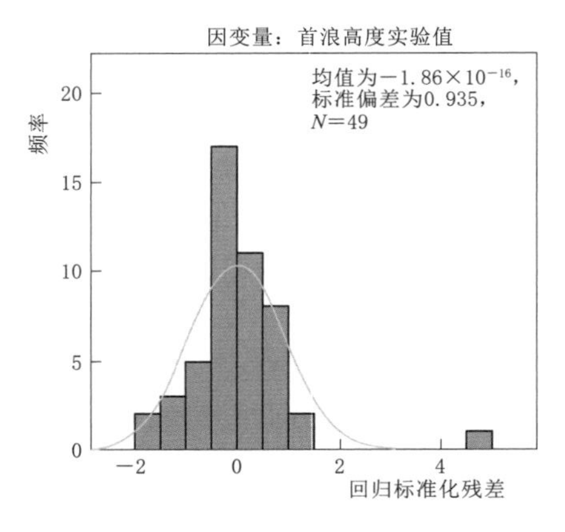

图 7.2-22 残差正态曲线直方图

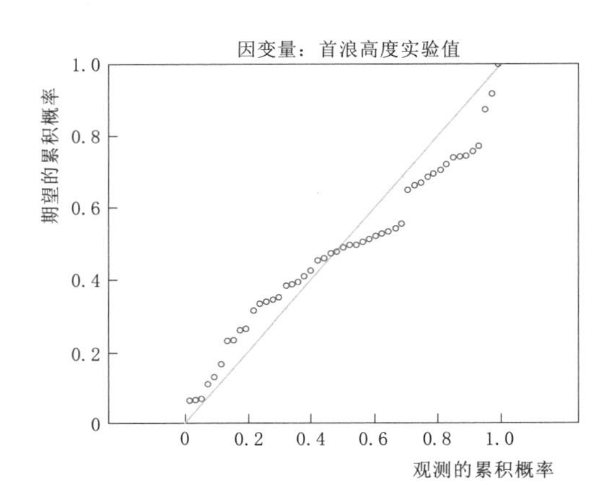

图 7.2-23 标准化残差正态概率图

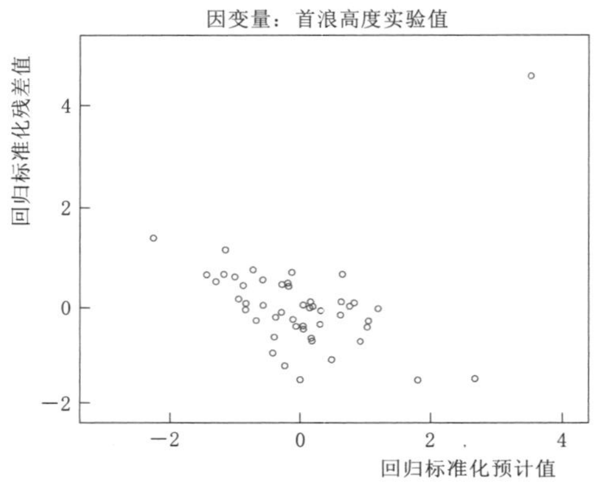

图 7.2-24 检验残差的异方差性

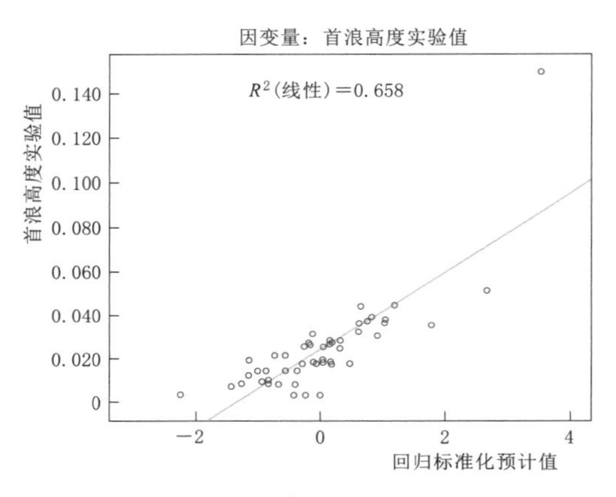

图 7.2-25 因变量散点图

常随意、凌乱，因此认为回归方程不具有异方差性，说明回归方程式是合适的。图 7.2-25 为因变量散点图，X 轴为回归标准化预计值，Y 轴为首浪高度实验值。因变量散点图中的散点大致呈现直线趋势，可以认为回归方程满足线性关系。

4. 多元非线性表达式转化为线性表达式的回归分析方法

对式（7.2-29）两端取对数即可得到式（7.2-30），通过变量代换，可以将式（7.2-30）转化为线性表达式，于是推导出式（7.2-31）：

$$H_{max}=a_1 h\left(\frac{v}{\sqrt{gh}}\right)^{a_2}\left(\frac{l}{b}\right)^{a_3}\left(\frac{w}{b}\right)^{a_4}\left(\frac{t}{h}\right)^{a_5} \tag{7.2-29}$$

$$\lg H_{max}=\lg a_1+\lg h+a_2\lg\frac{v}{\sqrt{gh}}+a_3\lg\frac{l}{b}+a_4\lg\frac{w}{b}+a_5\lg\frac{t}{h} \tag{7.2-30}$$

令 $y=\lg H_{max}$，$x_5=\lg h$，$x_1=\lg\frac{v}{\sqrt{gh}}$，$x_2=\lg\frac{l}{b}$，$x_3=\lg\frac{w}{b}$，$x_4=\lg\frac{t}{h}$

于是得到：

$$y = \lg a_1 + x_5 + a_2 x_1 + a_3 x_2 + a_4 x_3 + a_5 x_4 \qquad (7.2-31)$$

对式（7.2－31）进行线性拟合，方法同前。平方和计算结果见表7.2－23。

表7.2－23　　平方和计算表

模型汇总[②]					
模型	R	R^2	调整的 R^2	标准估计的误差	Durbin－Watson
1	0.881[①]	0.776	0.702	0.200440	2.228

① 预测变量：x_4，x_1，x_2，x_3，x_5。
② 因变量：Y。

由表7.2－23可知，对于拟合结果，决定系数0.702已经明显高于前述线性拟合的决定系数0.635，表现出显著的线性相关性。对于式（7.2－31），49个样本，5个回归自变量查表得到（0，1.34）∪（2.66，4）为自相关区间，（1.77，2.23）为无自相关区间。显然2.228属于无自相关区间，线性回归函数是合适的。

相应的$F_{统计量实际值}=19.6674>F_{查表值}=2.61$，相应显著性水平$P(\text{Sig.})=0<0.05$，说明线性方程是合适的。由表7.2－24可得拟合方程如下：

$$y = 1.788 + 2.185x_5 + 0.634x_1 + 0.213x_2 + 1.123x_3 + 0.903x_4 \qquad (7.2-32)$$

表7.2－24　　回归系数表

模型	非标准化系数		标准系数	t	Sig.
	B	标准误差	Beta		
（常量）	1.788	0.552		3.238	0.002
x_5	2.182	0.370	1.208	5.904	0.000
x_1	0.634	0.088	0.633	7.224	0.000
x_2	0.213	0.217	0.128	0.983	0.331
x_3	1.123	0.217	0.676	5.184	0.000
x_4	0.903	0.217	0.610	4.156	0.000

对于t统计量，经查表得2.021，其中只有x_2的t统计量小于2.021，其余变量的t统计量均明显大于2.021。所以可以知道：x_2对于y影响不太显著，x_1、x_3、x_4、x_5对于y的影响是显著的。从显著性水平$P(\text{Sig.})$也可以得出上面相同的结论。

残差正态曲线直方图如图7.2－26所示，标准化残差正态概率图如图7.2－27所示。由图7.2－26可知，残差的正态分布比较理想；由图7.2－27可知，散点分布在直线上或者直线附近，说明因变量和回归自变量之间呈线性关系。

由图7.2－28可知散点不具有可辨认的图形，整体显得非常随意、凌乱，表明回归方程不具有异方差性，因此认为回归方程式是合适的。图7.2－29为因变量散点图，图中的散点大致呈现直线趋势，可以认为回归方程满足线性条件。于是得到拟合方程式（7.2－33）：

$$H_{\max} = 10^{1.788 + 2.182\lg h + 0.634\lg\frac{v}{\sqrt{gh}} + 0.213\lg\frac{l}{b} + 1.123\lg\frac{w}{b} + 0.903\lg\frac{t}{h}} \qquad (7.2-33)$$

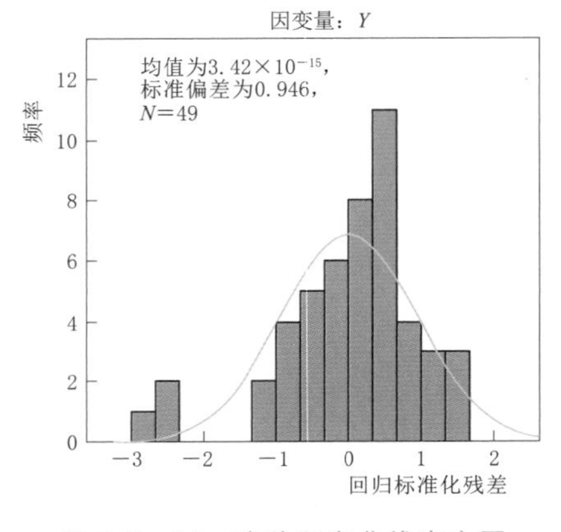

图 7.2-26　残差正态曲线直方图

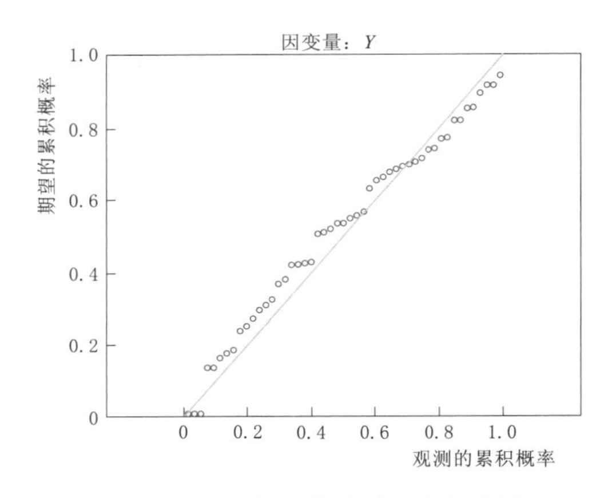

图 7.2-27　标准化残差正态概率图

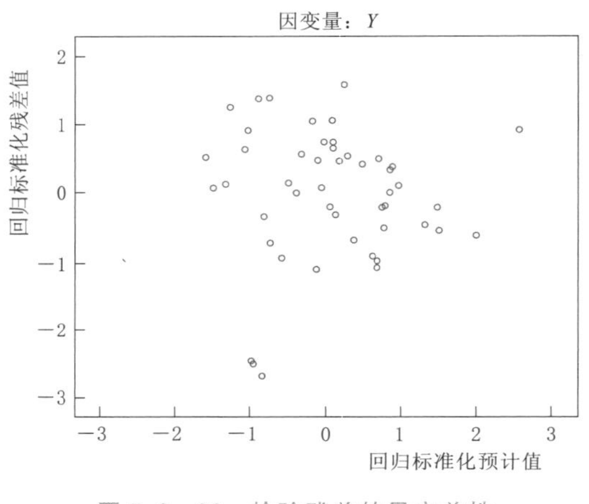

图 7.2-28　检验残差的异方差性

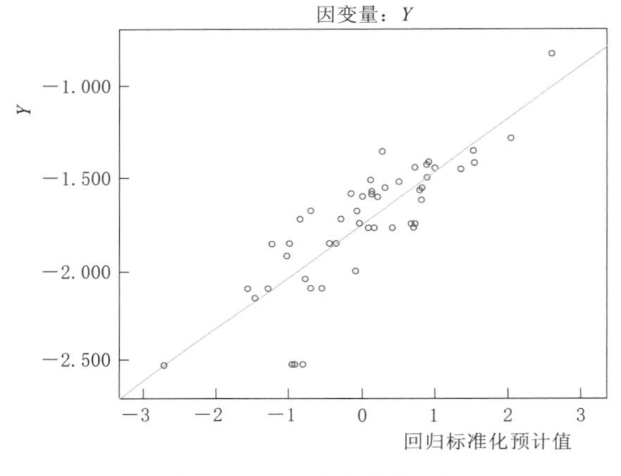

图 7.2-29　因变量散点图

式中：h 为入水点处最大水深，m；v 为滑体入水速度，m/s；l 为入水滑体长度，m；b 为库水面宽度，m；w 为入水滑体宽度，m；t 为入水滑体厚度，m。

7.2.5.3　沿程传播浪计算公式

汪洋[69] 在其博士论文中提到，涌浪沿着河道传播的情况按距离可分为急剧衰减阶段和缓慢衰减阶段，并且以明渠非恒定流方程的摄动线性化为基础得出涌浪线性衰减阶段公式，以明渠沿程水头损失为模型推导出涌浪缓慢衰减阶段公式。具体来说：假设涌浪向上下游传播的模式一致，不用特殊考虑上下游的差异性。从滑坡入水点到急剧衰减阶段与缓慢衰减阶段的临界点（它是河道上距离滑坡入水点一定距离的一个物理地点，非时间节点），涌浪衰减大致呈现指数衰减规律，此阶段为指数衰减阶段；从临界点到距离滑坡入水处无穷远处涌浪大致呈现线性衰减规律，此阶段为缓慢衰减阶段。对于不同的河道情况，其衰减方程式是不一样的，必须根据实际情况计算相应的参数后再代入方程式计算。

在急剧衰减阶段内，可以认为大体积涌浪向着周围扩散，其摩擦阻力引起的涌浪高度下降远远小于水体扩散引起的涌浪高度下降，因此急剧衰减阶段的衰减公式为

$$h(x,t)=H_{max}e^{-\sqrt{k}\frac{x}{h}-\sqrt{\frac{g}{H_{max}}}t} \tag{7.2-34}$$

式中：x 为河道沿程某点距离滑坡入水点的距离，m；h 为库区水深，m；t 为当涌浪第一次传播到河道上的某地点的时间，s；H_{max} 为最大首浪高度，m；k 为参数，取决于河道的形态，譬如水深、水面宽度，河道横截面面积等因素；g 为重力加速度，m/s^2；$h(x,t)$ 为河道上距离滑坡入水点 x 的地点在 t 时刻的涌浪高度，m。

由式（7.2-34）可知，在 x 确定的前提下，随着时间的增加涌浪高度不断衰减，所以可以得出 $t=0$ 时某一点的涌浪高度最大，这一时刻的涌浪高度成为沿程传播浪高度。因此，可以得到：

$$H(x)=H_{max}e^{-\sqrt{k}\frac{x}{h}},\quad \left(0<\frac{x}{h}<50\right) \tag{7.2-35}$$

式中：$H(x)$ 为距离滑坡入水点 xm 处的沿程传播浪高度，m。

涌浪缓慢衰减阶段计算公式为

$$H(x)=h_1-J(x-50h),\left(\frac{x}{h}\geqslant 50\right) \tag{7.2-36}$$

式中：$H(x)$ 为距离滑坡入水点 xm 处的沿程传播浪高度，m；h_1 为缓慢衰减阶段开始点的涌浪高度，m；J 为从滑坡入水点到沿程某点的河道平均水力梯度；h 为库区水深，m。

对于4号滑坡堆积体来说，库区水深 $h=167$m，当 $x<8350$m 时适用于急剧衰减阶段，滑坡与某水电站坝址的距离仅为5000m，因此式（7.2-35）适用于沿程传播浪的计算。

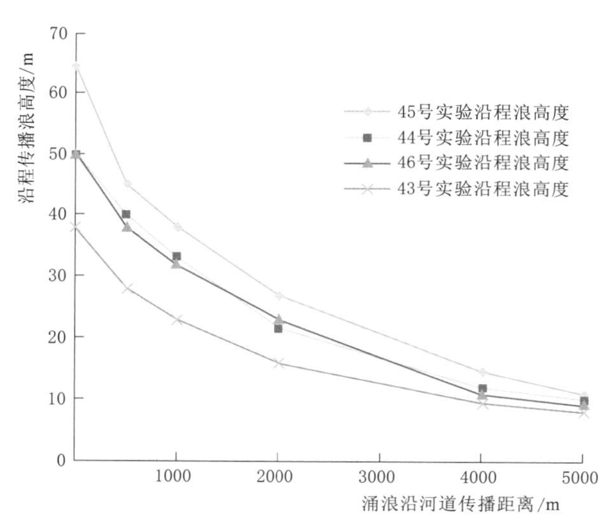

图7.2-30 沿程传播浪高度变化图

实验一共设定了5个沿程传播浪的测量装置，分别位于沿程河道500m、1000m、2000m、4000m、5000m处，转化为模型值分别为0.25m、0.5m、1.0m、2.0m、2.5m。一共进行了49组实验，每组实验都测量了沿程传播浪高度，以43～46号实验数据为例绘制的沿程传播浪高度变化如图7.2-30所示。

43～46号实验水深均为0.2m（即实际水深为400m），在这种情况下距离滑坡入水点20000m以内河道沿程都符合指数衰减规律，从图7.2-30中可以很明显地看出这种趋势，至于临界点以外线性衰减规律的情况不属于本书讨论的范围。采用非线性回归分析方法，以式（7.2-35）为基础函数进行数据拟合，分别拟合出5个沿程传播浪观测点的回归函数，分别为

$$H(x)=H_{max}e^{-0.0608\frac{x}{h}},\quad (0<x<500),R^2=0.652 \tag{7.2-37}$$

$$H(x)=H_{\max}\mathrm{e}^{-0.0598\frac{x}{h}},\quad (500<x<1000), R^2=0.721 \tag{7.2-38}$$

$$H(x)=H_{\max}\mathrm{e}^{-0.0572\frac{x}{h}},\quad (1000<x<2000), R^2=0.602 \tag{7.2-39}$$

$$H(x)=H_{\max}\mathrm{e}^{-0.0584\frac{x}{h}},\quad (2000<x<4000), R^2=0.558 \tag{7.2-40}$$

$$H(x)=H_{\max}\mathrm{e}^{-0.0588\frac{x}{h}},\quad (4000<x<5000), R^2=0.532 \tag{7.2-41}$$

式（7.2－37）～式（7.2－41）分别是以第1、2、3、4、5个沿程传播浪观测点为基础拟合出的回归方程。例如式（7.2－38），首先假定 $x=1000$，然后再对 $H(x)$、$H_{\max}$、h 三个变量进行非线性拟合得出，因而式（7.2－38）主要适用于 $x=1000$ 范围内的河道情况；同时式（7.2－38）的决定系数最高，在计算沿程传播浪高度的时候既可以分段讨论，也可以把式（7.2－38）作为沿程传播浪的计算公式。

对于4号滑坡堆积体完全失稳的情况，计算的最大涌浪高度 $H_{\max}=91.17$m，库区水深 $h=167$m，$x=5000$，计算得到水电站坝址区的最大涌浪高度 $H(5000)=15.22$m。

7.2.6 模拟实验结果

（1）研究了滑坡涌浪三维物理模型的实验设备和实验方法。按照正交实验设计方法，制定了包含入水滑体长度、入水滑体宽度、入水滑体厚度、滑体入水速度、滑坡入水处最大水深的滑坡涌浪影响因素的实验方案。选取西南某水电站上游5850m长度段为原型，在遵守几何相似、运动相似和动力相似条件的前提条件下，建立了1∶2000的河道物理模型，研究了包括大型物体光栅测速器、抛光木板（滑动面）组成的实验控制系统，采用180g高密度打印纸条、金属架子、高速工业摄像头组成实验量测系统；开展了对于最大首浪高度、沿程传播浪高度、涌浪高度敏感度分析的实验；设计了包括入水滑体长度、宽度、厚度以及滑体入水速度、滑坡入水处最大水深、库水面宽度6个综合影响因素的正交试验方案和敏感度分析方案。

（2）采用敏感性分析方法对滑坡最大首浪高度的各个影响因素进行分析，发现滑体入水速度对滑坡最大首浪高度的影响最为敏感，其次是滑坡入水处最大水深、滑体入水速度、入水滑体厚度、入水滑体宽度、入水滑体长度。

（3）以量纲分析为基础，借鉴了潘家铮涌浪公式的相关物理量关系，基于实验测量的最大首浪高度数据以及沿程传播浪高度数据，采用多元非线性回归分析方法，分别采用2种多元非线性回归分析方法、1种多元线性回归分析方法、1种多元非线性转化为多元线性的回归分析方法，提出了最大首浪高度的回归方程，并且使用同一种方法拟合出4个沿程传播浪高度的回归方程。计算结果表明，坝前涌浪高度约为15.22m，蓄水面高程为2267.00m，水电站坝顶防浪墙顶高程为2287.00m，可以避免涌浪漫顶式破坏，坝体设计时必须考虑涌浪冲击，这样才能在涌浪冲击时保证大坝安全。

（4）提出了涌浪高度计算公式。通过物理模型正交实验，同时采用量纲分析和非线性回归分析方法拟合出了最大首浪高度与滑体入水速度、滑坡入水处最大水深、入水滑体厚度、入水滑体宽度、入水滑体长度、库水面宽度6个影响因素的回归方程，沿程传播浪高度与最大首浪高度、河道水深、沿程传播距离3个影响因素的回归方程。

7.3　滑坡入水速度计算及滑坡涌浪常用经验计算方法

7.3.1　基于动力学理论计算滑坡入水速度

7.3.1.1　按照运动特征的滑坡动力学分类

根据滑坡运动速度对滑坡进行归纳分类在国内外有诸多研究，其中有代表性的方案把滑坡归纳为极慢的、很慢的、慢的、中等的、快的、很快的、极快的这7种类型。张倬元等[41]把它概括为高速、快速、中速、慢速4个档次（表7.3-1）。

表7.3-1　按照滑动速度等级来划分的滑坡分类表

滑速等级	Vames法（按平均速度）	IAEG滑坡委员会法（按最大速度）	滑速档次（最大速度）	
			档次	等级
极快的	＞3m/s	＞5m/s	高速	超高速（＞25～30m/s）
				极高速（＞10m/s）
				高速（＞5m/s）
很快的	0.3m/min	＞3m/min	快速	很快速（＞1m/s）
快的	1.5m/d	＞43m/d		快速（＞1cm/s）
				次快速（＞1mm/s）
中等的	1.5m/min	＞13m/min	中速	中速（＞1mm/min）
				次中速（＞1mm/h）
慢的	1.5m/a	＞1.6m/a	慢速	慢速（＞1mm/d）
很慢的	0.06m/a	＞0.016m/a		很慢速（＞0.016m/a）
极慢的		＜0.016m/a		极慢速（＜0.016m/a）

不同滑坡的启动加速度是不一样的，按照滑坡的启动特征可以把滑坡分为剧动式（启动加速度大）与缓动式（启动加速度小）。其中，剧动式滑坡表现为骤然发生，迅速崩滑；缓动式滑坡则缓慢发生，甚至开始滑动时没有明显征兆。不同的滑坡在运动速度方面也有很大差别，按照滑坡运动速度可以分为高速滑坡、中速滑坡和低速滑坡，但三者界限尚无统一的划分标准，大多数只能从宏观运动学上加以定性区分。胡广韬等[70]从滑坡动力学观点出发，提出了从滑坡的滑动速度和启动特征两个角度对滑坡进行了动力学分类，共分为6种类型（表7.3-2）。

表7.3-2　滑坡动力学分类表

滑动速度	启动特征	
	剧动式滑坡	缓动式滑坡
高速滑坡	剧动式高速滑坡	缓动式高速滑坡
中速滑坡	剧动式中速滑坡	缓动式中速滑坡
低速滑坡	剧动式低速滑坡	缓动式低速滑坡

7.3.1.2 滑坡启动初速度的计算

1. 基于变形岩土体颗粒结构变形能计算启动初速度

缓动式高速滑坡在发生整体滑移之前一般会在较长的时期内发生变形，具体来说会在滑坡某些位置形成抗滑段以及主滑段，随着主滑段岩土体逐渐变形，抗滑段对于主滑段的抵抗效果会越来越强，也就在滑坡中部左右位置产生锁固地带，这个地带前后变形量相差会很大，从而阻止后缘的变形向滑坡前缘扩展。

由于锁固地带阻止了其上滑坡土体的变形，因而主滑段内岩土体内部相应地会发生一定的作用，这种作用表现为颗粒与颗粒之间相互的变形（图 7.3－1）。四边形 XYZW 表示变形大致区域，沿 XW 线变形，WX 表示锁固地带，e、f、g、h、i 表示变形影响的土体，u1v1 以及 u2v2 表示变形沿途颗粒之间的解除关系，XYZW 不断发生变形，而 WX 未动，u1v1 和 u2v2 会连续被压缩，也就是说，岩土体颗粒之间的结合会更加紧密，从而这种变形就会积累颗粒结构变形能量，如果 WX 一直不被剪断，这种能量就不会得到释放，会一直积累下去。当滑坡发生整体滑动，即 WX 被完全剪断时，能量就会转变为滑坡土体动能，形成滑坡滑动瞬间的瞬时速度。

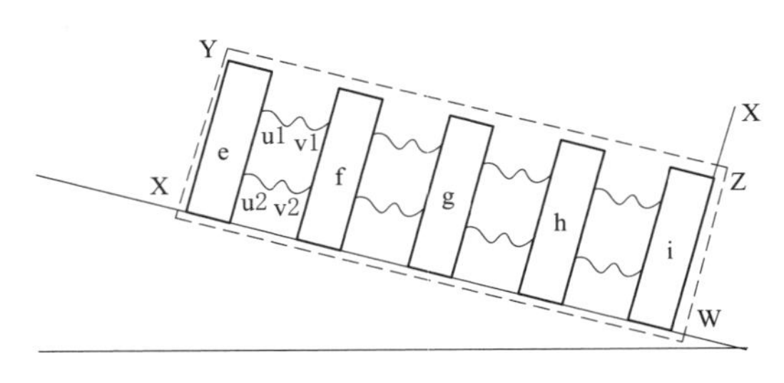

图 7.3－1　岩土体结构变形能示意图

计算滑坡体物质颗粒的结构变形能时，由于岩土体的弹性模量很大，因而直接理解其岩土体颗粒变形为线弹性变形，求出颗粒应变 ε，按照广义胡克定律，其结构变形能表示如下：

$$W=\frac{1}{2}V\sigma\varepsilon=\frac{1}{2}VE\varepsilon^{2} \tag{7.3-1}$$

式中：W 为结构变形能，J；E 为弹性模量，Pa；V 为变形的岩土体体积，m^3；σ 为变形岩土体颗粒间应力，Pa；ε 为颗粒间应变。

式（7.3－1）适用于堆积体滑坡，如果仅仅为岩体之间的变形，那么这种变形属于岩体本身，其结构变形能则表示为

$$W=\frac{1}{2}VE\left(\frac{\Delta L}{L}\right)^{2} \tag{7.3-2}$$

式中：L 为变形岩土体长度，m；ΔL 为岩土体颗粒之间的变形量，m。

汪洋在其博士论文中通过观察变形滑坡上的 8 个位移监测点的具体数据（1984 年 7 月至 1985 年 5 月），利用一元线性回归分析方法得出了滑坡变形部分岩土体的应变参数；同时统计了三峡地区众多滑坡变形岩土体应变值，总的来说，绝大多数滑坡变形部分的应变值 ε 为 $1.00\times10^{-3}\sim1.20\times10^{-3}$。

对于 4 号滑坡堆积体来说，滑带总长 655m，上部主动滑动段长约 390m，平均倾角 35°；下部被动滑动段长约 265m，平均倾角 16°，两段分界点高程为 2800.00m。主动滑动段长度和被动滑动段长度的比为 1.47：1，主动滑动段体积和被动滑动段体积的比为 2.97：1。4 号滑坡堆积体总体积为 500 万 m^3，因此主动滑动段（即变形岩土体）体积为

374万 m^3。碎块石堆积体弹性模量取 5.45×10^4 MPa，应变值 ε 取 1.00×10^{-3}。因此4号滑坡堆积体的颗粒结构变形能 $W=\frac{1}{2}VE\varepsilon^2=1.019\times10^{11}$ J。

设滑坡滑动之前主动滑动段内岩土体变形能为 W，相应的岩土体质量为 $M_{主滑}$，被动滑动段岩土体质量为 $M_{被滑}$。如果锁固区域被剪断，颗粒结构变形能瞬间可以转化为主动滑动段的动能，主动滑动段瞬间获得初速度 $v_{主}$，主动滑动段推动被动滑动段向前运动，此时可以认为两者速度相同，设其共同运动速度为 v_0。

对于主动滑动段，由动能定理得

$$\frac{1}{2}M_{主滑}\ v_{主}^2=W \tag{7.3-3}$$

对于锁固段瞬间被整体剪断的情况，由动量定理：

$$M_{主滑}\ v_{主}=(M_{主滑}+M_{被滑})v_0 \tag{7.3-4}$$

联合式（7.3－3）和式（7.3－4）可以求得滑坡滑动瞬间所获得的初速度：

$$v_0=\frac{\sqrt{2WM_{主滑}}}{M_{主滑}+M_{被滑}} \tag{7.3-5}$$

对于4号滑坡堆积体来说，$M_{主滑}=820$ 万 t，$M_{被滑}=276$ 万 t，$W=1.019\times10^{11}$ J，因此 $v_0=3.73$ m/s。

2. 基于锁固段弹性应变能计算启动速度

根据断裂力学，岩体不断受力，在锁固段上岩体内剪应力和剪应变能不断积累，因而形成锁固段弹性应变能量。对此，胡广韬等[70] 推导出以下公式：

$$v_0=\sqrt{\frac{8g\lambda\eta}{5E\rho}}H(C+H\rho\cos\alpha\tan\varphi) \tag{7.3-6}$$

式中：ρ 为容重，kN/m^3；φ 为内摩擦角，(°)；α 为滑动面倾角，(°)；H 为滑坡堆积体厚度，m；η 为转换折减率；λ 为锁固段变形岩土体体积与整个滑坡体积的比值；g 为重力加速度，m/s^2；E 为弹性模量，kPa；C 为黏聚力，kPa。

根据胡广韬的测算，对于碎块石堆积体滑坡，其转换折减率 $\eta\approx0.5$。对于4号滑坡堆积体，$\lambda=0.748$、$E=5.45\times10^4$ MPa、$\rho=21.5$ kN/m^3、$H=10$ m、$C=0.08$ MPa、$\alpha=26°$、$\varphi=25.5°$，由式（7.3－6）得出 $v_0=0.122$ m/s。

3. 基于临床峰残强降计算启动速度

峰值强度为斜坡岩土体处于极限平衡状态下，将要产生的滑带附近的岩土的“峰值强度”，对应的残余强度指的是天然斜坡完全破坏后所形成的滑带附近岩土体的“残余强度”。如果滑坡启动能量来自于锁固段岩石峰残强降（峰值强度与残余强度之差）的势能，那么启动速度的计算公式如下：

$$v_0=\sqrt{\frac{\pi gG_v\rho}{2E}}\cos\alpha(\tan\varphi_p-\tan\varphi_r) \tag{7.3-7}$$

式中：G_v 为滑坡体单宽体积（即单位宽度上滑坡体的体积），m^3；ρ 为容重，kN/m^3；α 为滑动面倾角，(°)；φ_p 为峰值强度下的内摩擦角，(°)；φ_r 为残余强度下的内摩擦角，(°)。

根据程谦恭等[71]的统计，一般来说，$\varphi_r=\varphi_p(1-\beta)$，$10\%\leqslant\beta\leqslant15\%$。对于4号滑坡堆积体（长度为600m，平均宽度为830m，方量为5000000m^3），滑坡的纵切面平均面积$=5000000\text{m}^3/830\text{m}\approx6024\text{m}^2$，滑坡体单宽体积$G_v=$滑坡的纵切面平均面积$\times1\text{m}=6024\text{m}^3$；容重$\rho=21.5\text{kN/m}^3$，滑动面倾角$\alpha=26°$，峰值强度下的内摩擦角$\varphi_p=25.5°$，$\beta$取12%，则残余强度下的内摩擦角$\varphi_r=22.4°$，由式（7.3-7）得出$v_0=0.011\text{m/s}$。

7.3.1.3　滑坡加速滑动过程中速度增加量的计算

1. 基于能量守恒的美国土木工程师协会推荐方法计算入水速度

这种方法假设滑坡体滑落于半无限水体之中，按照牛顿第二定律及运动学基本原理，将滑坡体看作一个质点来进行研究，滑坡下滑时下滑力等于重力的分力与抗滑力之差。基于能量守恒法的滑体受力示意如图7.3-2所示。

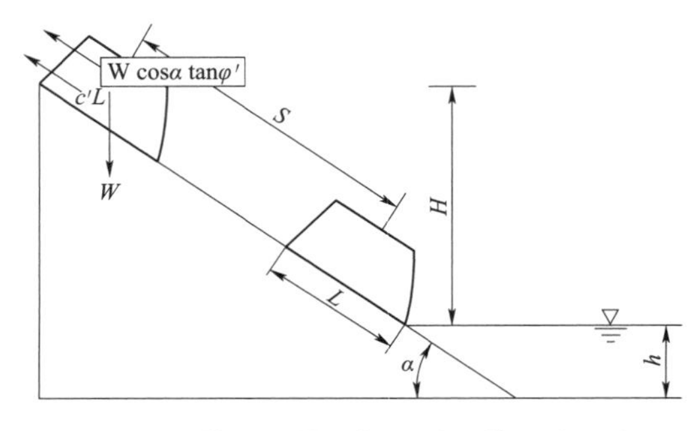

图7.3-2　基于能量守恒法的滑体受力示意图

$$F=W\sin\alpha-W\cos\alpha\tan\varphi'-c'L \tag{7.3-8}$$

根据$W=mg$、$F=ma$，则

$$ma=mg(\sin\alpha-\cos\alpha\tan\varphi')-c'L \tag{7.3-9}$$

$$a=g(\sin\alpha-\cos\alpha\tan\varphi')-\frac{c'L}{m} \tag{7.3-10}$$

速度满足：

$$v^2-v_0^2=2as \tag{7.3-11}$$

$$S=\frac{H}{\sin\alpha} \tag{7.3-12}$$

联立式（7.3-10）～式（7.3-12）得到入水速度v为

$$v=\sqrt{v_0^2+\frac{2H}{\sin\alpha}\left[g(\sin\alpha-\cos\alpha\tan\varphi')-\frac{c'L}{m}\right]} \tag{7.3-13}$$

式中：H为滑体中心到水面的垂直高差，m；α为滑面倾角，(°)；m为滑体单宽质量，kg；φ'为滑动时滑体与接触面的内摩擦角，(°)，通常取静止时的0.7～0.95倍；c'为滑动时黏聚力，kPa，一般取0；L为滑面长度，m；g为重力加速度，m/s^2。

对于4号滑坡堆积体，质心位于高程2850.00m处，蓄水面高程2267.00m，$H=2850-2267=583\text{m}$；4号滑坡堆积体失稳下滑时不仅会滑过原有的滑带，并且会经过一段长约750m的斜坡才会坠入库区，所以应当计算从滑坡入水处到滑坡后缘滑带上的点所引直线的平均倾角（图7.3-3），即$\alpha=32°$；$m=$滑体单宽体积$\times$密度$=1.32\times10^7\text{kg}$；$\tan\varphi'=0.7\varphi=0.334$；$c'=0$；$L=650\text{m}$。所以：

$$v=\sqrt{v_0^2+5136}$$

根据三种初速度计算方法计算出的启动初速度为0.011～3.7m/s，由此可得4号滑坡堆积体的入水速度$v\approx71.7\text{m/s}$。

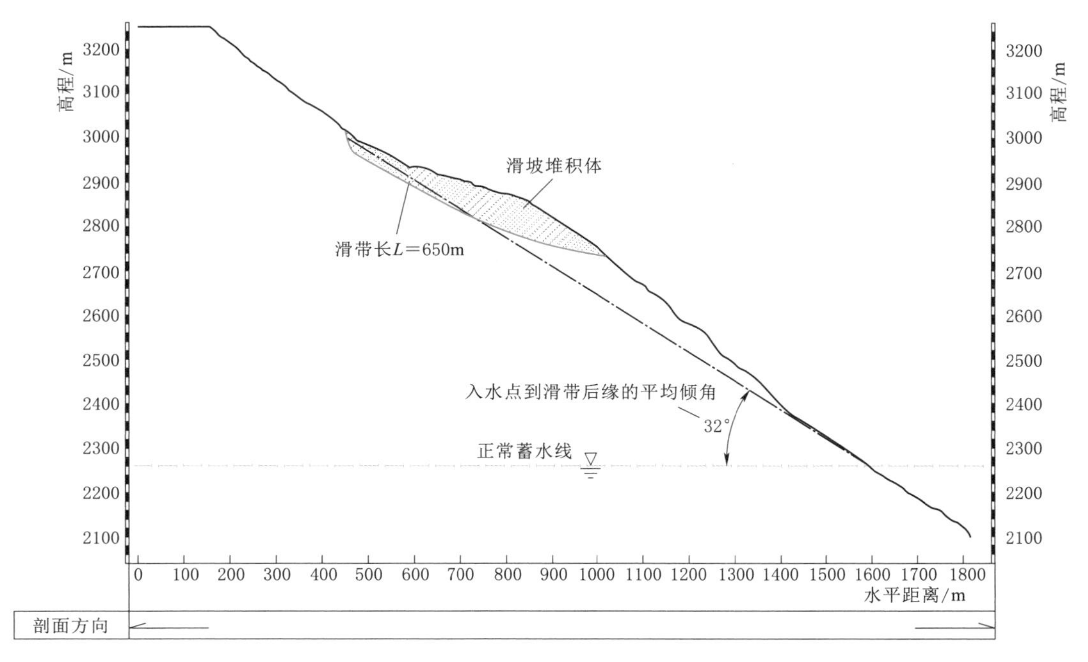

图 7.3-3　入水速度计算示意图（4号滑坡群剖面）

2. 基于运动方程条分法计算入水速度

基于以上美国土木工程协会推荐的方法，将滑坡看作块体计算滑坡入水速度是可取的，但是如果想要搞清楚滑坡滑动时处于不同高程情况下的运动学变化规律（加速度、速度、位移等），具体了解不同时刻运动滑坡的各种情况，在一定程度上条分法可以解决这些难题。潘家铮在其著作中采用条分法来求滑坡的滑移速度，取得了良好的工程效果，但是该方法忽略了滑块之间力的相互作用。汪洋在其博士论文中提出改进的条分法，考虑到了条块与条块之间的相互作用力，选择在垂直于滑面方向和平行于滑面方向建立力学方程式，结合运动学公式以及水下阻力情况，得出了滑坡的运动速度。

滑坡在运动过程中的滑面形态往往是变化的，不同位置的滑面有着不同的倾角（图7.3-3），没有一定的滑动面倾角。使用条分法的优势在于可以根据不同条块所处的空间位置确定性地计算条块的具体受力情况，综合所有条块的受力情况即可得到整个滑坡体的受力情况，该方法具有计算非常准确的优势以及很强的工程指导意义。

图7.3-4为某条块的受力分析图。W_i 是第 i 块体的重力，F_i 是 $i-1$ 块体作用在第 i 块体侧壁的力，$F_i+\Delta F_i$ 是 $i+1$ 块体作用在第 i 条块边上的力。U_i 及 U_{i+1} 则是第 i 条块两侧的静水压力，一般认为 $\Delta U_i=0$ 时，如果条块全部处于水上，其两侧完全不受静水压力；如果条块全部位于水下，则 ΔU_i 小，可以看作0；而条块刚入水时，一部分位于水上，另一部分位于水下，则

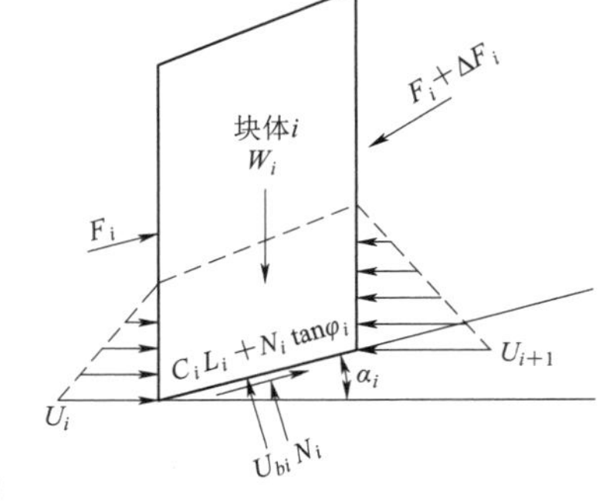

图 7.3-4　某条块的受力分析

ΔU_i 对单个条块来说可能并不小，但对于整体滑坡土体来说完全是微不足道的，也可以看作 0。U_{bi} 是底面的水压力，这个力仅仅是条块底面处于水下时才有的；C_i 是下滑带的黏聚力，一般认为滑坡运动情况下滑带土 $C_i=0$；L_i 是条块底面长度；N_i 是作用在条块底面的正压力；φ_i 是运动时条块内摩擦角，根据上述美国土木工程协会推荐的计算方法，tan（运动时的内摩擦角）=0.7tan（静止时的内摩擦角）；对于 4 号滑坡堆积体，tan（运动时的内摩擦角）=tan25.5°=0.334。条分法假设滑坡运动时条块之间不发生相对位移，各条块相互作用矢量沿着滑动面方向的加速度为 0，根据牛顿定律有

垂直滑带方向：

$$W_i\cos\alpha_i-\Delta U_i\sin\alpha_i-U_{bi}-N_i=0 \tag{7.3-14}$$

平行滑带方向：

$$W_i\sin\alpha_i+\Delta F_i+\Delta U_i\cos\alpha_i-(C_iL_i+N_i\tan\varphi_i)=M_ia_i \tag{7.3-15}$$

联立式（7.3-14）和式（7.3-15）可得

$$N_i=W_i\cos\alpha_i-\Delta U_i\sin\alpha_i-U_{bi} \tag{7.3-16}$$

$$\Delta F_i=(W_i\cos\alpha_i-\Delta U_i\sin\alpha_i-U_{bi})\tan\varphi_i+C_iL_i+M_ia_i-W_i\sin\alpha_i-\Delta U_i\cos\alpha_i \tag{7.3-17}$$

对于整个滑体而言，F_i 为内力，所以有

$$\sum_{i=1}^{n}\Delta F_i=0 \tag{7.3-18}$$

滑坡运动过程中认为所有条块相对静止，因此它们的加速度以及速度都一致，由式（7.3-16）～式（7.3-18）得滑坡土体加速度 a_i 的表达式（注意与滑面倾角 α_i 相区别）为

$$a_i=\sum_{i=1}^{n}[(W_i\sin\alpha_i+\Delta U_i\cos\alpha_i-C_iL_i)-(W_i\cos\alpha_i-\Delta U_i\sin\alpha_i-U_{bi})]\tan\varphi_i/\sum_{i=1}^{n}M_i \tag{7.3-19}$$

如上文所述，$\Delta U_i=0$，并且可以知道无论水上黏聚力 C_i 还是水下黏聚力 C_i'，在滑坡土体实际运动情况下的值均为 0，即 $C_i=0$，$C_i'=0$，因此式（7.3-19）可以改写为

$$a_i=\sum_{i=1}^{n}[(W_i\sin\alpha_i)-(W_i\cos\alpha_i-U_{bi})]\tan\varphi_i/\sum_{i=1}^{n}M_i \tag{7.3-20}$$

同样，W_i 在水上的取值为实际重力，在水下则取浮重力。水上条块 U_{bi} 取 0，水下条块根据水深取值。$\sum_{i=1}^{n}M_i$ 在水上和水下均为定值。水上条块的 φ_i 取滑带滑动内摩擦角，水下则取水下滑动内摩擦角。对于 4 号滑坡堆积体的具体情况来说，滑动面倾角可以分为两个部分：第一部分高程 2740.00～3000.00m 为老滑带区域（滑坡前缘剪出口至后缘剪出口），此区域滑动面倾角取其平均值 25°；第二部分高程 2100.00～2740.00m 为滑坡前缘剪出口到河床底部，此区域的斜坡即为滑坡失稳预期的滑动面，斜坡倾角比较均匀，因此该区域的斜坡倾角可以概化为平均倾角 38°（图 7.3-5）。蓄水之后 4 号滑坡堆积体对岸村庄会被淹没，村庄部位坡角为 20°左右，村庄之后陡壁坡脚大约 26°，因而可以将 4 号滑坡堆积体对岸的坡脚概化为 24°。条分法参数取值见表 7.3-3。

表 7.3-3 条分法参数取值表

参 数	老滑带区域条块	剪出口到河底滑面上的条块
α_i	25°	38°
部位	水上条块	水下条块
M_i	条块实际质量	条块实际质量
W_i	条块实际重力	条块是实际重力一相应浮力
U_{bi}	0	按水深取值
φ_i	18.4°	13.5°

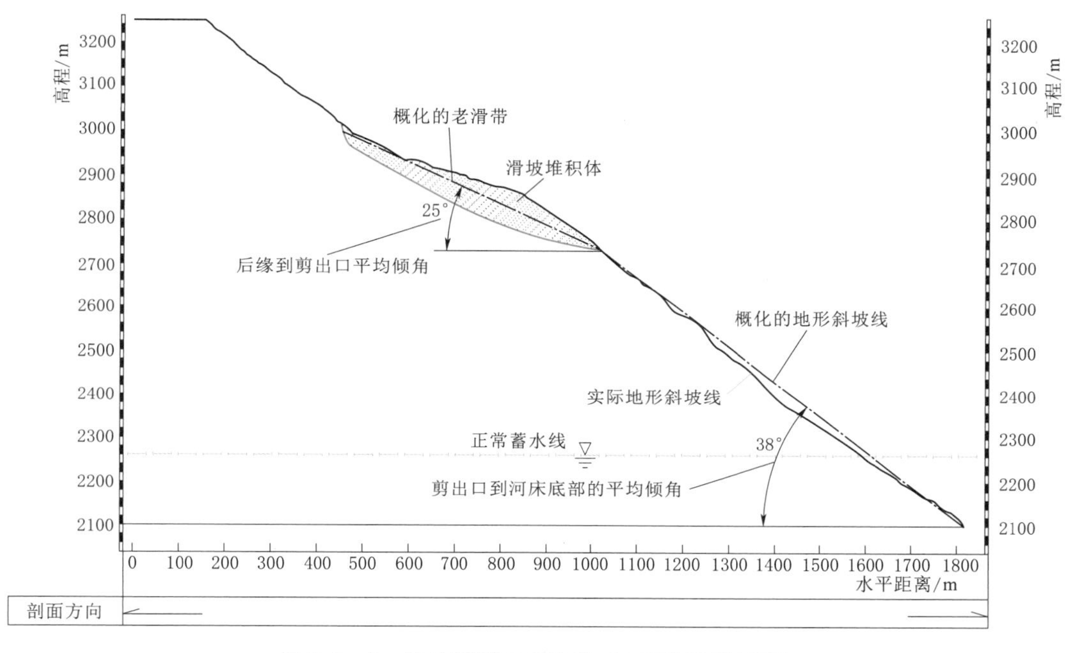

图 7.3-5 滑动面倾角示意图（4号滑坡群剖面）

滑坡发生滑动以后，进入水库，受到河床较多力的同时作用，其中主要受到水的阻力作用，水的阻力为物体相对于水体运动所受的逆物体运动方向或沿来流速度方向的流体动力的分力。其值可以表示为

$$R=\frac{1}{2}C_{\mathrm{W}}\rho_{\mathrm{f}}v^{2}S_{垂直滑动方向} \tag{7.3-21}$$

式中：R 为水下滑体受到的流体阻力，kN；C_{W} 为黏滞阻力系数，一般 $C_{\mathrm{W}}=0.18$；ρ_{f} 为浮密度（岩土体密度与水密度之差），kN/m^3；v 为滑坡土体速度，m/s；$S_{垂直滑动方向}$ 为水下滑体表面积投影于与运动方向垂直的平面的面积，m^2。

由于从滑坡剪出口到河床底部的斜坡的倾角都被概化为38°，因此可以知道无论滑坡土体运动到水下任何部位，$S_{垂直滑动方向}$ 几乎是保持不变的，通过大致计算可以知道 $S_{垂直滑动方向}=8500\mathrm{m}^2$。

由式（7.3-20）和式（7.3-21）可得

$$a_i = \frac{\sum_{i=1}^{n}[(W_i \sin\alpha_i) - (W_i \cos\alpha_i - U_{bi})]\tan\varphi_i - R}{\sum_{i=1}^{n} M_i} \tag{7.3-22}$$

值得注意的是，当滑体运动通过河床底部的 B 点到达河床 BC 段时（图 7.3-6），其浮重力沿着滑动面方向的分力成为阻碍滑坡土体前进的动力，变成了抗滑力，因此在计算 BC 段的滑坡条块时一定要当心。

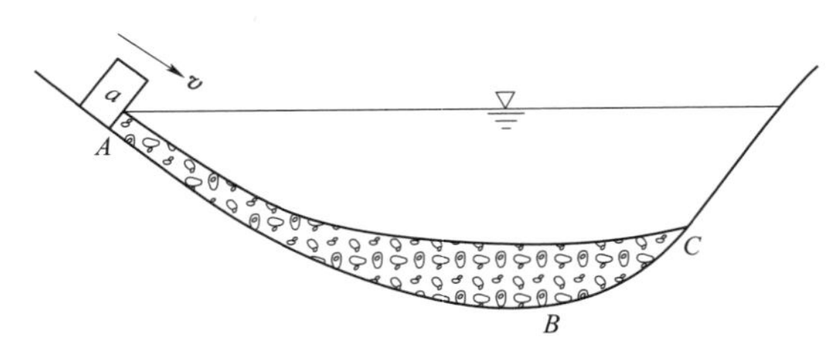

图 7.3-6　滑体通过河床底部达到对岸的情况

对于某条块，设初速度为 v_{i0}，末速度为 v_{i1}，运动距离为 L_i，运动时间为 T_i，则

$$v_{i1} = \sqrt{v_{i0} + 2a_i L_i} \tag{7.3-23}$$

$$T_i = \frac{v_{i1} - v_{i0}}{a_i} \tag{7.3-24}$$

对于 4 号滑坡堆积体而言，取其 B—B'剖面，按照每个条块宽 40m 将其划分为 14 个条块，具体条块编号以及划分的线条编号如图 7.3-7 所示。具体线条端点坐标及线条编号见表 7.3-4。前文求得的 4 号滑坡堆积体启动瞬时速度 $v_0 = 3.73\text{m/s}$。

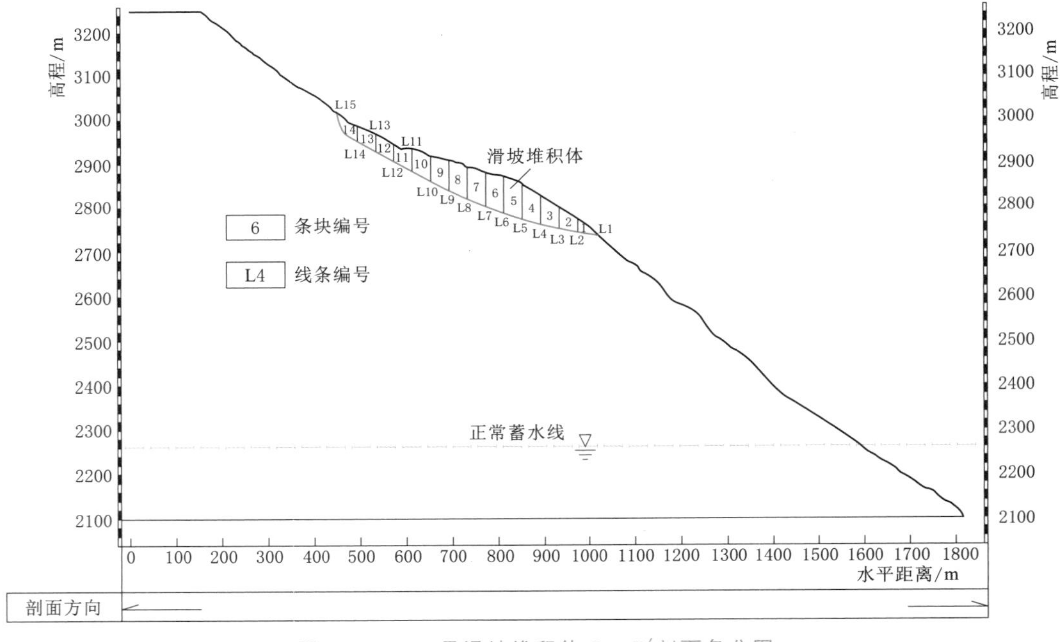

图 7.3-7　4 号滑坡堆积体 B—B'剖面条分图

对于利用条分法得到的 14 个条块，每个条块体积均不一样，具体采用地质平面图与地质剖面图相结合的方法求得各个条块的体积，但是这个体积是由 B—B'剖面面积乘以

地质平面图上的宽度求出来的，它们之和并不等于滑坡堆积体的总体积，但是可以采纳它们的体积之比，通过它们的体积之比与总体积的关系求出各条块的体积（表7.3-5和表7.3-6）。

表7.3-4　条分法参数取值表

线条编号	线条端点坐标/m			
	下端点		上端点	
	横坐标	纵坐标	横坐标	纵坐标
L1	1021	2730	1021	2730
L2	981	2740	981	2775
L3	941	2750	941	2796
L4	901	2760	901	2825
L5	861	2770	861	2850
L6	821	2780	821	2870
L7	781	2800	781	2880
L8	741	2820	741	2890
L9	701	2840	701	2910
L10	661	2860	661	2920
L11	621	2882	621	2938
L12	581	2905	581	2942
L13	541	2928	541	2970
L14	501	2950	501	2985
L15	461	3015	461	3015

表7.3-5　各条块具体几何数据

条块编号	$B—B'$剖面上条块的面积/m^2	地质平面图上条块的相应长度/m	条块编号	$B—B'$剖面上条块的面积/m^2	地质平面图上条块的相应长度/m
1	728	870	8	2934	784
2	1614	843	9	2422	739
3	2325	869	10	2247	765
4	3069	842	11	1702	710
5	3359	830	12	1508	651
6	3273	827	13	1617	473
7	3060	820	14	1376	282

表7.3-6　各条块的几何数据

条块编号	条块的概化体积/m^3	各条块体积/条块i体积/m^3	各条块实际体积/m^3
1	633360	1.00	2.296×10^5
2	1360602	2.15	4.932×10^5
3	2020425	3.19	7.323×10^5

续表

条块编号	条块的概化体积/m^3	各条块体积/条块 i 体积/m^3	各条块实际体积/m^3
4	2584098	4.08	9.366×10^5
5	2787970	4.40	1.011×10^5
6	2706771	1.99	4.567×10^5
7	2509200	1.24	2.851×10^5
8	2300256	0.89	2.044×10^5
9	1789858	0.64	1.474×10^5
10	1718955	0.64	1.458×10^5
11	1208420	0.48	1.106×10^5
12	981708	0.43	9.798×10^4
13	764841	0.43	9.810×10^4
14	388032	0.23	5.182×10^4

由于条分法的计算极其繁杂，通过人工计算工作量极大，因此使用Excel表格来简化计算步骤。对于式（7.3-25）来说，条块在不同位置时，W_i、α_i、U_{bi}、φ_i 这4个物理量的值会发生很大的变化。将滑坡经过的部位按照水平距离40m划分为30多个距离单元，每个距离单元对应于滑动面上的一定区域，每个距离单元有着不同的倾角 α_i、滑动面内摩擦角 φ_i，各距离单元参数情况见表7.3-7。当某个滑坡土体条块从一个距离单元 i 运动到距离单元 $i+1$ 时，假设其做加速度不变的匀加速运动，即整个滑坡土体从距离单元 i 运动到距离单元 $i+1$ 这一短暂的时间做匀加速运动。条块 i 的加速度为

$$a_i=\frac{\sum_{i=1}^{n}[(W_i\sin\alpha_i)-(W_i\cos\alpha_i-U_{bi})]\tan\varphi_i-R}{\sum_{i=1}^{n}M_i} \tag{7.3-25}$$

表7.3-7　　各距离单元参数情况

距离单元编号	α_i/(°)	φ_i/(°)	C_W 黏滞阻力系数	条块 i 底面压强/Pa
1	25.00	18.40	0.00	0
2	25.00	18.40	0.00	0
3	25.00	18.40	0.00	0
4	25.00	18.40	0.00	0
5	25.00	18.40	0.00	0
6	25.00	18.40	0.00	0
7	25.00	18.40	0.00	0
8	25.00	18.40	0.00	0
9	25.00	18.40	0.00	0
10	25.00	18.40	0.00	0
11	25.00	18.40	0.00	0

续表

距离单元编号	α_i/(°)	φ_i/(°)	C_W 黏滞阻力系数	条块 i 底面压强/Pa
12	25.00	18.40	0.00	0
13	25.00	18.40	0.00	0
14	25.00	18.40	0.00	0
15	38.00	18.40	0.00	0
16	38.00	18.40	0.00	0
17	38.00	18.40	0.00	0
18	38.00	18.40	0.00	0
19	38.00	18.40	0.00	0
20	38.00	18.40	0.00	0
21	38.00	18.40	0.00	0
22	38.00	18.40	0.00	0
23	38.00	18.40	0.00	0
24	38.00	18.40	0.00	0
25	38.00	18.40	0.00	0
26	38.00	18.40	0.00	0
27	38.00	18.40	0.00	0
28	38.00	18.40	0.00	0
29	38.00	18.40	0.00	0
30	38.00	13.50	0.18	277928
31	38.00	13.50	0.18	538706
32	38.00	13.50	0.18	765282
33	38.00	13.50	0.18	1023218
34	38.00	13.50	0.18	1305458
35	15.00	13.50	0.18	1636600
36	15.00	13.50	0.18	1511160

表7.3-7中，编号29与编号30之间为本岸水面分界线，编号34与编号35之间为河床底部分界线。经过多次迭代计算，可以得出滑坡入水时刻的各种物理信息，见表7.3-8。

表7.3-8　条分法计算的滑坡入水速度物理量

位移/m	加速度/(m/s^2)	速度/(m/s)	时间/s	备　注
0.00	1.19	3.73	0.00	
50.76	1.28	11.61	6.62	
101.52	1.49	16.27	10.26	
152.28	1.81	20.40	13.03	
203.04	2.23	24.49	15.29	

续表

位移/m	加速度/(m/s²)	速度/(m/s)	时间/s	备　注
253.80	2.67	28.74	17.20	
304.56	2.85	33.12	18.84	
355.32	2.96	37.23	20.28	
406.08	3.03	41.07	21.58	
456.84	3.07	44.66	22.76	
507.60	3.11	48.02	23.86	
558.36	3.13	51.20	24.88	
609.12	3.15	54.21	25.84	
659.88	3.17	57.08	26.75	
710.64	3.17	59.83	27.62	
761.40	3.17	62.46	28.45	条块 1 入水时刻
812.16	1.22	64.99	29.25	条块 2 入水时刻
862.92	−2.54	65.93	30.02	条块 3 入水时刻
913.68	−5.26	63.95	30.80	条块 4 入水时刻
964.44	−8.23	59.62	31.62	条块 5 入水时刻
1015.20	−9.45	52.15	32.53	条块 1 到达河床底部
1065.96	−10.20	41.95	33.61	条块 7 入水时刻
1116.72	−11.42	26.92	35.08	条块 8 入水时刻
1148.45	−13.82	0.00	37.44	条块 9 入水时刻

由表 7.3-8 可以看出，滑坡运动分为加速阶段和减速阶段，滑坡先做加速运动后做减速运动，减速运动的减速幅度很大。滑带土抗剪强度参数的改变导致滑坡失稳开始滑动，滑坡由于颗粒结构变形能的释放导致刚开始就具有了一定的初速度。滑坡刚开始滑动时全部处于库水位之上，由于老滑带滑动面平均倾角为 25°，滑坡土体的主动滑动段滑动面倾角更是达到了 28°～30°，下滑力明显大于抗滑力，滑坡开始做加速度逐渐增大的加速运动。当滑坡滑出老滑带，进入新滑带时，由于滑动面倾角瞬间增大到 38°左右，对应的加速度也逐渐变大，在滑坡入水之前滑坡做加速度逐渐增大的加速运动，这一时期滑坡主要受重力主导，滑坡前缘入水时的速度已经达到了惊人的 62.46m/s。由于入水速度过大，滑坡此时受到的流体阻力也非常大，并且滑坡土体对于库水的冲击消耗了一部分能量，所以这时滑坡加速度迅速变小，至位移 862.92m 时出现了反方向加速度，此时滑坡开始减速。随着滑坡土体继续滑入河底，水下堆积的滑坡土体由于移动空间受限对上部滑坡堆积体的阻力也越来越大，这种阻力的增加速度很快，此时下滑力又迅速减小，所以总的阻力要比下滑力大，直到条块 9 入水时滑坡停止运动。

滑坡滑动时间-速度曲线如图 7.3-8 所示。从图 7.3-8 可以看出，滑坡滑动前期做加速运动，条块 3 入水之前都做加速运动，到条块 3 入水时速度达到最大值，为 65.93m/s，之后做减速运动直至条块 9 入水。滑坡运动时间总共为 37.44s，加速阶段为 30.02s，减速阶段为7.42s。至于滑坡的加速度，先呈现逐渐增加的趋势（0～21.58s阶段），加速度从1.19m/s^2增加到了3.03m/s^2，但是从曲线可以看出此阶段加速度增加是非常缓慢的（图7.3-9）。后面一段时间加速度变化不大（21.58～28.45s阶段），滑体做匀加速运动，此阶段加速度保持在3.1m/s^2左右。最后加速度迅速减小（28.45～37.44s阶段）并且产生逆向加速度一直到滑坡停止运动。从加速度-时间曲线可以看到有一个明显的陡降过程，加速度从1.22m/s^2降低到了-13.82m/s^2，变化十分迅速，可见条块在水下所受到的阻力远大于在水上受到的阻力。滑坡滑动时间-位移曲线如图7.3-10所示，条块入水时刻曲线如图7.3-11所示。

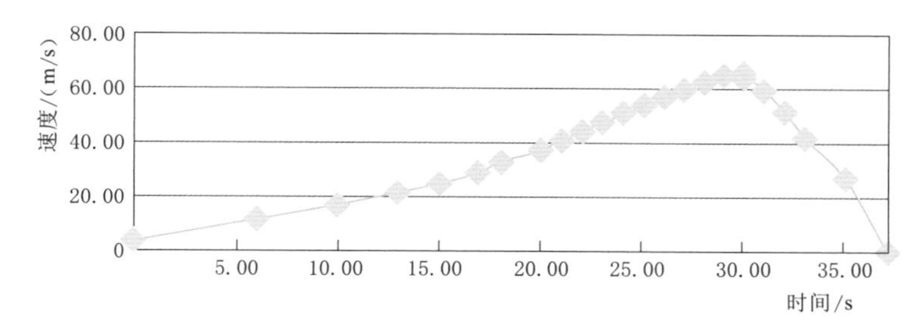

图7.3-8 滑坡滑动时间-速度曲线

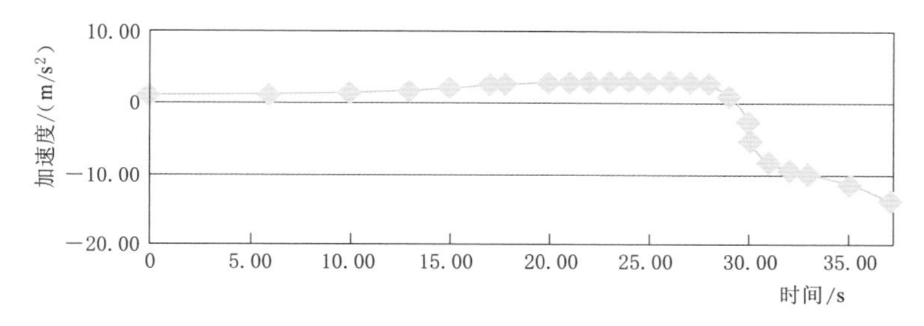

图7.3-9 滑坡滑动时间-加速度曲线

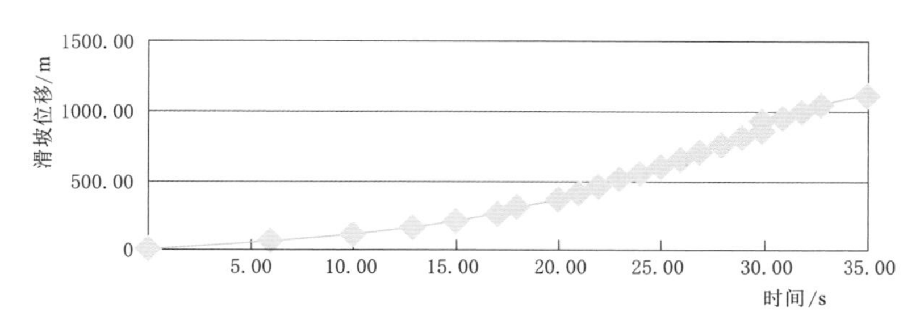

图7.3-10 滑坡滑动时间-位移曲线

由图7.3-8～图7.3-10可以看出，滑坡加速运动时间占全部时间的80.2%，减速运动时间占全部时间的19.8%，但是减速运动的加速度远大于加速运动的加速度，而加速阶段可以分为缓慢加速阶段和匀加速阶段，它们分别占全部时间的57.6%和22.6%，而减速阶段占全部时间的19.8%。

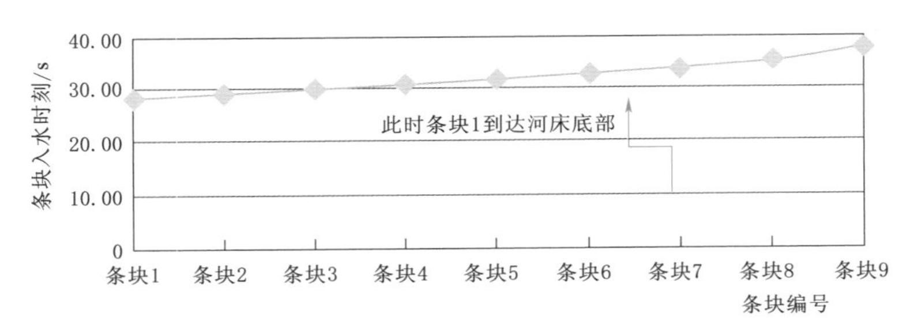

图 7.3-11　条块入水时刻曲线

3. 基于谢德格尔法计算入水速度

奥地利学者谢德格尔在调查了世界上 33 个大型滑坡的特征后提出了等价摩擦系数的概念[72]，并发现：

$$\lg f_c = a\lg V + b \tag{7.3-26}$$

其中，V 为滑坡体体积；$a=-0.15666$，$b=0.62219$，通过 V 求出 f_c，再按下面的公式计算出滑动速度：

$$V_s = \sqrt{2g(H - f_c L)} \tag{7.3-27}$$

式中：V_s 为滑动速度，m/s；g 为重力加速度，m/s^2；H 为滑坡后缘顶点到滑动路程上的点计算的垂直落差，m；L 为滑坡后缘顶点到滑动路程上的点计算的水平距离，m；f_c 为摩擦系数，即滑坡后缘顶点到滑坡运动达到最远处的连线的斜率。

对于 4 号滑坡堆积体来说，入水速度 $V_s=79.79$m/s。由于这种方法经验性太强，并且计算模式过于简单，因此本书仅作为参考。

4. 基于滑坡特征参数推算法计算入水速度

根据已发生滑坡的运动特征来推算滑动速度。董孝璧等[73] 提出推算滑体最大滑速的经验公式为

$$V_{max} = \sqrt{2gH\left[1 - \frac{\tan\varphi}{\tan\left(\frac{\alpha}{2} + \frac{\varphi}{2}\right)}\right]} \tag{7.3-28}$$

式中：H 为滑坡质心与要求的点之间的垂直落差，m；α 为滑面等效坡度，一般就是滑面的平均倾角，(°)；φ 为滑动面综合摩擦角，一般取滑坡堆积体之下老滑带的平均坡度，(°)。

对于 4 号滑坡堆积体来说，最大入水速度 $V_{max}=38.90$m/s。

5. 基于王思敬方法计算入水速度

王思敬和王效宁[74,75] 对我国多个大型滑坡机理进行研究之后提出了滑速和最大滑距公式，具体形式为

$$V = \sqrt{\frac{2}{M}U + 2g(H - Lf)} \tag{7.3-29}$$

$$L_{max} = \frac{1}{gf}\frac{U}{M} + \frac{H}{f} \tag{7.3-30}$$

式中：M 为滑体质量，kg；U 为滑体变形能，J；f 为动摩擦系数；L 为滑坡入水点的水平滑距，m。

对 4 号滑坡堆积体来说，$M=1.0965\times10^{10}$kg，重心落差 $H=543$m，到滑坡入水点的水平滑距 $L=570$m；根据前文谢德格尔法求出的动摩擦系数为 0.3738；根据经验方法：$\tan\varphi'=0.7\tan\varphi=0.334$，取二者平均数，则动摩擦系数 $f=0.3564$。因此，4 号滑坡堆积体的入水速度 $v=42.51$m/s。

关于滑坡启动初速度的计算，本书介绍了基于变形岩土体颗粒结构变形能方法、基于锁固段弹性应变能方法和基于临床峰残强降方法，这三种方法都有其理论基础，对于 4 号滑坡，后两种方法计算的结果较为接近，第一种方法计算的结果偏大。

计算滑坡速度的方法多种多样，有一些方法的经验性很强，如王思敬方法、谢德格尔法，还有一些方法有着较强的理论基础，如基于滑坡特征参数推算法、基于运动学原理的条分法、基于能量守恒的美国土木工程师协会推荐方法。就具体工程应用而言，美国土木工程师协会推荐的能量守恒法，由于其所需要的参数较容易得到而且计算简单，得到了最广泛的应用，其缺点在于将滑坡看作质点来处理，其具体计算过程较为适合滑动面起伏变化不大可以看作较平的倾斜面的斜坡、滑动位移较小的滑坡、方量较小的滑坡，这三类滑坡符合刚体质点的相关要求。本书以汪洋提出的基于运动学原理的条分法为主要计算方法，因为条分法将每个滑坡土体单独研究，如果应用得当，对于不同时刻下每个条块的受力情况都有所涉及，信息量以及考虑的因素很多，甚至考虑了滑坡进入水下部分受到的额外流体阻力，该方法适用于大型滑坡、滑动面起伏较大的滑坡、滑坡方量较大的滑坡以及滑坡运动范围内有库水的滑坡。这一点恰恰弥补了美国土木工程师协会推荐的能量守恒法的相关劣势。但是，条分法的缺点也是显而易见的，即计算工程量太大，本书以 40m 作为滑坡条块单宽进行计算，总共需要计算 500 余次，且在每次计算过程中都有多个参数发生变化。基于各种方法的 4 号滑坡堆积体入水速度计算结果见表 7.3－9。

表 7.3－9　　基于各种方法的 4 号滑坡堆积体入水速度计算结果

滑坡启动初速度/(m/s)	基于变形岩土体颗粒结构变形能方法	3.73
	基于锁固段弹性应变能方法	0.122
	基于临床峰残强降方法	0.011
滑坡入水速度/(m/s)	基于运动学原理的条分法	62.46
	基于能量守恒的美国土木工程师协会推荐方法	71.70
	王思敬方法	42.51
	谢德格尔法	79.79
	滑坡特征参数推算法	38.90

7.3.2　基于离散单元数值模拟方法计算滑坡入水速度

1. 离散单元法的基本原理

离散单元法，由 Cundall 在 1971 年发明[76]，1979 年 Cundall 与 Strack[77] 又提出了适用于岩土方面的离散单元法。它的优点是适用于模拟离散颗粒以及节理裂隙在准静态或动态条件下的变形过程。20世纪90年代初离散单元法被王泳嘉引入国内，离散单元法引起国内岩土力学界的广泛兴趣[78]。近年来全国很多学者分别将其应用于边坡、滑坡、隧道和水利大坝等工程的设计和研究中。

离散单元法是建立在牛顿第二定律和力的平衡基础上的，它以每个刚体对象的运动方程作为最初基础，然后建立描述整个破坏过程的显式方程组，最后通过动力松弛迭代计算的方法求解。离散单元法具体假设包括以下方面：

（1）岩体由块体单元组成，块体单元被节理裂隙切割破碎，且块体间不能有相互之间的拉力作用，只能有摩擦力作用。

（2）各块体单元在计算中形状和大小不发生改变，为刚体。

（3）块体单元相互之间的接触关系可以看成是角-边的接触。

（4）变形全部发生于块体表面。

（5）接触点的法向接触力由代表结构面法向（压缩）刚度的元件提供，接触点的切向接触力由代表结构面切向（剪切）刚度的元件提供，与刚度有关的黏性阻尼元件在接触点吸收很多块体单元相对运动所产生的能量，与质量和速度相关的黏性阻尼元件吸收很多块体单元绝对运动所产生的能量。

（6）当块体在接触点C发生切向滑移时，由莫尔-库仑元件U进行阻尼操作，同时解除切向黏性阻尼元件 C_s，当块体之间有拉力时则解除接触点的切向力以及法向力，离散单元块体单元接触模型示意如图7.3-12。

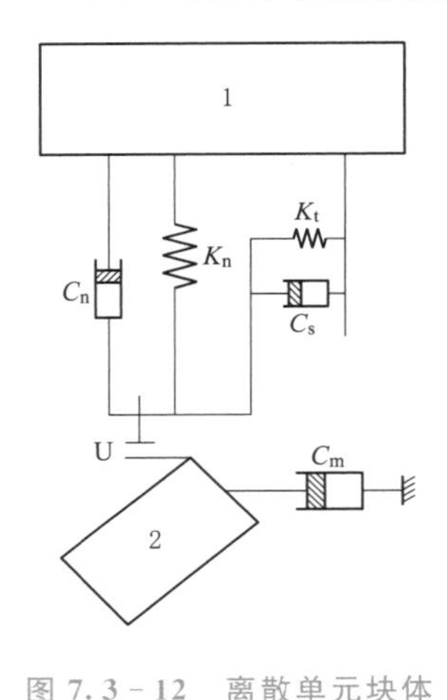

图7.3-12 离散单元块体单元接触模型示意图
1—块体1；2—块体2

离散单元法基本原理方程包括2个分支。第1是物理方程，表示块体间接触点力与位移的相对关系，不同的物理方程构成不同的离散单元法，最简单的是莫尔-库仑定律；第2是块体运动方程，包括柯西运动方程、牛顿第二运动定律和欧拉运动方程。运动方程的建立和求解往往是离散单元法的核心。假如块体之间的相互力与其相对位移成正比，那么在块体接触处由块体与块体之间的相对重叠量 Δu_n 和剪切量 Δu_t 引起的力的法向增量 ΔF_n 和切向增量 ΔF_t 为

$$\Delta F_n = K_n \Delta u_n \tag{7.3-31}$$

$$\Delta F_t = K_t \Delta u_t \tag{7.3-32}$$

式中：K_n 为接触点法向刚度；K_t 为接触点切向刚度；Δu_n 为相对重叠量；ΔF_n 为法向接触力；ΔF_t 为切向接触力。

在 $t+\Delta t$ 时刻，法向接触力和切向接触力的分量分别为 $F_n(t+\Delta t)$、$F_t(t+\Delta t)$，如果已经知道接触力，那么有

$$F_n(t+\Delta t) = F_n(t) + \Delta F_n(t) \tag{7.3-33}$$

$$F_t(t+\Delta t) = F_t(t) + \Delta F_t(t) \tag{7.3-34}$$

离散单元法的基本运动公式为

$$mu(t) + cu(t) + ku(t) = f(t) \tag{7.3-35}$$

式中：m 为离散单元的质量；u 为位移；t 为时间；c 为黏性阻尼系数；k 为刚度系数；f 为单元的外荷载。

一般块体的计算公式为

$$mu_x + amu_x = F_x \quad (7.3-36)$$

$$mu_y + amu_y = F_y \quad (7.3-37)$$

$$I\theta + aI\theta' = M \quad (7.3-38)$$

式中：F_y 为 Y 方向合力；a 为块体质量阻尼系数。

式（7.3－36）～式（7.3－38）变化可得

$$m\frac{u_x\left(t+\frac{\Delta t}{2}\right)-u_x\left(t-\frac{\Delta t}{2}\right)}{\Delta t}+am\frac{u_x\left(t+\frac{\Delta t}{2}\right)-u_x\left(t-\frac{\Delta t}{2}\right)}{2}=F_x \quad (7.3-39)$$

$$m\frac{u_y\left(t+\frac{\Delta t}{2}\right)-u_y\left(t-\frac{\Delta t}{2}\right)}{\Delta t}+am\frac{u_y\left(t+\frac{\Delta t}{2}\right)-u_y\left(t-\frac{\Delta t}{2}\right)}{2}=F_y \quad (7.3-40)$$

$$I\frac{\theta\left(t+\frac{\Delta t}{2}\right)-\theta\left(t-\frac{\Delta t}{2}\right)}{\Delta t}+aI\frac{\theta\left(t+\frac{\Delta t}{2}\right)-\theta\left(t-\frac{\Delta t}{2}\right)}{2}=M \quad (7.3-41)$$

最后得出块体位移量和转角增量的计算公式为

$$u_x(t+\Delta t)=u_x(t)+u_x\left(t+\frac{\Delta t}{2}\right)\Delta t \quad (7.3-42)$$

$$u_y(t+\Delta t)=u_y(t)+u_y\left(t+\frac{\Delta t}{2}\right)\Delta t \quad (7.3-43)$$

$$\theta(t+\Delta t)=\theta(t)+\theta\left(t+\frac{\Delta t}{2}\right)\Delta t \quad (7.3-44)$$

UDEC（Universal Distinct Element Code，通用离散单元法程序）是一款利用显式解题方案为岩土工程提供精确有效分析的工具，显式解题方案为不稳定物理过程提供稳定解，并可以模拟对象的破坏过程，该软件适合于模拟节理岩石系统或者不连续块体集合体系在静力或动力荷载条件下的响应。UDEC 软件的设计思想是解决一系列的工程问题，如矿山、核废料处理、能源、坝体稳定、节理岩石地基、地震、地下结构等[79,80]。

2. 使用 UDEC 进行数值模拟

既然要进行数值模拟计算，那么计算参数的选取则是非常关键的一个过程，参数选取合理与否直接影响到数值模拟结果的可信程度。根据岩石力学参数试验，4 号滑坡堆积体的力学参数见表 7.3－10。

表 7.3－10　　4 号滑坡堆积体的力学参数

参数		滑体（碎块石土）	滑带土	下伏岩体
天然状态	容重/(kN/m^3)	21.5	20.5	23.5
	内摩擦角/(°)	28	23	33
	黏聚力/MPa	0.075	0.085	0.15

续表

参数		滑体（碎块石土）	滑带土	下伏岩体
饱和状态	容重/(kN/m^3)	23	21.5	24
	内摩擦角/(°)	26	21	—
	黏聚力/MPa	0.065	0.075	
体积模量/Pa		3.00×10^{10}	—	5.00×10^{10}
剪切模量/Pa		1.80×10^{10}		2.80×10^{10}
抗拉强度/Pa		200000	0	350000
接触摩擦系数		0.5	0.25	0.8
接触切向刚度/(Pa/m)		2.00×10^{9}	2.00×10^{9}	9.00×10^{9}
接触法向刚度/(Pa/m)		6.00×10^{9}	5.50×10^{9}	1.00×10^{10}
节理面摩擦系数		—		0.8
节理面切向刚度/(Pa/m)				8.00×10^{9}
节理面法向刚度/(Pa/m)				2.00×10^{10}
节理黏聚力/kPa				25

由于离散单元法主要针对节理岩体提出，因此划分过程不是任意的（这点不像有限单元法），而是根据具体的裂缝和节理来进行剖分。坡表完整性较差，块体划分得就比较小。滑坡堆积体属于碎块石土，节理裂隙划分得非常密集以表现其破碎的工程状态；基岩完整性较好，块体划分得很大。设定边界条件时，保证滑床下界不在 Y 方向发生位移，滑床左边界和右边界不在 X 方向发生位移，这样就可以把滑床固定下来，从而观察滑坡堆积体的滑动过程。

模拟过程中选取滑坡上面的三个点进行观察，分别为滑坡前部、中部、后部的代表点，如图 7.3-13 所示。

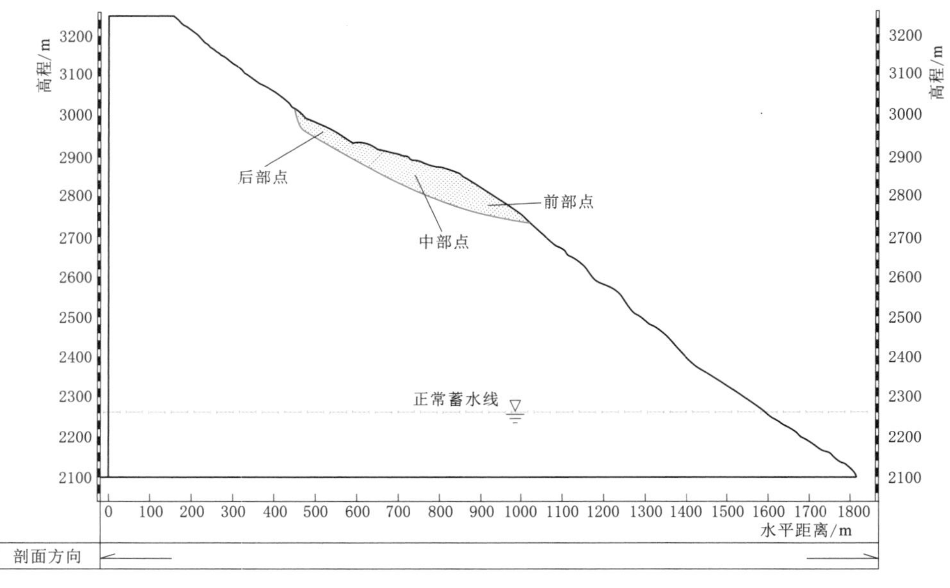

图 7.3-13 监测点示意图（4 号滑坡堆积体剖面）

经过60万步计算以后，22.4s以后滑坡的运动状态如图7.3-14所示。UDEC模拟结果显示滑坡滑动的过程并不是全部滑体一起滑动，而是分批向下滑动。首先后缘块体先产生明显的拉张裂缝，向下挤压中部、前部滑坡土体，紧接着前缘土体发生剪出向前滑移，中后部土体也整体向前移动，中前部土体大部分被剪出，但是从图7.3-14观察中后部土体仍然有一部分留在老滑带区域内并未完全滑移剪出。分析原因，可能是计算量还不够大的缘故，也可能是滑坡本身的特征形态造成的。综上所述，根据数值模拟结果，滑坡发生滑动并非一次性完全失稳，更有可能是分块失稳、分块滑移，这种结果其实对于水电站较为有利，较小的滑坡入水土体方量激起的涌浪也较小，如果分次失稳，那么在下次失稳之前可能上次失稳所造成的涌浪已经被库区消解掉。

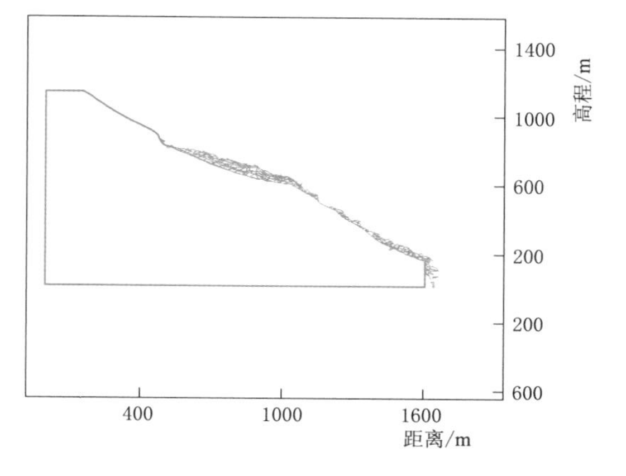

图7.3-14 UDEC模拟结果

位移监测结果如图7.3-15所示，速度监测结果如图7.3-16所示。

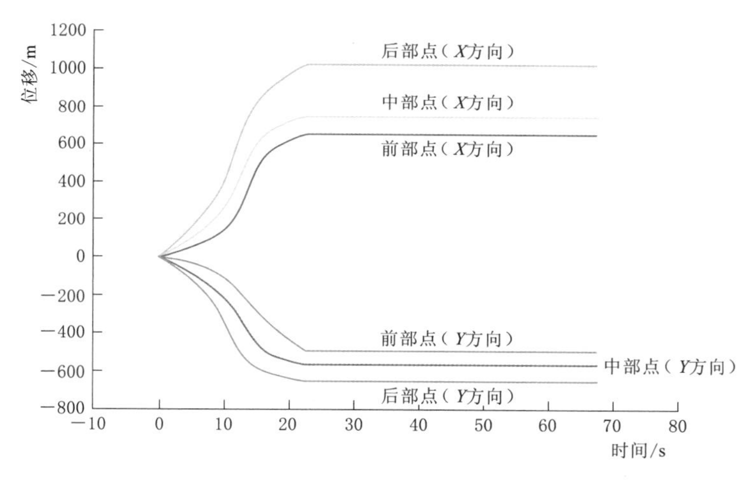

图7.3-15 位移监测结果

从位移监测结果来看，各点位移相差很大，其中后部点横向位移和纵向位移均为最大值，分别为1010m、−657m；中部点横向位移和纵向位移分别为766m、−560m；位移最小的前部点横向位移和纵向位移分别为650m、500m。由于模型2267.00m高程为库水位，于是将库水位2267.00m高程处设置为模型边界，不允许块体继续向2267.00m高程以下移动，因此三个点的位移为到达2267.00m蓄水平面时的位移。通过这种设置可以很好地看出滑坡堆积体下滑到达库水位平面时的入水速度。三个监测点的速度监测结果如图7.3-16所示。

由于后部点运动位移最大，其势能转化为动能也最充分，所以后部点所达到的最大速度也是三个监测点中最大的，横向最大速度和纵向最大速度分别为45.6m/s、15m/s，实

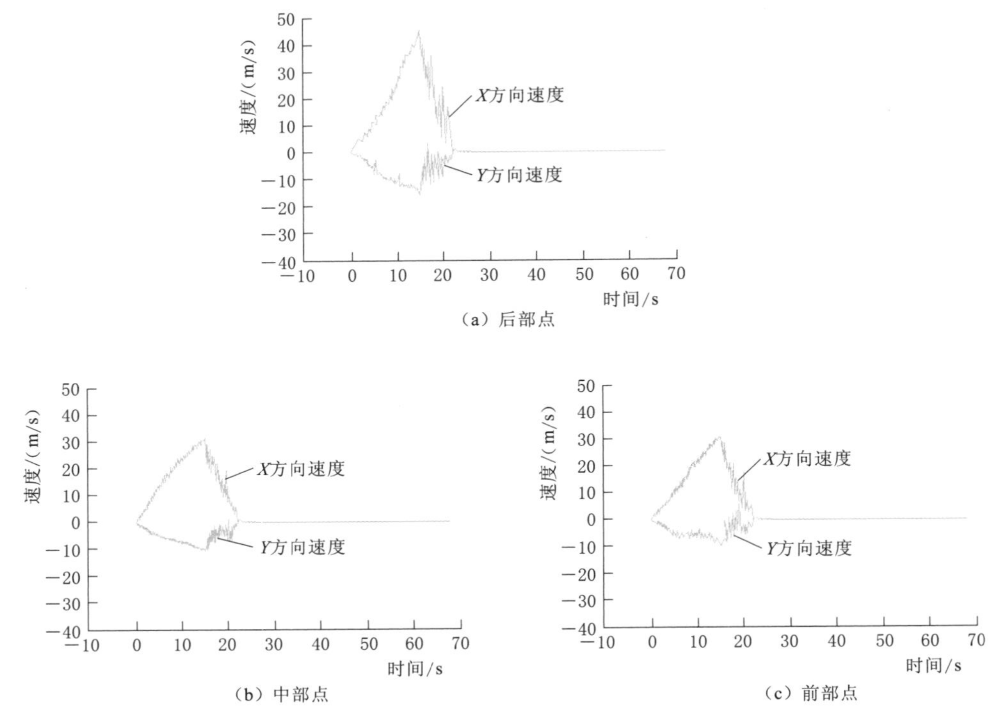

图 7.3-16　速度监测结果

际最大速度为 48.0m/s；中部点横向最大速度和纵向最大速度分别为 32.1m/s、10m/s，实际最大速度 33.6m/s；后部点横向最大速度和纵向最大速度分别为 31.5m/s、8m/s，实际最大速度 32.8m/s。三个监测点速度曲线的共同特点是加速时段曲线较为平滑，加速度变化不大；而减速阶段曲线波动严重，说明减速时段受到外力的作用较大，这恰好与模型相匹配，因为设定高程 2267.00m 为下边界，块体不得超过这个边界，也就是各个块体滑入 2267.00m 高程时会被强制减速，因此在图 7.3-16 中可以看到 15～20s 时段速度减小特别快，这与模型假设相符合。值得注意的是，三个监测点大致在滑坡启动 15s 左右时纵向和横向速度都达到最大值，根据 UDEC 数据的分析，15s 左右对应的是中部点入水时刻，因此根据三个监测点的最大速度可以近似推算滑坡入水速度。取三个监测点实际最大速度的平均值推算滑坡入水速度：

$$V_{入水}=(48.0+33.6+32.8)/3=38.1(\text{m/s})$$

7.3.3　滑坡涌浪常用经验计算方法

计算涌浪的方法有很多，其中绝大多数为经验方法，其适用范围有一定的局限性。此外，还有具备扎实理论推导基础的方法，如美国土木工程师协会推荐方法、改进的潘家铮方法、E. Noda 方法[81]、J. W. Kamphuis & R. J. Bowering 方法[82] 和 R. L. Slingerland & B. Voight 方法[83] 等 5 种方法。美国土木工程师协会推荐方法基于重力表面波的线性理论；潘家铮方法基于单向流研究，同时结合 E. Noda 方法于 1980 年提出；J. W. Kamphuis &

R. J. Bowering 方法、R. L. Slingerland & B. Voight 方法均是基于影响涌浪高度的各种因素的无量纲组合推导而来。

事实上，由于滑坡产生的涌浪高度除受到滑动入水速度、最大静态水深、滑坡岩土体入水体积等因素影响外，涌浪的形成还受水库地形、水面宽度、滑坡体形态特征、滑坡入水角度等因素的影响，以及在涌浪在传播过程中，受到库区两岸山体的阻挡、折射、波与波之间相互叠加干扰等因素的影响，滑坡涌浪预测问题变得极其棘手，以上各种方法均不能准确预测滑坡涌浪。

1. 美国土木工程师协会推荐方法

该方法假设，滑动岩土滑动落入半无限水体之中，同时满足滑体重心下滑垂直高度大于最大静态水深的条件，基于重力表面波的线性理论，推导出经验公式。经验公式本身很复杂，不过该方法提供了相应的计算图表（图 7.3-17 和图 7.3-18）。

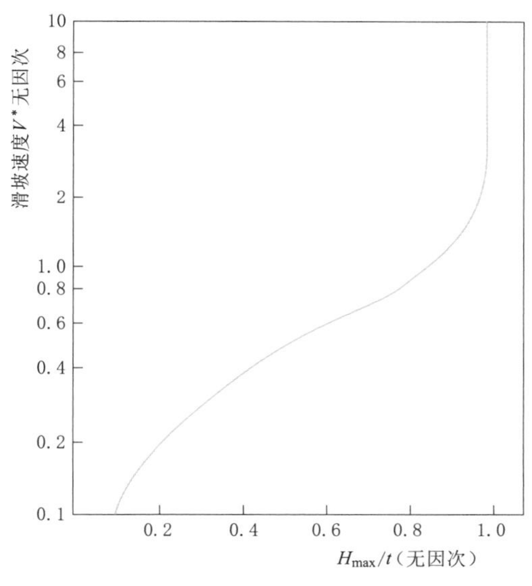

图 7.3-17 滑坡入水点处最大浪高计算图

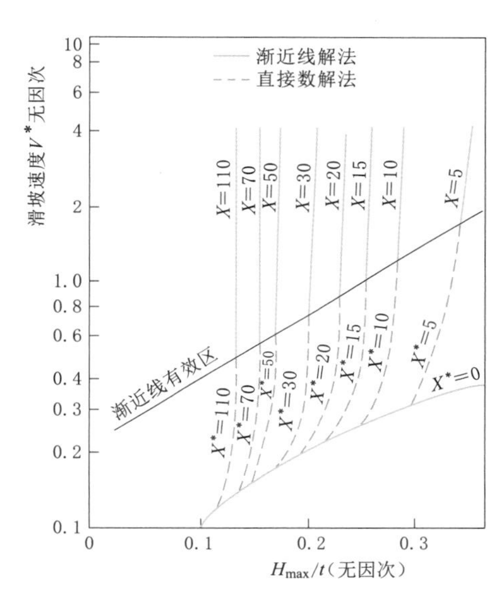

图 7.3-18 距离入水点 X 处最大浪高计算图

根据图 7.3-18 求得距离入水点 X 处最大浪高。由图 7.3-18 可见，当 $V^* \geqslant 2$ 时，入水点处最大浪高均相等。对于 4 号滑坡堆积体来说，取基于运动学原理条分法计算的滑坡入水速度 $V=62.46\text{m/s}$，蓄水之后最大水深 $h=167\text{m}$，滑体平均厚度 $t=10\text{m}$，得出入水点处最大浪高 $H_{max}=93.40\text{m}$。

2. 改进的潘家铮方法

潘家铮认为滑坡体侵入水库断面面积随时间的变化率决定性地影响着初始涌浪高度。考虑岸坡垂直运动、水平运动两种模式，基于一定近似假设分析较为复杂的水库涌浪：

（1）滑坡涌浪最开始在入水处发生，形成初始浪，然后以此为中心向四周传播发散。传播过程中涌浪不断变形，假设涌浪能量的损耗已知。

（2）假设每个涌浪波都为孤立的波，波速为常数。

（3）假设涌浪过程是一系列小波影响的线性叠加。

（4）假定涌浪传播到对岸之后会发生全反射。

1）水平运动模式。当库岸边坡以水平速度 v_h 向水库推进时，相应的最大浪高 η_{hmax} 为

$$\frac{\eta_{hmax}}{h}=1.17\frac{v_h}{\sqrt{gh}} \tag{7.3-45}$$

式中：h 为入水点处水库静态水深，m；v_h 为岸坡水平速度，m/s；g 为重力加速度，m/s^2。

2）垂直运动模式。当库岸边坡以垂直速度 v_v 向水库推进时，相应的最大浪高 η_{vmax} 为

$$\frac{\eta_{vmax}}{h}=f\left(\frac{v_v}{\sqrt{gh}}\right) \tag{7.3-46}$$

函数关系式可以分段表示：

当 $0<\frac{v_v}{\sqrt{gh}}\leqslant 0.5$ 时，$\frac{\eta_{vmax}}{h}=\frac{v_v}{\sqrt{gh}}$；

当 $0.5<\frac{v_v}{\sqrt{gh}}\leqslant 2$ 时，$f\left(\frac{v_v}{\sqrt{gh}}\right)$ 的具体变化如图 7.3－19 所示，相对涌浪高度 $\frac{\eta_{vmax}}{h}$，相对速度 $\frac{v_v}{\sqrt{gh}}$；

当 $\frac{v_v}{\sqrt{gh}}>2$ 时，$\frac{\eta_{vmax}}{h}=1$。

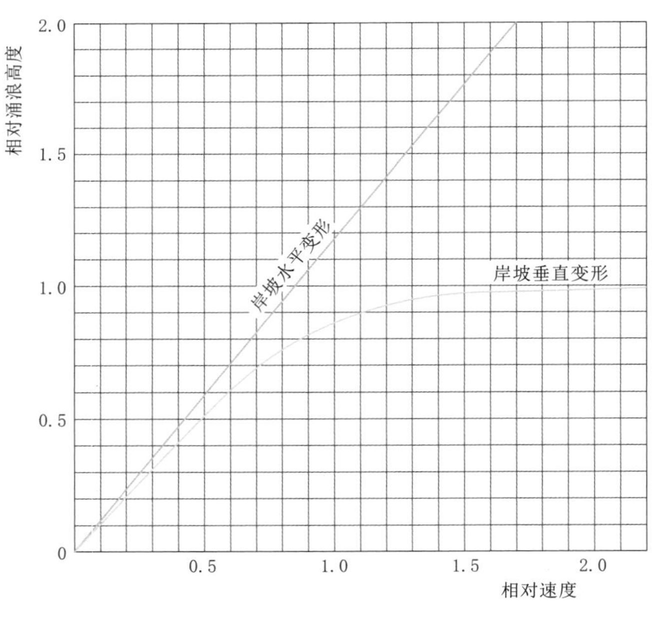

图 7.3－19　潘家铮方法计算图

（5）对潘家铮方法的修正。

潘家铮研究了滑坡垂直运动、水平运动两种极端状态，实际中滑坡土体往往是以一定倾角滑移入水的。基于陈学德[84]的建议方法，根据滑坡滑动面角度，对式（7.3－45）和式（7.3－46）进行修正。设滑坡沿滑动面的运动速度为v，滑动面倾角为θ，将速度进行矢量分解，则水平速度和垂直速度分别为

$$v_{h}=v\cos\theta \tag{7.3-47}$$

$$v_{v}=v\sin\theta \tag{7.3-48}$$

根据式（7.3－47）和式（7.3－48）分别计算水平速度和垂直速度相应的涌浪高度η_{hmax}、η_{vmax}，将两者分别乘以权重得到总的涌浪高度：

$$\eta_{max}=\eta_{hmax}\cos^{2}\theta+\eta_{vmax}\sin^{2}\theta \tag{7.3-49}$$

对于4号滑坡堆积体来说，$V=62.46\text{m/s}$，$\theta=38°$，$\eta_{max}=201.38\text{m}$。

3. E. Noda 方法

Edward Noda针对单向流的情况，考虑了滑坡堆积体垂直下落和水平推动两种状态。水体为半无限水体，其模型不可压缩、无黏性，岸坡突然发生水平移动，其运动速度$V(t)$能表示成多段直线[70]。

$$\begin{cases}V_{1},0\leqslant t<T_{1}\\V_{2},T_{1}\leqslant t<T_{2}\\\cdots\cdots\\V_{N},T_{N-1}\leqslant t<T_{N}\\0,t\geqslant T_{N}\end{cases} \tag{7.3-50}$$

经过复杂变化得出相对浪高的计算公式：

$$\frac{\eta(x,t)}{h}=-\frac{2}{\pi}\int_{0}^{\infty}\frac{\tan u\cos ux}{u}\left[\frac{V\sin\sigma(t-\pi)}{\sigma}\right]\mathrm{d}u \tag{7.3-51}$$

简化之后，在匀速运动情况下，可用下面式子估计：

$$\frac{\eta_{max}}{h}=1.32\frac{v}{\sqrt{gh}} \tag{7.3-52}$$

式中：η_{max}为最大涌浪高度，m；h为水库静态水深，m；v为岸坡运动速度，m/s。

对于4号滑坡堆积体来说，$\eta_{max}=340.30\text{m}$。

4. J. W. Kamphuis & R. J. Bowering 方法

J. W. Kamphuis和R. J. Bowering基于试验研究，提出了涌浪高度影响因素的无量纲组合[71]：

$$\pi_{A}=\Theta_{A}\left(\frac{l}{h},\frac{w}{h},\frac{s}{h},\frac{v_{s}}{\sqrt{gh}},\beta,\theta,p,\frac{\rho_{s}}{\rho_{w}},\frac{\rho_{w}h\sqrt{gh}}{\mu},\frac{x}{t},t\sqrt{\frac{g}{h}}\right) \tag{7.3-53}$$

式中：l、w、s为入水滑坡体的长、宽、厚，m；h为水深，m；v_{s}为滑坡入水速度，m/s；θ为滑坡前缘滑床倾角，(°)；β为滑坡前缘滑体倾角，(°)；μ为黏滞阻力系数；p为滑坡孔隙率；x为距离滑坡入水点的距离，m；t为滑动时间，s；ρ_{s}为滑体密度，kN/m³；ρ_{w}为水体密度，kN/m³。

两位专家认为振荡波在产生区域迅速变为一个波高比较稳定的波，它的高度随着传播距离的增加而缓慢地衰减，但是，当距离超过某一数值时，波浪高度开始呈现指数衰减，并基于实验结果提出了稳定涌浪高度的关系式：

$$\frac{\eta_c}{h}=F^{0.7}(0.31+0.20\lg q) \tag{7.3-54}$$

当 $0.05<q<1.00$ 时，效果比较好。$q=\frac{1}{h}\frac{s}{h}$，$F=\frac{v_s}{\sqrt{gh}}$。

对于 4 号滑坡堆积体来说，稳定涌浪高度 $\eta_c=40.85$m。

5. R. L. Slingerland & B. Voight 方法

R. L. Slingerland 和 B. Voight 在 1982 年通过对 Hazard 滑坡涌浪进行无量纲分析，提出最大涌浪高度计算公式：

$$\lg\left(\frac{\eta_{max}}{h}\right)=-1.25+0.71\lg\left(\frac{1}{2}\frac{V}{h^3}\frac{\rho_s}{\rho_w}\frac{v^2}{gh}\right) \tag{7.3-55}$$

式中：$\frac{1}{2}\frac{V}{h^3}\frac{\rho_s}{\rho_w}\frac{v^2}{gh}$为无量纲动能；$V$ 为入水滑坡体积。

4 号滑坡堆积体最大涌浪高度 $\eta_{max}=19.53$m。

根据不同的计算方法得到 4 号滑坡堆积体最大涌浪高度计算结果见表 7.3-11。

表 7.3-11　4 号滑坡堆积体最大涌浪计算结果

方法	美国土木工程师协会推荐方法	改进的潘家铮方法	E. Noda 方法	J. W. Kamphuis & R. J. Bowering 方法	R. L. Slingerland & B. Voight 方法
结果/m	93.40	201.38	340.30	40.85	19.53

7.4 古什群倾倒塌滑体失稳滑速涌浪计算及对工程与环境的影响评价

古什群倾倒塌滑体位于黄河上游，根据稳定性计算分析，古什群倾倒塌滑体在暴雨或地震工况下有失稳的可能，失稳破坏对工程最不利的情况是沿Ⅲ区底界剪断岩体产生整体下滑，故需对其下滑产生的涌浪高度进行计算分析，以评价其对工程的危害。

7.4.1 滑速的计算

1. 计算参数的选取

在计算过程中，对水上、水下潜在滑面采用统一的动强度参数，取值为稳定性计算参数的 85%，采用的计算参数见表 7.4-1～表 7.4-3。计算时仍然采用稳定性计算选定的剖面，以前文各分区的底界为底滑面分别进行计算。

表 7.4-1　Ⅰ区计算参数取值

滑体天然容重/(g/cm³)	饱和容重/(g/cm³)	滑面黏聚力/kPa	内摩擦角/(°)
2.50	2.55	53	16

表 7.4-2　Ⅱ区计算参数取值

滑体天然容重/(g/cm³)	饱和容重/(g/cm³)	滑面黏聚力/kPa	内摩擦角/(°)
2.50	2.55	82	19

表 7.4-3　倾倒体（底滑面）计算参数取值

滑体天然容重/(g/cm³)	饱和容重/(g/cm³)	滑面黏聚力/kPa	内摩擦角/(°)
2.55	2.60	108	22

2. 滑速的计算

根据上述方法，滑速的计算过程可以划分为以下 5 个步骤：

(1) 将滑坡体分为几个垂直条块，各条块宽度（ΔL）宜相等。对各条块进行编号，出口处编为 $i=1$，顶部为第 n 块（图 7.4-1）。

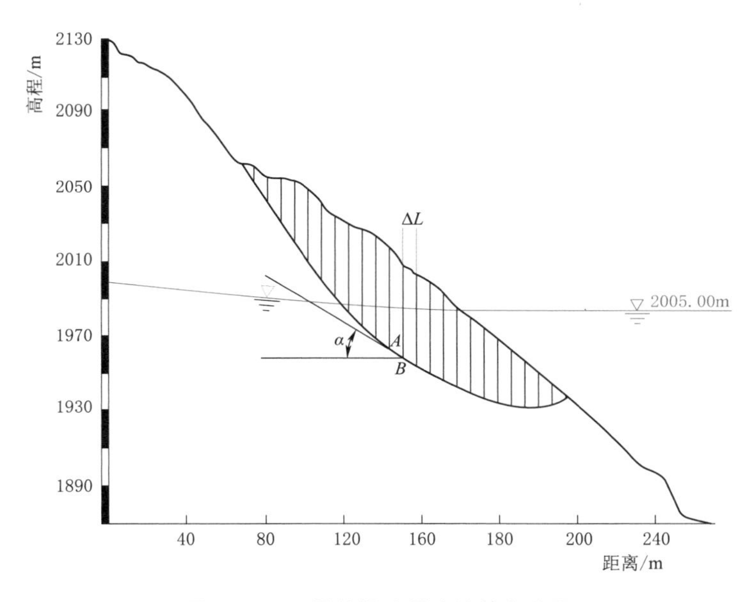

图 7.4-1　滑坡滑速涌浪计算条分图

(2) 取滑坡体开始急剧下滑的瞬间为时间原点，即 $t_0=0$，当滑坡体依次水平移动 ΔL 时，记为 t_1，t_2，…。

(3) t_0 时滑坡体天然位置的起始加速度为 a_{x0}，于是在此时段（$t=t_1$）滑坡体的速度为

$$V_{t1}=\sqrt{2a_{x0}\Delta L} \tag{7.4-1}$$

式中：a_{x0} 为起始加速度；ΔL 为滑体水平位移。

滑坡体移动 ΔL 所需时间为

$$\Delta T_1=\sqrt{2\Delta L/a_{x0}}，\quad 且\ t_1=t_0+\Delta T_1 \tag{7.4-2}$$

(4) 在 $t=t_1$ 时，各条块已向前移动了 ΔL，即每一条块都向前滑到了前一条块的位置，此时第 1 个条块移到了滑面外（图 7.4-2）。假设滑出滑面倾角沿着第 1 个条块

滑面倾角适当加一个修正值，以致部分或全部抵消滑体与滑床或斜坡碰撞而引起的能量损失。

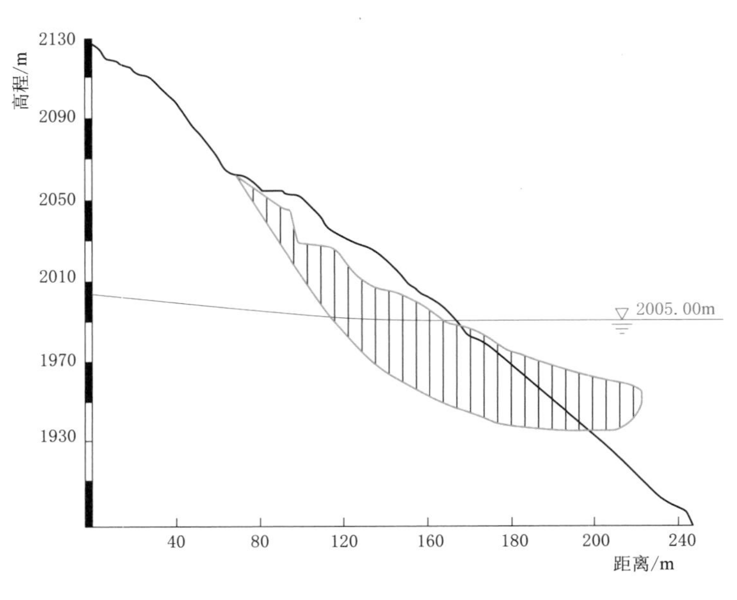

图 7.4-2 滑坡体运动轨迹图

当滑体滑到对岸时，假设滑体轨迹沿着对岸岸坡向上爬坡，t_1 时滑体所处位置的加速度为 a_{x1}，则

$$\begin{cases} V_{t2}=\sqrt{V_{t1}^2+2a_i\Delta L} \\ \Delta T_2=\dfrac{V_{t2}-V_{t1}}{a_{x1}} \\ t_2=t_1+\Delta T_2 \end{cases} \tag{7.4-3}$$

（5）如此继续计算，直到滑体停止运动为止。最后得到滑速与时间、滑速与滑距的关系。

3. 计算结果分析

根据前面所述的计算过程及所建立的计算模型，得到Ⅰ区（底滑面）1—1′剖面和2—2′剖面在 2005.00m 水位条件下的最大滑速 V_{max}（表 7.4-4 和表 7.4-5）。

表 7.4-4　Ⅰ区（底滑面）1—1′剖面潘家铮法与能量法滑速计算结果对比

计算时步	运动水平距离/m	潘家铮法滑速/(m/s)	能量法滑体滑速/(m/s)
1	3.85	3.81	5.96
2	7.71	5.26	7.95
3	11.57	7.08	9.56
4	27.01	8.47	10.71
5	32.45	9.51	11.32

表 7.4-5　Ⅰ区（底滑面）2—2′剖面潘家铮法与能量法滑速计算结果对比

计算时步	运动水平距离/m	潘家铮法滑速/(m/s)	能量法滑体滑速/(m/s)
1	7.98	5.26	7.08
2	15.96	7.35	8.76
3	23.94	8.85	9.42
4	39.91	10.45	12.57

从表7.4-4和表7.4-5可知，能量法计算的最大滑速较大，两种方法计算的结果存在一定的差异，从三个剖面分区来看，以Ⅰ区底界为底滑面失稳时，潘家铮法计算的最大滑速为10.45m/s，能量法计算的最大滑速为12.57m/s。

7.4.2　涌浪计算评价

1. 计算方法

涌浪计算是以滑速计算为基础的，根据前文采用潘家铮法及能量法计算出的滑坡速度，可以计算出滑体入水时可能产生的涌浪高度。目前常用的计算方法包括潘家铮法及水科院经验公式法，本节主要采用水科院经验公式法计算。

2. 计算结果

利用潘家铮法和能量法计算2005.00m水位时的滑速，采用水科院经验公式法计算Ⅰ区（底滑面）1—1′剖面、2—2′剖面及3—3′剖面在2005.00m水位下可能产生的涌浪高度，计算结果分别见表7.4-6～表7.4-8。

表 7.4-6　Ⅰ区（底滑面）1—1′剖面潘家铮法与能量法涌浪计算结果对比

潘家铮法	滑速/(m/s)	3.81	5.26	6.29	7.08	8.17	8.47	9.17	9.53
	涌浪高度/m	0.12	0.22	0.31	0.39	0.51	0.54	0.63	0.67
能量法	滑速/(m/s)	5.69	7.95	9.56	10.71	11.32	10.74		
	涌浪高度/m	0.26	0.48	0.68	0.84	0.93	0.85		

表 7.4-7　Ⅰ区（底滑面）2—2′剖面潘家铮法与能量法涌浪计算结果对比

潘家铮法	滑速/(m/s)	5.26	7.35	8.85	9.00	9.87	10.45	10.09	9.92
	涌浪高度/m	0.74	1.37	1.94	2.43	2.84	3.11	2.95	2.86
能量法	滑速/(m/s)	7.08	8.76	9.42	10.38	12.57	11.93		
	涌浪高度/m	2.03	2.82	3.42	3.77	4.64	4.17		

表 7.4-8　Ⅰ区（底滑面）3—3′剖面潘家铮法与能量法涌浪计算结果对比

潘家铮法	滑速/(m/s)	4.54	6.25	7.29	7.76	7.44	5.35
	涌浪高度/m	0.32	0.57	0.77	0.86	0.79	0.43
能量法	滑速/(m/s)	6.88	9.55	11.32	12.35	12.26	
	涌浪高度/m	0.69	1.26	1.73	2.04	2.01	

上述计算结果表明：以Ⅰ区底界为底滑面失稳时，入水处可能产生的最大涌浪高度为4.64m（2—2′剖面）。

7.4.3 古什群塌滑体失稳对工程及环境的影响评价

滑坡、崩塌、塌滑体失稳落入水库中，可产生巨大涌浪，涌浪可能会对大坝安全造成影响，包括翻坝后冲击下游形成水害，甚至摧毁大坝及其他建筑物造成重大事故，给人民生命财产带来灾难性影响。

根据现场调查，公伯峡库区内的村镇、通信设施、农田等均远高于正常蓄水位，该倾倒塌滑体一旦失稳可能影响到下游电站建筑物、上游库区循隆高速公路群科大桥、跨黄河大桥及库区养殖、生产和旅游船只以及自然环境等。古什群倾倒塌滑体位于电站近坝库岸，距大坝仅约2.2km，一旦整体失稳，将对下游大坝等建筑物的安全带来影响。

1. 塌滑体失稳对电站工程的影响

为了评价倾倒塌滑体失稳产生的涌浪对大坝及其他建筑物安全的影响，利用本书第7章中对塌滑体入水点处最大涌浪高度的计算结果，针对大坝及库区大桥，计算得出至坝前、大桥等不同距离的涌浪高度。

不同距离的涌浪高度依据以下公式计算：

$$\xi = k_1 \frac{v^n}{2g} U^{0.5} \tag{7.4-4}$$

式中：ξ 为最大涌浪高度，m；n 为计算系数，n 为1.3～1.5，本书取 $n=1.4$；U 为滑体体积，$10^4\mathrm{m}^3$；v 为滑速，m/s；g 为重力加速度，$\mathrm{m/s^2}$；k_1 为与距离 L 有关的影响系数。

k_1 可由 $k_1-L^{0.5}$ 关系曲线查找，经拟合后 k_1 可由下式确定：

$$k_1 = \begin{cases} 0.5, (L \leqslant 35) \\ 6.1274L^{-0.5945}, (L > 35) \end{cases} \tag{7.4-5}$$

式中：L 为计算距离，m。

利用式（7.4-4）和式（7.4-5）计算出倾倒塌滑体以各区底界为底滑面失稳下滑时，初始最大涌浪传播至坝前的涌浪高度及至库区群科大桥处的涌浪高度（表7.4-9～表7.4-11）。

表7.4-9　Ⅰ区底界为底滑面失稳时坝前及大桥处的涌浪高度计算结果

计算剖面	最大滑速/(m/s)	初始最大浪高/m	群科大桥处浪高/m	坝前浪高/m
1—1′	11.32	0.93	0.13	0.11
2—2′	12.57	4.64	0.49	0.40
3—3′	12.35	2.04	0.27	0.22

表7.4-10　Ⅱ区底界为底滑面失稳时坝前及大桥处的涌浪高度计算结果

计算剖面	最大滑速/(m/s)	初始最大浪高/m	群科大桥处浪高/m	坝前浪高/m
1—1′	11.06	1.77	0.25	0.20
2—2′	12.29	5.48	0.68	0.55
3—3′	13.68	3.77	0.52	0.43

表 7.4-11 Ⅲ区底界为底滑面（整体）失稳时坝前及大桥处的涌浪高度计算结果

计算剖面	最大滑速/(m/s)	初始最大浪高/m	群科大桥处浪高/m	坝前浪高/m
1—1′	7.76	1.25	0.22	0.18
2—2′	12.32	6.30	0.84	0.68
3—3′	12.13	3.91	0.53	0.42

公伯峡大坝坝顶高程 2010.00m，高出正常蓄水位 5m，防浪墙高 1.5m，防浪墙顶高出正常蓄水位 6.5m。从表 7.4-9～表 7.4-11 的涌浪计算结果可以看出，古什群塌滑体整体失稳后，2—2′剖面计算的涌浪高度最大，初始最大涌浪高度为 6.3m。若不考虑涌浪波传播过程中的衰减，其初始涌浪高度已低于防浪墙高度；若考虑涌浪传播过程的衰减，至坝前的涌浪高度仅为 0.68m，因此认为，倾倒塌滑体即使整体失稳下滑，产生的涌浪也不会对大坝的安全运行造成影响。

由表 7.4-9～表 7.4-11 可知，2—2′剖面计算的坝前涌浪高度最大，其中Ⅰ区失稳的涌浪高度为 0.4m，Ⅱ区失稳的涌浪高度为 0.55m，Ⅲ区（整体）失稳涌浪高度为 0.68m，对于电站大坝和其他建筑物来说，0.68m 的涌浪不会对建筑物安全造成影响。

2. 滑坡涌浪传播过程中的衰减计算公式

滑坡失稳下滑是势能向动能转换的过程，在能量转化过程中，一部分水质点来回往复运动形成振荡波，另一部分水质点由于滑体向前推移而向前运动产生冲击波，冲击波产生的涌浪是造成灾害的主要因素。涌浪在传播的过程中，其能量会受到库区地形、水深、库区建筑物、底部摩阻、水体内部摩擦、渗透等因素的影响，涌浪会不断衰减。

涌浪高度与滑坡的体积和水深有着直接关系，涌浪的衰减与传播距离、地形地貌等有关。在弯道范围区域涌浪高度的影响因素主要是库区水深、传播距离、初始涌浪高度。利用以下经验公式计算涌浪在库水传播中到达影响点的高度。

$$h_3=-0.285710\frac{h^2}{H}-0.009958\frac{Lh}{H}+0.2519h \tag{7.4-6}$$

$$h_3=0.35523h\left(\frac{h}{H}\right)^{-0.17915}\left(\frac{h}{H}\right)^{-0.59568} \tag{7.4-7}$$

$$h_3=0.31952h\mathrm{e}^{-1.0921\frac{h}{H}-0.071651\frac{L}{H}} \tag{7.4-8}$$

式中：h_3 为影响区涌浪高度，m；H 为库区水深，m；h 为初始涌浪高度，m；L 为在水库中的传播距离，m。

3. 涌浪对循隆高速群科大桥的影响

循隆高速从公伯峡库区右岸通过，根据已有资料显示，库区段公路路基普遍高于正常蓄水位，不受涌浪影响，可能受影响的有群科大桥及上游的黄河大桥。

群科大桥位于黄河的右岸群科沟中，距离沟口约 100m，沟口段为弃渣堆积体，堆积体地面高出河水面 3m 以上，大桥采用桩基础，桥面高程约 2035.00m，桩在渣内埋深大于 4m，该桥距离古什群倾倒塌滑体约 1.12km。古什群倾倒塌滑体与群科大桥位置示意如图 7.4-3 所示。

图 7.4-3　古什群倾倒塌滑体与群科大桥位置示意图

古什群塌滑体前缘库水深度约 115m，初始涌浪点距离该大桥所处的沟口约 1120m，采用式（7.4-6）～式（7.4-8）对库区内波浪爬高分别进行计算，结果见表 7.4-12。

表 7.4-12　涌浪至群科大桥的高度计算汇总

分区	计算剖面	初始涌浪高度 h/m	库水水深 H/m	传播长度 L/m	h_3/m [式（7.4-6）]	h_3/m [式（7.4-7）]	h_3/m [式（7.4-8）]
Ⅰ区	剖面 1—1′	0.67	115	1120	0.11	0.09	0.22
		0.93	115	1120	0.15	0.12	0.30
	剖面 2—2′	3.11	115	1120	0.48	0.38	1.01
		4.64	115	1120	0.70	0.55	1.53
	剖面 3—3′	0.86	115	1120	0.14	0.12	0.28
		2.04	115	1120	0.32	0.26	0.66
Ⅱ区	剖面 1—1′	1.1	115	1120	0.18	0.15	0.35
		1.17	115	1120	0.19	0.15	0.38
	剖面 2—2′	4.47	115	1120	0.68	0.53	1.47
		5.18	115	1120	0.77	0.61	1.71
	剖面 3—3′	2.06	115	1120	0.32	0.26	0.67
		3.77	115	1120	0.58	0.45	1.24
Ⅲ区	剖面 1—1′	1.25	115	1120	0.20	0.16	0.40
		1.01	115	1120	0.16	0.13	0.32
	剖面 2—2′	4.58	115	1120	0.69	0.54	1.51
		6.3	115	1120	0.92	0.73	2.10
	剖面 3—3′	1.45	115	1120	0.23	0.19	0.47
		3.91	115	1120	0.60	0.47	1.28

从表7.4-12的计算结果可以看出，波浪衰减得很快，当入水点最大涌浪高度为6.3m时，传播至大桥所在沟口时，最大涌浪高度仅为2.1m。大桥桥面高程为2035.00m左右，高于水库正常蓄水位30m。沟口段早期为修建高速公路的弃渣场，弃渣场平台高度约2008m，大桥桩基础埋深大于10m。当最大涌浪高度至沟口时的高度为2.1m，略低于堆渣平台高程，仅对弃渣场平台前缘造成冲刷，不会对大桥的桩基础造成影响，因此涌浪对群科大桥的影响不大。

4. 涌浪对循隆高速黄河大桥的影响

基于流体力学明渠非恒定流的连续性方程、运动方程和沿程水头损失理论，把滑坡涌浪衰减过程分为急剧衰减和缓慢衰减两个阶段来考虑，并认为急剧衰减阶段的涌浪衰减符合指数衰减规律，缓慢衰减阶段符合明槽水流的沿程水头损失规律，结合初始涌浪高度对涌浪沿岸的传播高度及爬坡高度进行计算，得出滑坡涌浪的衰减规律及其与传播距离的关系，即：涌浪的衰减具有先快后慢的规律，传播3km时的涌浪高度只有初始涌浪高度的30%，传播10km时的涌浪高度只有初始涌浪高度的13%。

库区循隆高速黄河大桥距离古什群倾倒塌滑体约11km，计算出大桥处的涌浪高度小于0.5m，这一计算结果与库区风浪的高度基本一致，实践证明该风浪对大桥无影响，因此分析认为，古什群倾倒塌滑体失稳产生的涌浪对循隆高速黄河大桥无不利影响。

7.4.4 倾倒塌滑体失稳对环境的影响评价

涌浪是随着库岸滑坡而产生的一种次生灾害，巨型高速滑坡是激起巨大涌浪的根源，涌浪向对岸传播形成对岸爬坡浪，向上、下游传播并爬上岸坡形成沿程爬坡浪，会严重威胁库区库岸稳定、航行船只安全，以及沿岸居民的生命财产安全。

根据现场调查，公伯峡水电站坝前左、右岸各有一个码头，左岸码头由公伯峡水库管理；右岸码头由地方管理，作为旅游设施时，有库区旅游的船只停靠此码头。库区内养殖区主要分布在三个区域：第一个区域位于大坝前右岸旅游码头附近，第二个区域位于古什群倾倒塌滑体上游约800m处，第三个区域主要集中在黄河大桥上游的尖扎县一带。由于第一个和第二个养殖区距离古什群倾倒塌滑体较近，需要进行评价。

古什群倾倒塌滑体对岸发育有古什群Ⅰ号滑坡，该滑坡位于坝前左岸上游2km处，为切层岩质滑坡。滑坡体长约370m，前缘宽200m，中部宽120m，面积4.28万m^2，平均厚度32m（最大厚度58m），体积155万m^3。前缘剪出口高程1969.00m（高出河水面60m），后缘最大高程2108.00m。滑坡体主要由岩块、碎石组成，上部岩块块径较大，下部块径相对较小并有岩屑充填，表层覆盖有砂壤土及碎石土层。主滑带厚0.2～2m，主要由碎石、岩屑、岩粉及泥质组成，泥质条带宽2～5cm不等，连续性差。

根据涌浪分析计算，以2—2′剖面为例，倾倒塌滑体整体高速下滑后，其最大涌浪高为6.30m，涌浪直接冲击到对岸的Ⅰ号滑坡体，而Ⅰ号滑坡体大部分位于库水位以下，该滑坡在天然状态下整体基本稳定。当受涌浪冲击时，滑坡体前缘局部可能产生塌方，其方式以塌岸再造为主，对整体稳定影响不大。

库岸上、下游两岸2km范围内基本为岩质边坡，上游边坡呈峡谷状，河道曲折，不利于波浪的传播，涌浪在传播过程中快速衰减，因此，涌浪对水库其他库岸稳定影响不大。

下游大坝右岸码头上游侧布置有渔业养殖区，该区域范围不大，且处于古什群峡谷出口下游，该处河谷宽约730m。当古什群塌滑体发生失稳时，传播至该处时的涌浪高度为0.29～0.84m，可能对养殖业造成一定的影响，但影响不大。

古什群倾倒塌滑体上游约900m处的右岸有一处渔业养殖区，养殖区域靠近岸坡，当古什群倾倒塌滑体发生塌滑，产生的涌浪传播至该养殖区时，涌浪高度为0.21～2.08m。当涌浪高度小于0.8m时与风浪高度基本一致，对养殖区域基本没有影响；当涌浪高度大于0.8m时，不会破坏网箱的完整结构，因而对养殖网箱的影响有限。

库区尖扎县一带的养殖区与古什群倾倒塌滑体的距离大于12km，当古什群倾倒塌滑体整体发生塌滑，产生的涌浪传播至该养殖区时，涌浪高度基本消除，小于风浪产生的涌浪高度，因此对该养殖区没有任何影响。

大坝右岸设有民用码头，该码头主要为地方旅游通航所用，库区中经常有游艇航行，当古什群倾倒塌滑体发生塌滑并产生涌浪时，对游艇的安全航行存在影响。建议游艇航行远离古什群塌滑体，一旦发生塌滑产生涌浪，应及时通知游艇管理部门，停止库区航行，确保游艇及游客安全。

7.5 龙羊峡近坝库岸潜在边坡失稳涌浪评价

7.5.1 滑速计算

（1）整体-碎屑流法由中国电建集团西北勘测设计研究院有限公司严俊龙提出，可用于计算滑体的整体和碎屑流滑速。

（2）质点滑速计算法由中国电建集团西北勘测设计研究院有限公司成琪提出，该方法依据重力模型试验的原理，引入了材料残峰比的概念。

对比分析不同计算方法得出的1983年甘肃省东乡县洒勒山滑坡[85]和查纳滑坡[86]的滑速（表7.5-1），可见整体-碎屑流法、质点滑速计算法、重力模型试验和调查的平均滑速四种方法计算得到的滑速是比较一致的。

表7.5-1　洒勒山、查纳滑坡滑速比较表

计算方法	洒勒山滑坡滑速/(m/s)		查纳滑坡滑速/(m/s)	
	整体	碎屑流	整体	碎屑流
整体-碎屑流法	15.5	28.0	38.2	45.3
质点滑速计算法	18.7		34.8	
重力模型试验			34.1～41.3	
调查的平均滑速	15.3～16.4		22.5（最大滑速45）	

7.5.2 潜在失稳边坡涌浪高度预测

根据对龙西陡边坡[87]地形地面特征、地层结构和预测的可能下滑量及其主滑方向的

研究，蓄水前采用滑坡涌浪模型试验的方法，对陡边坡失稳时的涌浪进行了预测，取得了不同库水位和不同失稳方量条件下的坝前涌浪曲线。

蓄水前，研究报告预测的滑坡涌浪问题都是以原自然岸坡的破坏机制为出发点的；水库蓄水后库岸环境发生了明显改变，预计滑坡的发生一方面将追踪自然岸坡发生的模式，另一方面库水的渗透、浸泡作用将改变原有岸坡的平衡状态，小型滑坡、崩坍可能在发生较大规模滑坡前形成，边坡解体下滑的可能性增大。

涌浪高度预测原则上仍采用蓄水前 1：500 滑坡涌浪模型的试验成果。但由于可能失稳的滑体方量较蓄水前预测的小，当预测滑坡无对应的涌浪试验成果时，根据下滑方量、浪高、滑速的关系曲线，采用内插法或外延法确定可能失稳岸坡在坝前的涌浪高度和北岸生活区的爬浪高程。失稳滑速仍采用蓄水前各岸坡的计算滑速值。预测各潜在滑坡的坝前涌浪计算结果见表 7.5-2。

表 7.5-2　各潜在滑坡的坝前涌浪计算结果

库岸名称	距大坝距离/km	下滑量/$10^4 m^3$	滑速/(m/s)	坝前涌浪			生活区爬浪高程/m
				库水位/m	浪高/m	高程/m	
龙西	3.8	250～300	25	2594.00	3	2597.00	2603.00
				2600.00	<3	<2603.00	2606.00
		900	25	2594.00	10	2604.00	2624.00
				2600.00	8	2608.00	2624.00
农场	2.8	300	16	2594.00	4	<2597.00	2601.00
				2600.00	3	<2603.00	2607.00
		650	16	2594.00	5	2599.00	2605.00
				2600.00	<3	<2603.00	2607.00
查东	5.2	190	23	2594.00～2600.00	<3		<2606.00
		300	23				
		500	23				

7.5.3　近坝库岸涌浪模型设计及试验

7.5.3.1　模型设计

模型按重力相似定律设计，采用正态模型，模型比例尺为 1：500。模拟库区的范围由坝址上游 9.1km 至坝址下游 0.9km，模拟地形的最大标高为 2800m，库区地形均采用水泥砂浆抹面，其糙率 $n=0.124$（对应的原型糙率为 0.035）。

模型中拦河大坝及各泄水建筑物的外部轮廓均按重力相似条件模拟。库区左岸生活区的位置按比例放在模型上，以便直接观察涌浪对生活区的影响范围。坝址下游设集水池，测量涌浪漫坝水量。

模型布置了 9 个水位测点，包括了左、右岸坝肩及厂房顶水深的测量，均采用 KGY-Z 型钽丝波高仪测量。

库区滑坡体按地质剖面及滑体方量模拟，滑体材料用混凝土，滑动时为刚体运动，滑入水库后保持原几何形状不变。

滑体置于滑车上，滑轴倾角为 20°，在立面上以半径为 0.6m 的圆弧段过渡到河床面，改变滑体的起滑高度以取得不同的滑速。用圆盘点触电式测速器测量滑速，其脉冲信号送入 SC-18 型紫外线示波仪，与涌浪高度同步记录。

7.5.3.2 主要试验成果分析

根据对库区岸坡稳定的初步分析和预测，对水库南岸可能产生滑坡的峡口、农场、龙西、查东、查纳和查西等 6 个滑坡区进行了水力学模型试验，为设计和运行部门采取处理和安全预防措施提供参考。

1. 水深对坝前涌浪的影响

当滑体厚度小于水深时，滑体全部滑入水中，坝前涌浪高度随水深的增加而减小，如农场滑坡 1000 万 m^3 的滑体，库水位 2580.00m 较 2600.00m 的坝前涌浪高度增加 20%左右。当滑体厚度大于水深，滑体整体下滑后，保持原滑体几何形状不变，水库水位抬高，阻水断面也相应增大，水深对涌浪的影响较小。试验资料表明，坝前涌浪高度与滑体厚度 h 成正比，坝前涌浪高度与滑体入水处水深 H 成反比关系。

2. 滑体整体滑动和散体滑动的比较

选择距坝址较近且滑动力量较大的农场滑坡区进行整体滑动和散体滑动试验，采用滑体方量为 1000 万 m^3、宽度为 500m、最大阻水断面为 50000m^2 的滑坡体。当滑体整体滑动时，滑体材料用 20cm×20cm×20cm 混凝土立方体，滑体滑入水库后，保持滑体几何形状不变。当滑体呈散状滑动时，滑体材料用 4cm×4cm×4cm 混凝土立方体，滑坡体滑入水库后滑体前沿松动，滑坡体坍落变形，坝前产生的涌浪高度较整体滑动略有降低，当滑体前沿为矩形或为 45°斜坡形时，对坝前涌浪高度基本上无影响。滑速与坝前涌浪高度的关系如图 7.5-1 所示。

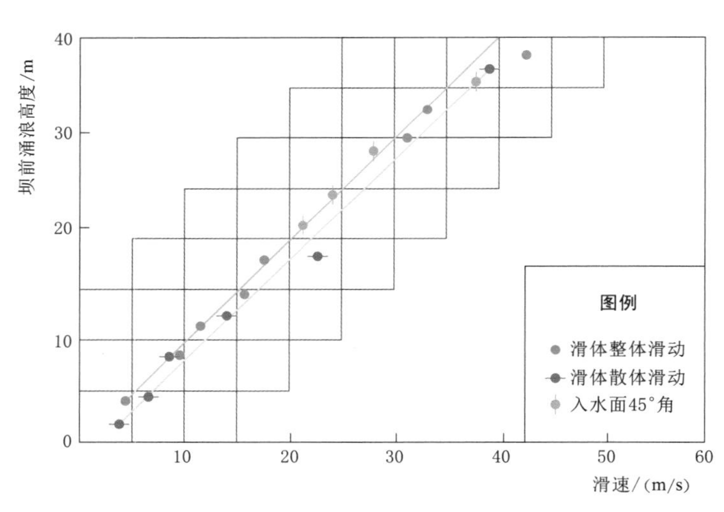

图 7.5-1 滑速与坝前涌浪高度的关系

3. 滑坡体几何形状对坝前涌浪的影响

在农场滑坡区，当滑体方量为 1500 万 m^3 时，滑体最大宽度为 890m，最大阻水面积为 88000m^2；当滑体方量为 2000 万 m^3 时，滑体最大宽度 500m，最大阻水面积为 50000m^2。因滑体外部形状不同，滑体方量 1500 万 m^3 较 2000 万 m^3 的坝前涌浪反而增高了 17%～28%。因此，本节进行了滑体几何形状对坝前涌浪影响的研究。

采用滑体的方量 V=1000 万 m^3，滑体厚度 h=100m，水库水深 H=120m，改变滑体的最大宽度（分别取 200m、300m、500m 和 800m），坝前涌浪高度随滑体宽度 B 的增加（亦即最大阻水断面的增加）而增大。但当滑体宽度增加到一定值后，宽度的增加对坝前涌浪的影响逐渐减弱。若滑速 v 产生的坝前涌浪高度为 η_m，则相对滑速 $\frac{v}{\sqrt{gd}}$ 与相对波高 $\frac{\eta_m}{H}$ 的关系如图 7.5－2 所示。当滑体厚度分别为 100m、300m 时，滑体最大阻水断面不变，仅延长滑体长度 L（L 取 100m、200m、300m 和 500m），滑体方量及重量随长度的增加而增加，坝前涌浪高度随滑体方量的增加而增大。在不同滑体方量条件下，相对滑速 $\frac{v}{\sqrt{gd}}$ 与相对涌浪高度 $\frac{\eta_m}{H}$ 的关系如图 7.5－3 所示。

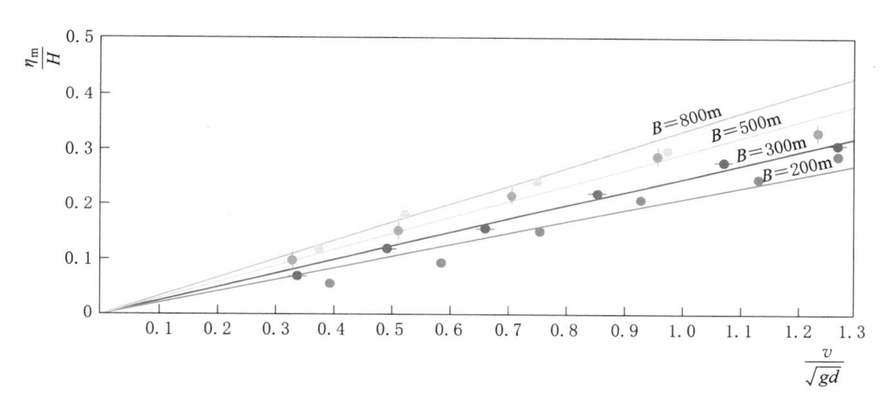

图 7.5－2　相对滑速 $\frac{v}{\sqrt{gd}}$ 与相对涌浪高度 $\frac{\eta_m}{H}$ 的关系（不同滑体宽度条件下）

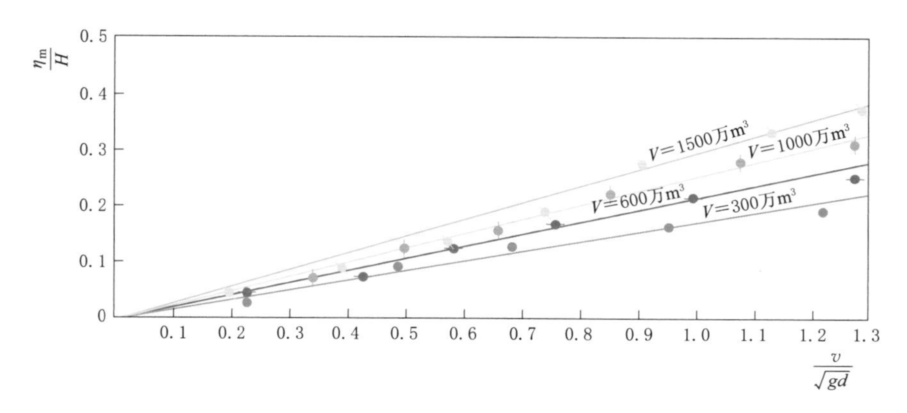

图 7.5－3　相对滑速 $\frac{v}{\sqrt{gd}}$ 与相对涌浪高度 $\frac{\eta_m}{H}$ 的关系（不同滑体方量条件下）

上述试验表明，滑体几何形状的改变与滑体方量的增减，对坝前涌浪高度也有较大影响。当龙羊峡水库运行时，坝前产生的涌浪高度将随着滑体形态及滑体方量的变化而变化。

4. 滑坡体入水位置与坝前涌浪高度的关系

龙羊峡水库近坝库区为宽广的不对称谷地，坝址峡口上游北岸迅速扩宽，当库水位为2600.00m时，距坝址6km处的水面平均宽度约7000m。因水面宽阔，滑坡产生的坝前最高涌浪是未经岸边反射的单驼峰形的孤立波。但由于水的黏滞性而产生的阻尼作用，使其随距波源点距离的增加而衰减，滑坡区距坝址越远，坝前产生的涌浪越小。

将农场、龙西、查纳、查西4个滑坡区的坝前涌浪高度与滑坡区距坝址距离的关系点绘于图7.5-4中。由图7.5-4可知，当滑坡体距坝址8km以上时，若滑体方量小于2000万m^3，滑速不超过50m/s，则坝前产生的涌浪波峰将小于10m，对大坝及厂区基本上无影响[88]。

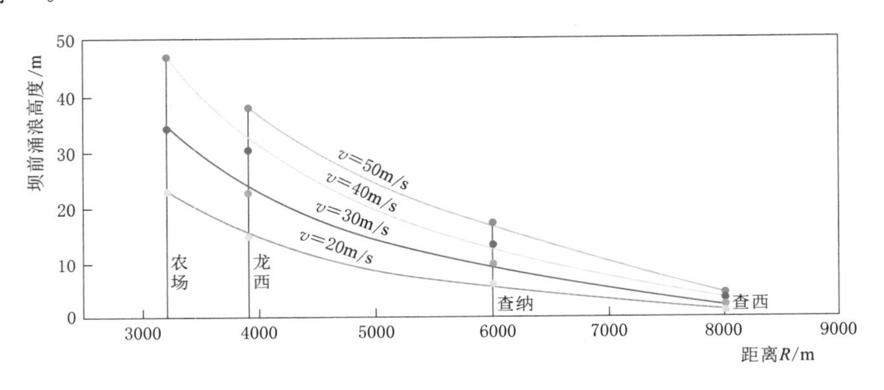

图7.5-4　不同滑速下滑坡体距大坝距离与坝前涌浪高度的关系

水库库岸滑坡产生的涌浪是一个非常复杂的问题。试验资料表明，库区发生滑坡时，坝前涌浪的大小与滑坡体距大坝的距离、滑体下滑速度、滑体滑动方向、滑体入水断面几何形状、滑体入水方量及水库水深等因素有很大关系。坝前涌浪高度ζ_{max}与初始涌浪高度ζ_0的经验关系式见式（7.5-1），龙羊峡水库农场区滑坡涌浪计算值与试验值比较见表7.5-3。

$$\zeta_{max}=\frac{\zeta_0}{\pi R^n}\Delta L \tag{7.5-1}$$

式中：R为滑坡体距测点距离；ΔL为滑坡体宽；n为因子。

表7.5-3　龙羊峡水库农场区滑坡涌浪高度计算值与试验值比较

滑速/(m/s)		4.3	11.5	17.6	24.2	33.1	备　注
试验值/m		3.9	11.1	17.8	24.4	32.7	库水位2580m，V=1000万m^3，B=500m
计算值/m	潘家铮法	2.5	6.6	10.1	13.9	19.0	
	计算式（7.5-1）	2.3	6.1	9.4	12.9	17.7	
	水科院法	1.1	4.8	9.2	14.8	23.6	

表7.5-4表明，坝前涌浪高度计算值较试验值偏小，可能的原因有以下几种：①计算公式简化了库区边界条件，使库岸为平行直线，与实际河床地形地貌有很大差异；②计算公式中未能全面概括滑坡产生涌浪的各种主要因素；③计算中某些参数的选择任意性比较大，如水库平均水深、平均河宽等；④坝前涌浪高度，因受坝面阻水的影响，涌浪波较自由行进波高。

7.5.4 涌浪高度分析评价

在库水位为2594.00m时，可能失稳的库岸边坡为龙西边坡，沿龙西①号弧下滑的方量为250万～300万m^3，在相应库水位时的坝前涌浪高度为3m，在北岸生活区1号水尺处爬高高程为2603.00m。

在库水位为2600.00m时，可能失稳的库岸边坡为龙西边坡和农场边坡，沿龙西①号弧下滑的方量为250万～300万m^3，沿农场①号弧下滑的方量为300万m^3，在相应库水位时的坝前涌浪高度分别为3m和3～4m，在北岸生活区1号水尺处爬高高程为2606.00～2607.00m。

根据多年来龙西、峡口、查东等边坡实际观测的破坏机制，龙西、农场边坡上部观测隧洞中张拉裂缝分布较多，预计今后上述各边坡仍有可能继续分块解体呈小方量坍塌，直至形成稳定边坡，这样就不会造成涌浪危害。以这种方式破坏可能性最大的为峡口边坡和查东边坡。

库岸滑坡涌浪高度的评价标准，可以龙西边坡和农场边坡300万m^3下滑量进行控制。在此期间，确定汛期运行水位时预留的滑坡涌浪高度为3～4m。随着库岸变形实际监测资料的不断积累，应根据库岸再造和监测资料对涌浪高度的评价标准进行调整。

7.6 西南某库岸滑坡堵江风险分析

7.6.1 滑坡概况

滑坡体位于西南某水电站水库区右岸，下游沿河道距大坝24km。2019年6月，受水库蓄水影响，坡体上部约2312.00m高程发现环状裂缝，并随着变形的发展逐步贯通。其中顶部裂缝最大宽度约2.9m，下错高度最大约3.4m，前缘整体向左岸移动的位移约2.2m。

根据现场地质调查，滑坡总方量约1400万m^3，由上部滑坡堆积物、底滑面（带）、倾倒岩体、折断面（带）及下伏基岩组成。其中，滑坡堆积物主要为碎石土或块碎石；底滑面（带）土中下部为岩块、岩屑夹泥型，中上部则为泥质及泥夹岩块、岩屑型；下伏基岩为强倾倒岩体及完整基岩。

由于滑坡方量较大，且已呈整体蠕滑趋势，滑坡失稳后是否会形成堰塞湖以及溃堰洪水是否会对电站安全造成威胁，是工程关注的重点。

7.6.2 堆积体入江的形态

1. 堆积体形态分析法

壅水风险主要取决于滑坡失稳后的堆积体堵江形态，应急处理阶段主要根据可能的失稳方量，假定滑坡体完全入江，按照天然休止角堆积形成堰塞体。若失稳方量不大，按照最不利情况控制是可行的。由于实际滑坡失稳过程十分复杂，很难准确估计滑坡失稳后的堆积形态，但基本可以明确其主要取决于河谷地形地貌、滑坡的体积与滑速、失稳方式及单位时间入江量等，此外，河床的水动力条件也是决定能否完全堵江的重要条件。计算分析主要考虑河谷地形、滑坡体积与滑速以及失稳方式等主要影响因素，暂不考虑失稳过程中江水的冲刷作用。

具体计算方法主要借鉴潘家铮滑速分析方法，在计算滑速时考虑滑坡入水后继续沿河床滑动，则滑坡的滑动一般经历加速、减速直至静止的过程。由于涌浪分析只关注最大入水速度，一般不记录条块的运动过程，只根据速度过程曲线确定最大入水速度。若能将计算过程中条块的位置记录下来，则滑速为 0 时的条块位置基本可以反映堆积体的形态。该计算主要假定滑坡始终沿着滑面移动，剪出后沿坡面及河床继续向前，直至速度为 0，且不考虑滑动过程中坡体的变形、局部解体及崩塌等。

2. 失稳后堆积形态分析

根据堆积体形态分析方法，最终得到整体失稳和局部失稳后的堆积形态，分别如图 7.6-1 和图 7.6-2 所示。由于刚体假定未考虑条块的变形、折断及坍塌等，计算的堆积体形态与实际情况有些差别，但可以初步估算堵江形态，对于滑速较低、滑面平缓情况基本合适。由图 7.6-1 可知，局部失稳约占据 80% 的过流面积，堆积高程最低点为 1892.90m；整体失稳同样不会完全堵塞河道，堆积高程最低点为 1899.70m（图 7.6-1）。

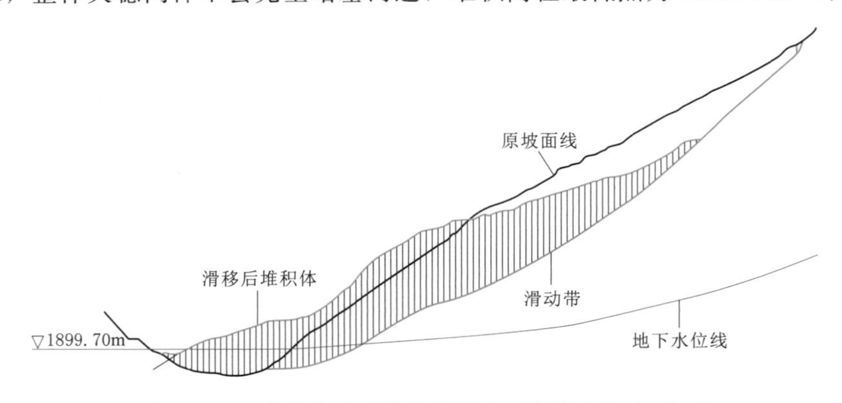

图 7.6-1 整体失稳后的堆积形态（摩擦系数 $f=0.5$）

3. 滑面参数敏感性分析

在分析堆积体形态时，假定滑动后黏聚力消失，摩擦系数按堆石体的参数取 0.5。对于局部失稳情况，由于方量相对较少，可以认为是合适的。而对于整体失稳情况，滑坡体方量超过 1000 万 m^3，在滑动瞬间的能量巨大，可能导致滑面孔隙水汽化为气体，滑面摩擦力会急剧降低。沙伊德格搜集了许多大滑坡的数据，分析其滑速的变化规律，发现摩擦

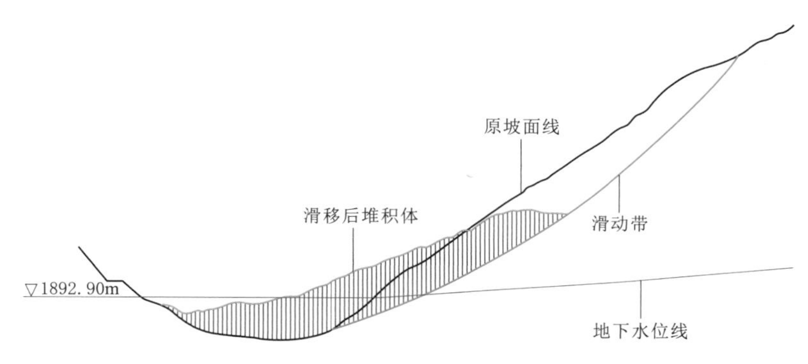

图 7.6-2　局部失稳后的堆积形态（摩擦系数 $f=0.5$）

系数与滑坡体积之间有一定的相关关系，并利用统计资料整理出如下经验公式：

$$\lg f = a\lg V + b \tag{7.6-1}$$

式中：f 为摩擦系数；V 为滑坡体积，m^3；a、b 为经验常数，$a=-0.15666$ 和 $b=0.62419$。

潘家铮在《建筑物的抗滑稳定和滑坡分析》一书中对该方法进行了介绍，并建议采用该方法估算大型滑坡在失稳时的可能摩擦系数。按 1400 万 m^3 方量估算，可知滑坡体整体下滑时，滑面的摩擦系数为 0.32。考虑到坡体较缓，仅前缘局部在水位以下，形成气垫高速下滑的可能性不大，计算时仅对摩擦系数进行敏感性分析，分别取 0.55（上浮 10%）、0.53（上浮 5%）、0.48（下浮 5%）和 0.45（下浮 10%），图 7.6-3～图 7.6-6 为对应摩擦系数取值下滑坡体整体失稳后的堆积形态。考虑到下滑过程中的残余摩擦系数应低于未滑动时的值（约 0.55），同时低位滑坡发生高速下滑的可能性不大，故最终按摩擦系数上下浮动 5%的堆积形态作为后续壅水风险分析方案。

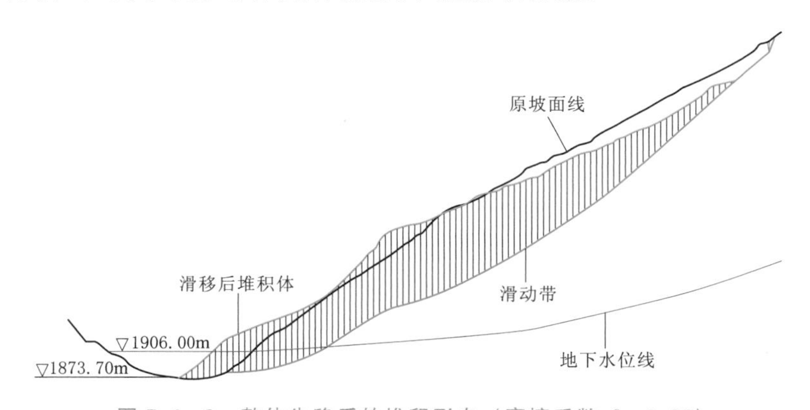

图 7.6-3　整体失稳后的堆积形态（摩擦系数 $f=0.55$）

4. 失稳后堆积体稳定复核

局部失稳后中上部坡体失去支撑，可能再次发生失稳，因此，需对失稳后堆积体的局部稳定性进行复核，分析二次下滑的可能性。考虑失稳后堆积体物理力学参数会发生衰减，最终摩擦系数取 0.5（下浮 10%），黏聚力取 25kPa（下浮 50%）。局部失稳后堆积体的稳定性如图 7.6-7 所示，可见局部失稳后，中上部岸坡稳定性变差，可能发生连锁破

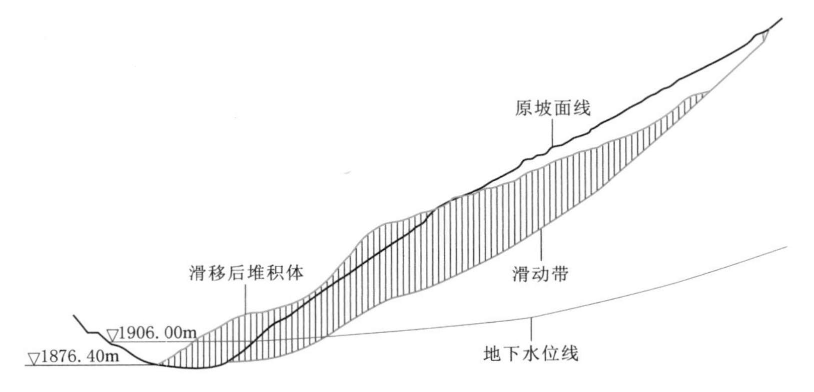

图 7.6-4　整体失稳后的堆积形态（摩擦系数 $f=0.53$）

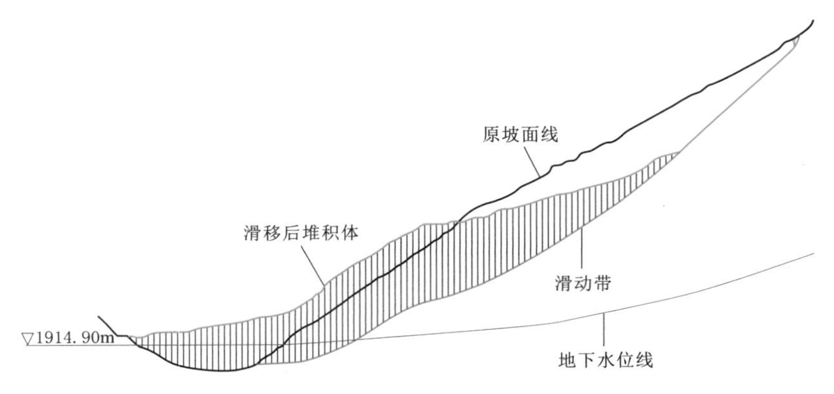

图 7.6-5　整体失稳后的堆积形态（摩擦系数 $f=0.48$）

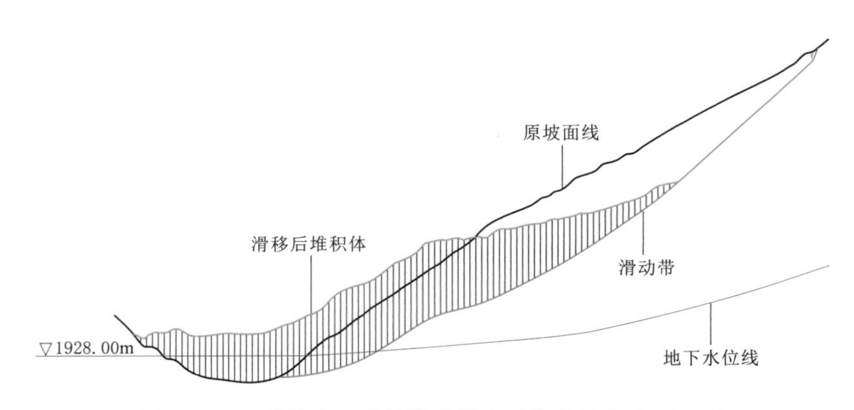

图 7.6-6　整体失稳后的堆积形态（摩擦系数 $f=0.45$）

坏，但由于失稳后堆积体的压脚作用，沿滑动带的整体稳定性提高。因此，需对局部失稳后导致后缘发生连锁破坏情况的堆积形态进行复核计算。

5. 二次失稳堆积形态分析

针对局部失稳可能导致后缘二次失稳，采用潘家铮滑速计算方法，对后缘失稳后的堆积形态进行分析。计算中暂不考虑已经滑下堆积体的再次启动，仅在堆积形态计算完成后

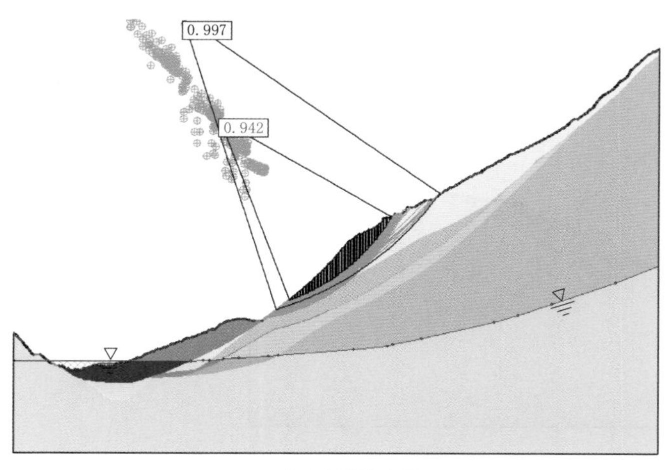

(a) 局部稳定性

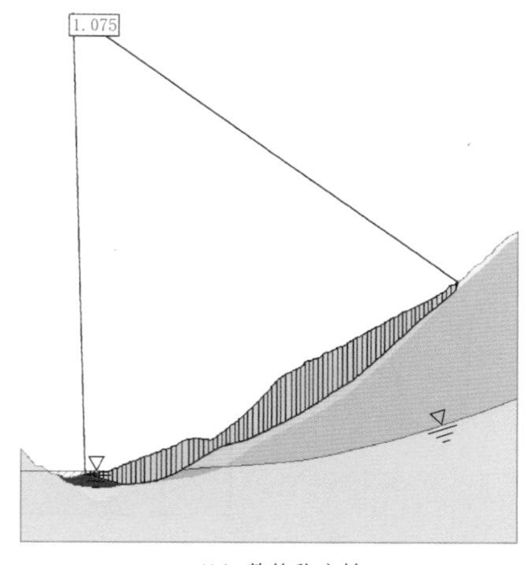

(b) 整体稳定性

图 7.6-7　局部失稳后堆积体的稳定系数

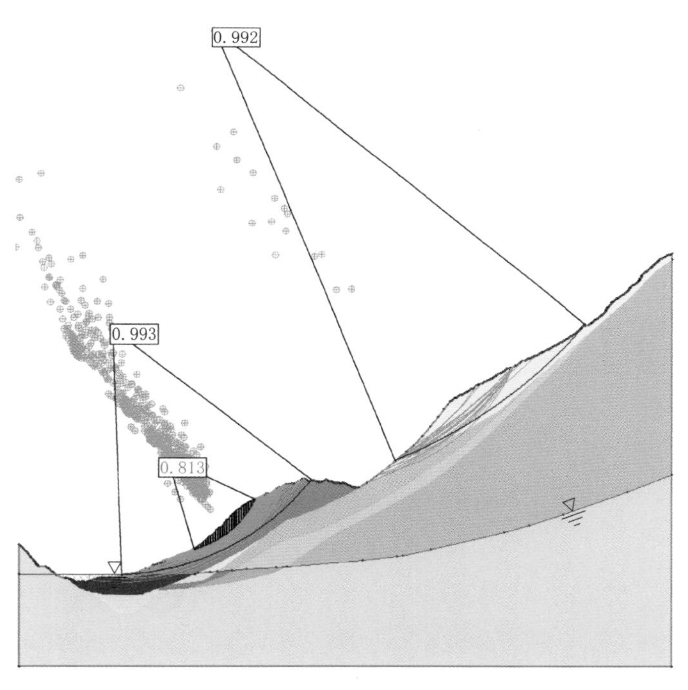

图 7.6-8　二次下滑后局部稳定系数

再复核整个堆积体的稳定性，通过不断试算，最终得到稳定坡体所对应的堆积形态。由图 7.6-8 可见，二次下滑后后缘碎石土局部稳定性仍较差，经过若干次滑塌最终得到后缘碎石土稳定的堆积形态（图 7.6-9），此时堆积体稳定系数为 0.813，会继续滑塌。采用同样方法对堆积体逐步滑塌过程进行计算，得到最终堆积形态，如图 7.6-10 所示。局部连续失稳后堆积体形态如图 7.6-11 所示，此时堆积高程最低点为 1894.40m。

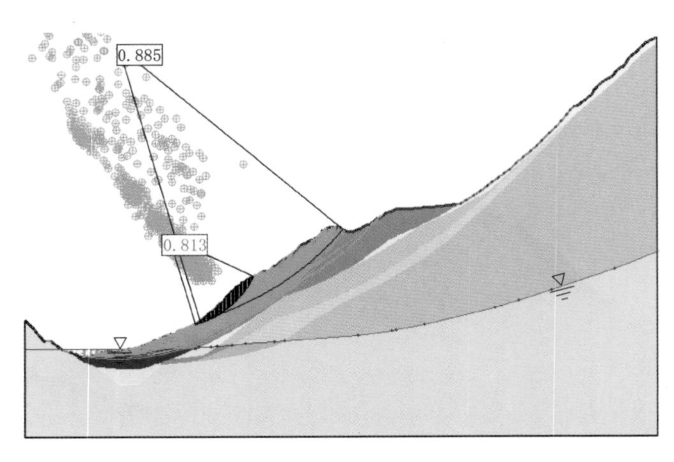

图 7.6－9　顶部碎石土逐步下滑后局部稳定系数

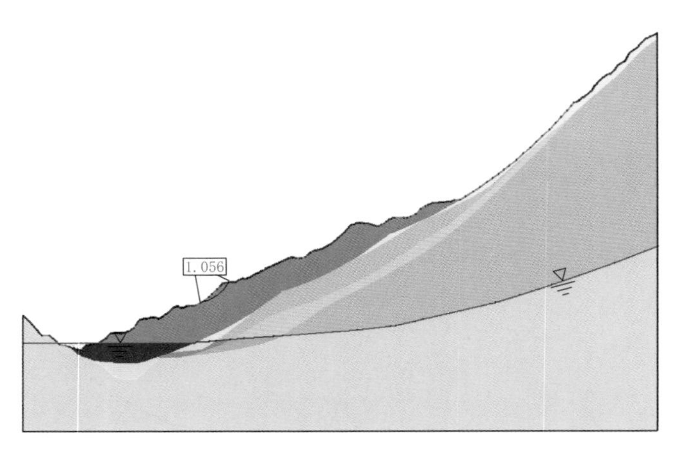

图 7.6－10　最终堆积形态

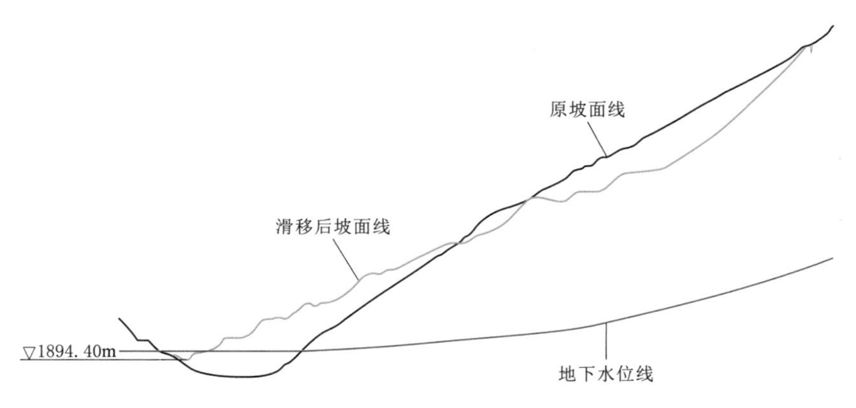

图 7.6－11　局部连续失稳后堆积体形态

7.6.3　壅水风险分析

1. 水面线计算方法

水面线采用恒定非均匀渐变流能量方程计算：

$$z_2+\frac{\alpha_2 v_2^2}{2g}=z_1+\frac{\alpha_1 v_1^2}{2g}+h_w \tag{7.6-2}$$

式中：z_1、z_2 为断面 1 和断面 2 的水位，m；v_1、v_2 为断面 1 和断面 2 的流速，m/s；α_1、α_2 为系数；g 为重力加速度，m/s^2；h_w 为断面 1 和断面 2 之间的水头损失。

水头损失由局部水头损失与沿程水头损失两部分组成。局部水头损失是由于过水断面沿程收缩与扩大所引起的，在天然河道的水面线计算中一般不考虑，而是将其计算到综合糙率中去。沿程水头损失计算公式为

$$h_w=\frac{Q^2 L}{\overline{k}^2} \tag{7.6-3}$$

式中：$\overline{k}$ 为断面 1 和断面 2 之间的平均流量模数；Q 为流量，m^3/s。

流量模数的计算公式为

$$\overline{k}=\frac{1}{n}R^{2/3}A \tag{7.6-4}$$

式中：n 为糙率；R 为水力半径，m；A 为面积，m^2。

根据库区河床组成情况，并重点考虑堰塞体以上河段情况，综合分析糙率取 0.05。

将 h_w 代入式（7.6-2）得

$$z_2+\frac{\alpha_2 v_2^2}{2g}=z_1+\frac{\alpha_1 v_1^2}{2g}+\frac{Q^2 L}{\overline{k}^2} \tag{7.6-5}$$

2. 计算方案

根据堆积体形态计算成果，最终拟订了 5 种方案，局部下滑方案堵江长度按 250m 考虑，整体下滑方案堵江长度按 500m 考虑，纵 2 剖面不同堵江方案示意如图 7.6-12 所示。为了对比分析影响情况，本书分析计算了现状条件下不同流量的天然水面线及回水成果。

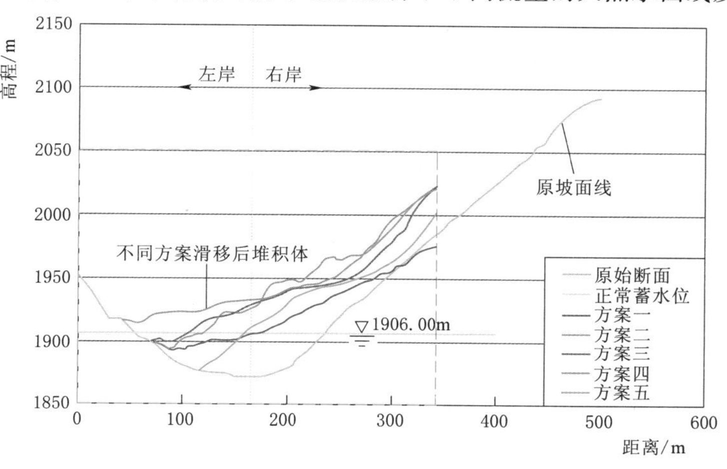

图 7.6-12　纵 2 剖面不同堵江方案示意图

(1) 方案一：不完全堵江方案，失稳方量约 210 万 m^3，不考虑局部失稳后引发顶部的连锁失稳破坏，底部高程 1892.90m。考虑堰上过流，计算堰塞体以上河段水面线，其中堰前水位根据堰流公式计算：流量 $1500m^3/s$、$2860m^3/s$ 和 $4120m^3/s$ 对应水位分别为 1906.18m、1906.57m 和 1907.75m。

(2) 方案二：不完全堵江方案，失稳方量约 210 万 m^3，考虑局部失稳后引发顶部的连锁破坏，底部高程 1894.40m。考虑堰上过流，计算堰塞体以上河段水面线，其中堰前水位根据堰流公式计算：流量 $1500m^3/s$、$2860m^3/s$ 和 $4120m^3/s$ 对应水位分别为 1906.80m、1908.52m 和 1911.15m。

(3) 方案三：不完全堵江方案，整体失稳，滑面摩擦系数取 0.50，不考虑黏聚力，底部高程 1899.70m。考虑堰上过流，计算堰塞体以上河段水面线，其中堰前水位根据堰流公式计算：流量 $1500m^3/s$、$2860m^3/s$ 和 $4120m^3/s$ 对应水位分别为 1909.35m、1911.82m 和 1914.35m。

(4) 方案四：堵江方案（堰顶高程 1914.90m），考虑堰体溃决，计算堰塞体以上河段水面线，流量 $1500m^3/s$、$2860m^3/s$ 和 $4120m^3/s$ 对应最高堰上水位分别为 1916.70m、1918.00m 和 1919.20m。

(5) 方案五：不完全堵江方案，整体失稳滑速较低，滑面残余摩擦系数取 0.53，不考虑黏聚力，底部高程 1876.40m。考虑堰上过流，计算堰塞体以上河段水面线，其中堰前水位根据堰流公式计算：流量 $1500m^3/s$、$2860m^3/s$ 和 $4120m^3/s$ 对应水位分别为 1906.00m、1906.09m 和 1906.28m。

3. 计算结果

根据以上参数，采用恒定非均匀渐变流能量方程计算的不同方案水面线成果见表 7.6-1～表 7.6-3 及图 7.6-13～图 7.6-18。计算结果表明：

(1) 现状条件下，计算流量 $1500m^3/s$、$2860m^3/s$ 和 $4120m^3/s$ 回水至断面 WK27 的回水长度约 39.5km。

(2) 失稳体上游水位主要跟堰前水位密切相关，堰前水位越高回水影响范围越大，其中方案一、方案二、方案三虽然不完全堵江，但考虑堰上过流，对上游影响相对较大，方案一堰塞体上游河段水位抬升约 0.16～1.54m，方案二堰塞体上游河段水位抬升约 0.79～4.9m，方案三堰塞体上游河段水位抬升约 3.33～8.06m；方案四对应溃堰工况，堰塞体上游河段水位抬升约 8.7～12.9m；方案五不完全堵江且堵江高程相对较低，对上游影响相对较小，堰塞体上游河段水位抬升约 0.06～0.62m。

表 7.6-1　　斜坡上游库区现状水面线成果表

断面编号	距离/km	深泓点高程/m	现状（天然线）水位/m			现状（回水）水位/m		
			$Q=1500m^3/s$	$Q=2860m^3/s$	$Q=4120m^3/s$	$Q=1500m^3/s$	$Q=2860m^3/s$	$Q=4120m^3/s$
WK16	23.6	1866.50	1877.49	1881.14	1883.64	1906.00	1906.02	1906.15
WK17	25.6	1870.50	1880.58	1884.53	1887.28	1906.02	1906.09	1906.31
WK18	27.1	1877.60	1887.43	1890.54	1892.76	1906.05	1906.18	1906.48
WK19	28.3	1877.10	1895.13	1897.96	1899.90	1906.10	1906.37	1906.87

续表

断面编号	距离/km	深泓点高程/m	现状（天然线）水位/m			现状（回水）水位/m		
			$Q=1500m^3/s$	$Q=2860m^3/s$	$Q=4120m^3/s$	$Q=1500m^3/s$	$Q=2860m^3/s$	$Q=4120m^3/s$
WK20	29.0	1879.50	1895.40	1898.40	1900.42	1906.10	1906.43	1906.99
WK20+1	29.8	1880.80	1896.44	1899.98	1902.37	1906.17	1906.72	1907.53
WK21	31.0	1886.10	1898.47	1902.42	1905.09	1906.37	1907.32	1908.57
WK22	32.3	1889.80	1901.06	1905.29	1908.24	1906.74	1908.35	1910.23
WK23	33.5	1890.90	1902.76	1906.87	1909.78	1907.08	1909.12	1911.24
WK23+1	34.7	1894.60	1905.07	1909.11	1911.96	1907.81	1910.47	1912.87
WK24	36.2	1895.60	1908.75	1912.77	1915.45	1909.66	1913.21	1915.82
WK25	37.9	1898.50	1912.42	1916.85	1919.68	1912.61	1916.90	1919.76
WK26	38.6	1904.00	1914.10	1918.19	1920.98	1914.19	1918.23	1921.03
WK27	39.5	1905.00	1917.07	1920.94	1923.74	1917.07	1920.94	1923.74
WK28	40.7	1908.50	1919.25	1922.99	1925.74			
WK29	41.7	1913.20	1921.93	1925.40	1928.02			
WK30	42.8	1917.00	1925.59	1928.56	1930.80			
WK31	43.8	1920.00	1929.54	1932.78	1935.15			
WK32	45.2	1922.10	1932.27	1935.69	1938.27			
WK33	46.1	1923.00	1933.81	1937.46	1940.23			

表7.6-2 不同堵江方案水面线成果表（一）

断面编号	距离/km	深泓点高程/m	方案一 水位/m			方案二 水位/m			方案三 水位/m		
			$Q=1500m^3/s$	$Q=2860m^3/s$	$Q=4120m^3/s$	$Q=1500m^3/s$	$Q=2860m^3/s$	$Q=4120m^3/s$	$Q=1500m^3/s$	$Q=2860m^3/s$	$Q=4120m^3/s$
ZP（2—2）	24.29	1876.31	1906.18	1906.57	1907.75	1906.80	1908.52	1911.15	1909.35	1911.82	1914.35
WK17	25.6	1870.50	1906.18	1906.62	1907.85	1906.80	1908.56	1911.21	1909.35	1911.83	1914.37
WK18	27.1	1877.60	1906.20	1906.71	1907.99	1906.82	1908.62	1911.29	1909.35	1911.86	1914.43
WK19	28.3	1877.10	1906.25	1906.89	1908.30	1906.87	1908.76	1911.49	1909.38	1911.94	1914.56
WK20	29.0	1879.50	1906.25	1906.94	1908.38	1906.87	1908.80	1911.53	1909.38	1911.96	1914.59
WK20+1	29.8	1880.80	1906.33	1907.21	1908.81	1906.94	1908.99	1911.79	1909.43	1912.08	1914.76
WK21	31.0	1886.10	1906.52	1907.76	1909.63	1907.11	1909.39	1912.29	1909.53	1912.32	1915.08
WK22	32.3	1889.80	1906.88	1908.72	1911.02	1907.41	1910.11	1913.19	1909.72	1912.76	1915.67
WK23	33.5	1890.90	1907.20	1909.43	1911.89	1907.69	1910.64	1913.76	1909.87	1913.06	1916.04
WK23+1	34.7	1894.60	1907.91	1910.68	1913.30	1908.30	1911.59	1914.73	1910.23	1913.62	1916.67
WK24	36.2	1895.60	1909.71	1913.30	1916.02	1909.93	1913.76	1916.80	1911.24	1915.03	1918.09
WK25	37.9	1898.50	1912.62	1916.92	1919.81	1912.70	1917.04	1920.04	1913.28	1917.52	1920.62
WK26	38.6	1904.00	1914.20	1918.24	1921.08	1914.24	1918.32	1921.24	1914.56	1918.64	1921.67
WK27	39.5	1905.00	1917.07	1920.94	1923.74	1917.07	1920.94	1923.85	1917.08	1921.08	1924.04

续表

断面编号	距离/km	深泓点高程/m	方案一 水位/m			方案二 水位/m			方案三 水位/m		
			$Q=1500m^3/s$	$Q=2860m^3/s$	$Q=4120m^3/s$	$Q=1500m^3/s$	$Q=2860m^3/s$	$Q=4120m^3/s$	$Q=1500m^3/s$	$Q=2860m^3/s$	$Q=4120m^3/s$
WK28	40.7	1908.50						1925.74	1919.25	1923.08	1925.92
WK29	41.7	1913.20								1925.40	1928.12
WK30	42.8	1917.00									1930.80
WK31	43.8	1920.00									
WK32	45.2	1922.10									
WK33	46.1	1923.00									

表 7.6-3　　不同堵江方案水面线成果表（二）

断面编号	距离/km	深泓点高程/m	方案四 水位/m			方案五 水位/m		
			$Q=1500m^3/s$	$Q=2860m^3/s$	$Q=4120m^3/s$	$Q=1500m^3/s$	$Q=2860m^3/s$	$Q=4120m^3/s$
ZP（3—3）	24.54	1876.31	1916.70	1918.00	1919.20	1906.00	1906.09	1906.28
WK17	25.6	1870.50	1916.70	1918.00	1919.20	1906.08	1906.42	1906.93
WK18	27.1	1877.60	1916.70	1918.02	1919.23	1906.10	1906.51	1907.08
WK19	28.3	1877.10	1916.70	1918.06	1919.32	1906.15	1906.69	1907.43
WK20	29.0	1879.50	1916.70	1918.06	1919.32	1906.15	1906.74	1907.52
WK20+1	29.8	1880.80	1916.70	1918.12	1919.42	1906.23	1907.01	1908.02
WK21	31.0	1886.10	1916.73	1918.22	1919.60	1906.42	1907.57	1908.97
WK22	32.3	1889.80	1916.78	1918.41	1919.93	1906.78	1908.56	1910.52
WK23	33.5	1890.90	1916.83	1918.52	1920.12	1907.11	1909.29	1911.48
WK23+1	34.7	1894.60	1916.91	1918.72	1920.43	1907.83	1910.58	1913.01
WK24	36.2	1895.60	1917.12	1919.20	1921.17	1909.67	1913.26	1915.88
WK25	37.9	1898.50	1917.62	1920.25	1922.62	1912.62	1916.92	1919.77
WK26	38.6	1904.00	1917.96	1920.83	1923.32	1914.19	1918.24	1921.04
WK27	39.5	1905.00	1918.84	1922.25	1925.00	1917.07	1920.94	1923.74
WK28	40.7	1908.50	1920.17	1923.76	1926.52			
WK29	41.7	1913.20	1922.19	1925.72	1928.42			
WK30	42.8	1917.00	1925.59	1928.65	1930.96			
WK31	43.8	1920.00		1932.78	1935.15			
WK32	45.2	1922.10						
WK33	46.1	1923.00						

7.6.4 溃堰洪水计算

7.6.4.1 计算模型

溃堰洪水计算拟将堰塞体上库区和下库区作为一个整体模型考虑，计算河段较长且为

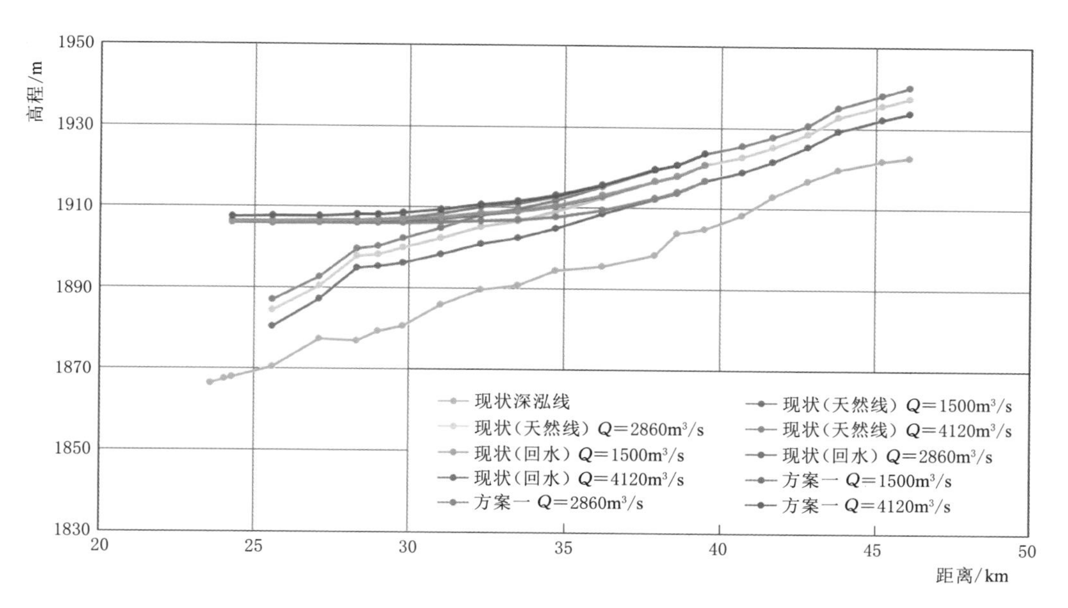

图 7.6-13　方案一堰上水面线示意图

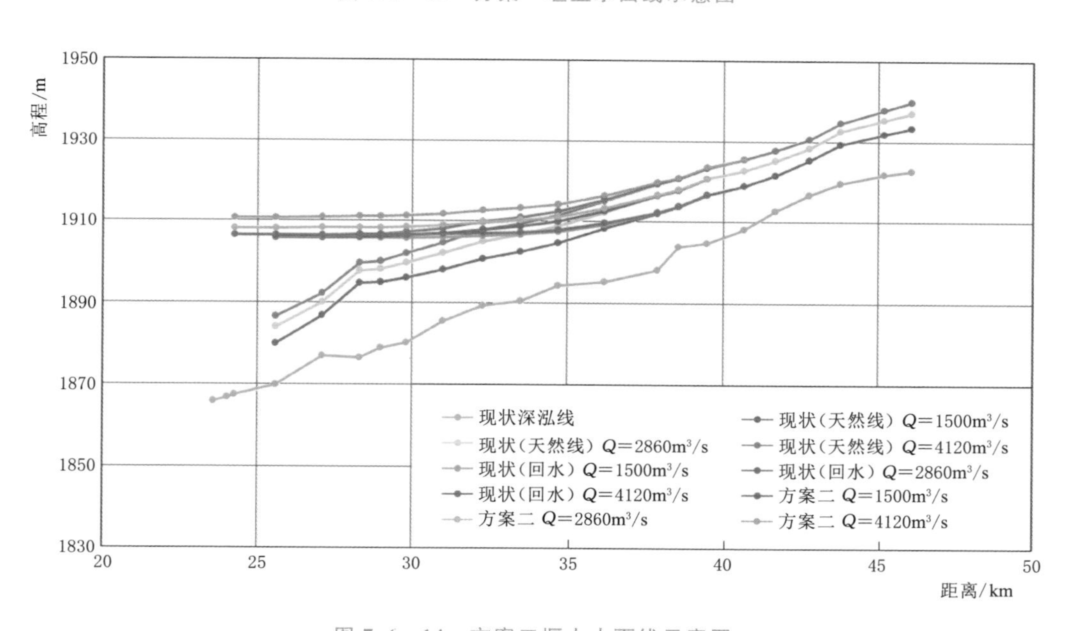

图 7.6-14　方案二堰上水面线示意图

峡谷型河道。在洪水演进模拟过程中，一维模型具有计算速度快、计算范围大等特点，在洪水演进模拟中得到广泛应用，本书溃堰洪水及其下游洪水演进计算选用丹麦水力研究所开发的 MIKE11 一维水动力数学模型。

MIKE11 一维水动力数学模型是一款全面、强大的河流水动力学和水环境模拟软件，具有计算稳定、精度高、可靠性强等特点，能方便灵活地模拟闸门、水泵等各类水工建筑物；可应用于水工建筑物众多且控制调度复杂的工程中[89]。

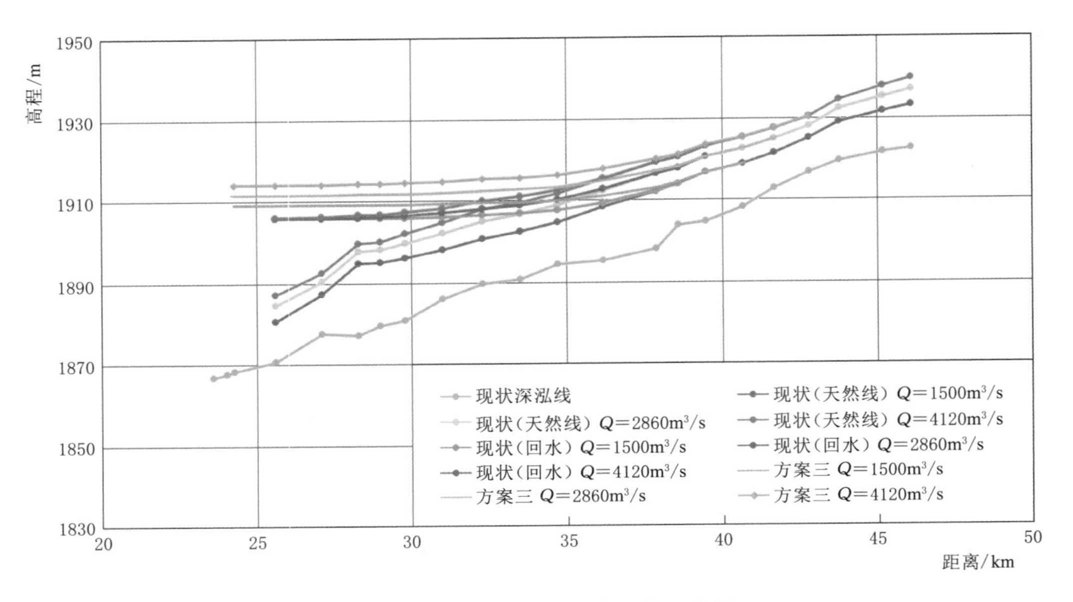

图 7.6-15　方案三堰上水面线示意图

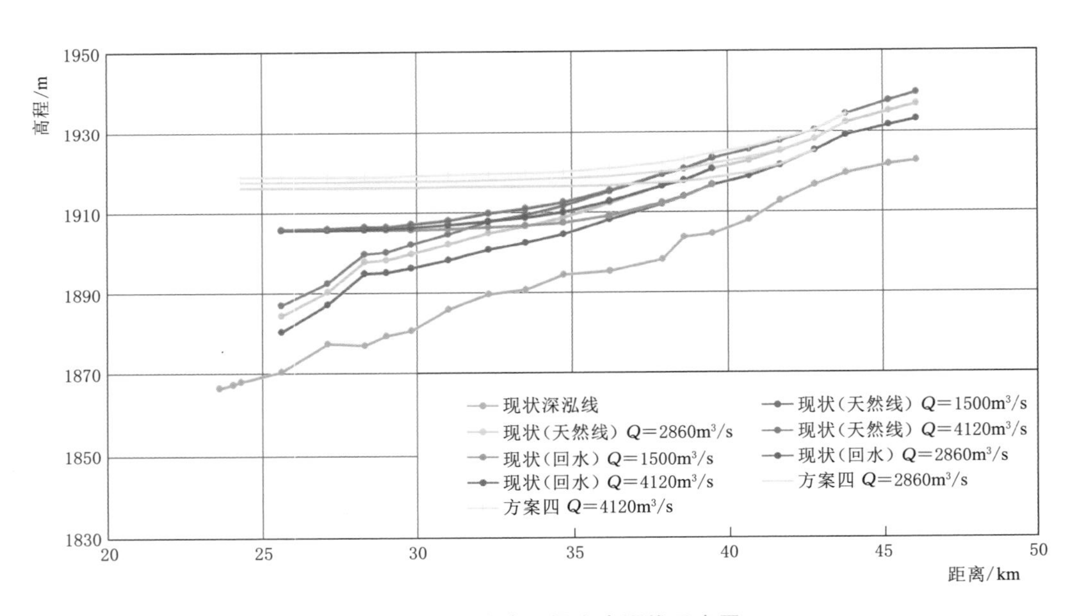

图 7.6-16　方案四堰上水面线示意图

MIKE 系列软件在全世界应用广泛，已成为多个国家河流水动力模拟的标准工具，同时也被国家防汛抗旱总指挥部列为重点地区洪水风险图编制项目可选软件。

7.6.4.2　模型原理

MIKE11 软件具有完整的河流水动力模拟系统，通过合理描述河网、临近滩区、水量储存、沿河水力控制，能解决绝大多数水力问题，软件由一维水动力（HD）、水工建筑物操作（SO）、溃堰（DB）、对流扩散（AD）、洪水预报（FF）、输沙（ST）、降雨径流

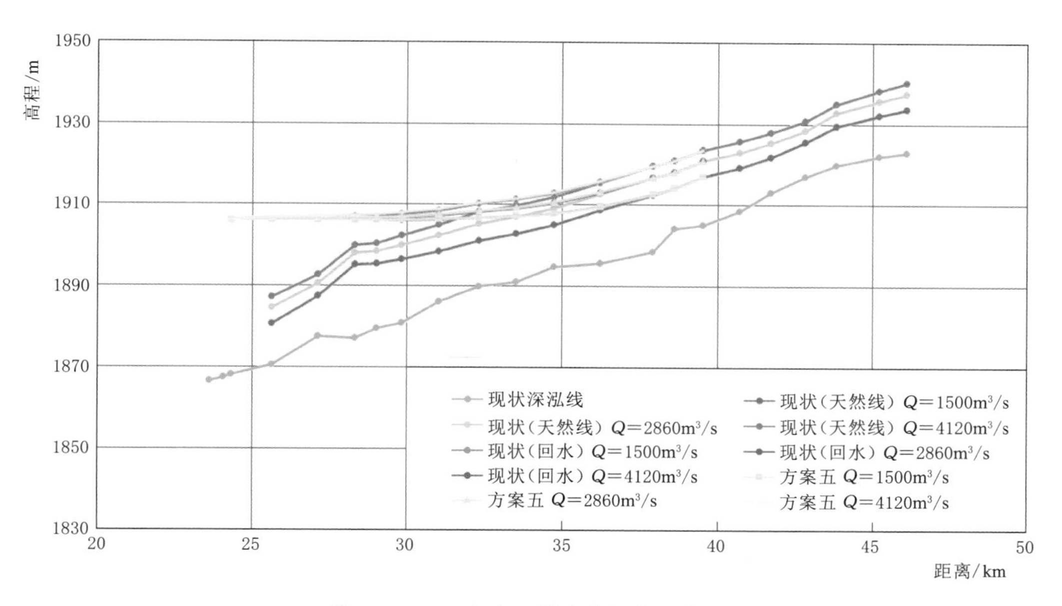

图 7.6-17　方案五堰上水面线示意图

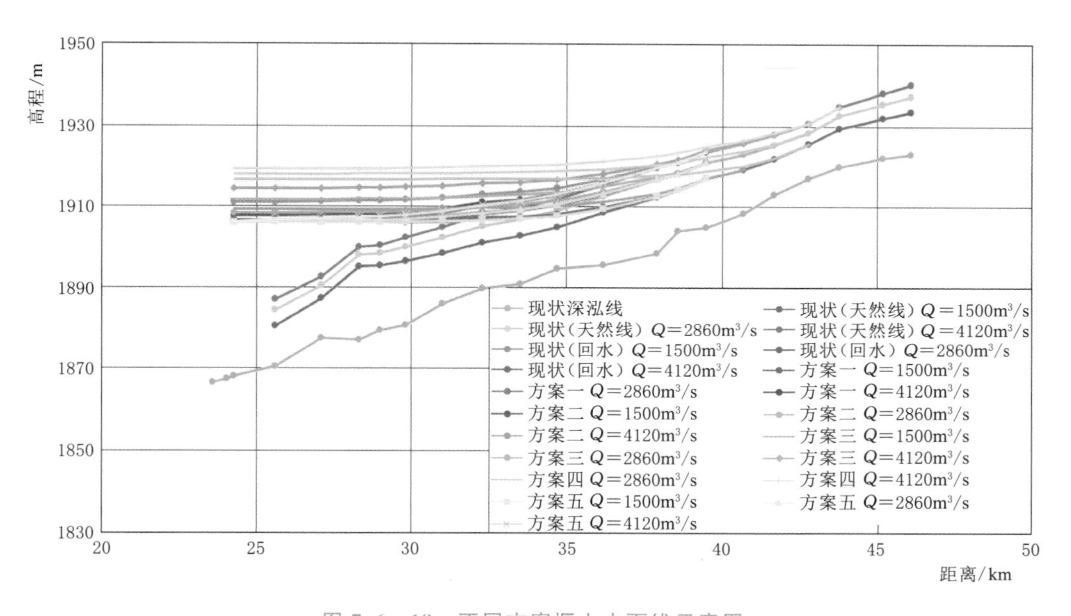

图 7.6-18　不同方案堰上水面线示意图

(RR) 等模块组成，其中一维水动力模块 (HD) 是核心和必备模块，该模块采用 Abbott - Ionescu 六点隐式格式求解一维非恒定流 Saint - Venant (圣维南) 方程组，具有稳定性好、计算精度高的特点，在处理大坡降河流水动力模拟问题时具有比同类软件更加出色的稳定性。

1. 控制方程组

MIKE11 HD 是基于垂向积分的物质和动量守恒方程，即利用一维非恒定流圣维南方程组来模拟河流或河口的水流状态。1871 年，St. Venant 首先提出了描述简单明渠非恒定渐变流运动规律的偏微分方程，即圣维南方程组[90]：

连续性方程：

$$\frac{\partial Q}{\partial x}+\frac{\partial A}{\partial t}=q_l \tag{7.6-6}$$

运动方程：

$$\frac{\partial Q}{\partial x}+\frac{\partial}{\partial x}\left(\beta\frac{Q^2}{A}\right)+gA\frac{\partial Z}{\partial x}+g\frac{n^2Q|Q|}{AR^{\frac{4}{3}}}=0 \tag{7.6-7}$$

式中：x 为流程，m；Q 为流量，m^3/s；Z 为水位，m；g 为重力加速度，m/s^2；t 为时间，s；q_l 为侧向单位长度注入流量，m^3/s；A 为过水断面面积，m^2；R 为断面水力半径，m；β 为动能修正系数；n 为糙率系数。

2. 方程离散

圣维南方程组属于一阶拟线性双曲型偏微分方程，无法求得普遍解，只能根据初始条件和边界条件求得近似解。

MIKE11 HD 采用的数学解法是 Abbott - Ionescu 六点隐式格式（图 7.6-19），该计算方法分别在 h 点和 Q 点按顺序交替计算水位和流量。这种格式计算比较稳定，即使克朗数较大，也可以保持计算的稳定性。因此，将时间步长取得大一些，可以大大节省计算时间。

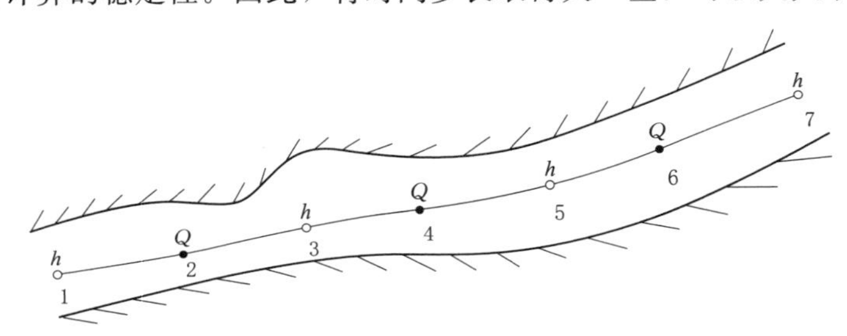

图 7.6-19　Abbott 格式水位点、流量点交替布置

利用 Abbott - Ionescu 六点隐式格式离散上述控制方程组，用时间和空间步长可表示为图 7.6-20。

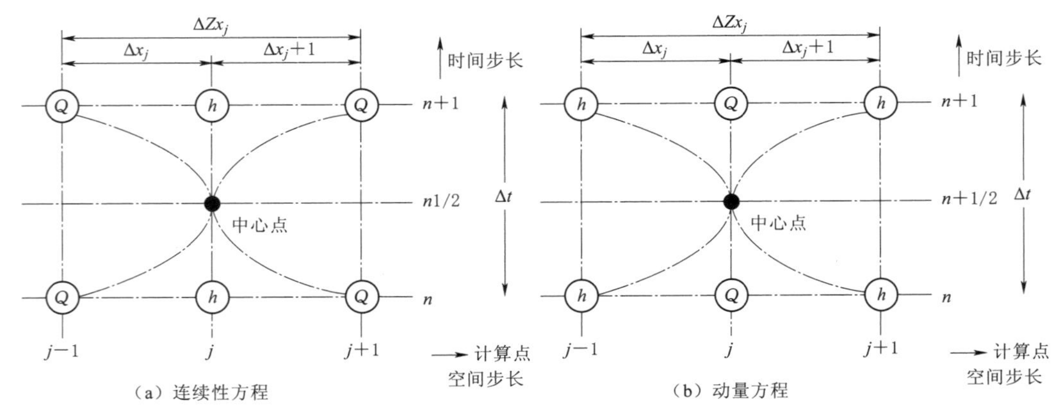

图 7.6-20　Abbott - Ionescu 六点隐式格式求解圣维南方程组

连续性方程离散后可整理为

$$\alpha_j Q_{j-1}^{n+1}+\beta_j h_j^{n+1}+\gamma_j Q_{j+1}^{n+1}=\delta_j \tag{7.6-8}$$

动量方程离散后可整理为

$$\alpha_j^* h_{j-1}^{n+1}+\beta_j^* Q_j^{n+1}+\gamma_j^* h_{j+1}^{n+1}=\delta_j^* \tag{7.6-9}$$

离散后的线性方程组可利用追赶法求解。

3. 溃堰模块

溃堰发生时，水库总下泄流量 Q 由溃口出流量 Q_b 和泄水建筑物（包括各孔口，坝顶漫流及过机）泄流量 Q_s 组成。

MIKE11 中含有溃堰模块（DB），对于溃口流量计算有两种方法可选：MIKE11 Energy Equation 和 NWS DAMBRK Equation，其中 NWS DAMBRK Equation[91] 为美国气象局编制的 DAMBRK 溃堰洪水预报模型中的溃口计算方式。

DAMBRK 溃堰洪水预报模型在国际上比较通用，我国于 20 世纪 80 年代中期也引进了该模型，应用也比较广泛，曾用国内板桥水库的溃堰实例进行过验证，其结构性能较好，适应性强，在李家峡、拉西瓦、宝珠寺、紫兰坝等工程溃坝或溃堰计算分析中也应用过此模型[92-94]。

基于以上分析，选 MIKE11 中的 NWS DAMBRK Equation 进行溃口流量计算，计算公式如下：

$$Q=C_v K_s\left[C_{weir} b\sqrt{g(h-h_b)}(h-h_b)+C_{slope} S\sqrt{g(h-h_b)}(h-h_b)^2\right] \tag{7.6-10}$$

式中：Q 为溃口流量，m^3/s；b 为溃口底部宽度，m；g 为重力加速度，m/s^2；h 为上游水位（库水位），m；h_b 为溃口处水位，m；S 为溃口边坡；C_{weir} 为垂直部分的堰流系数（取 0.546430）；C_{slope} 为边坡部分的堰流系数（取 0.431856）；K_s 为反映溃口下游淹没情况的系数。

K_s 在 DAMBRK 溃堰洪水预报模型中的计算公式为

$$K_s=\max\left[1-27.8(R-0.67)^3,0\right] \tag{7.6-11}$$

式中：R 为淹没指标参数。

R 的计算公式为

$$R=\frac{h_{ds}-h_b}{h-h_b} \tag{7.6-12}$$

式中：h_{ds} 为下游水位，m；C_v 为流量收缩系数。

C_v 计算公式为

$$C_v=1+\frac{C_b Q^2}{g W_R^2 (h-h_{b,term})^2 (h-h_b)} \tag{7.6-13}$$

式中：C_b 为无量纲系数（取 0.740256）；W_R 为坝址处河道峡谷宽度，m；$h_{b,term}$ 为溃口最终底部高程，m。

从式（7.6-13）可见：一方面，溃口流量大小与上、下游水位以及溃口形状密切相关，溃堰发生时，上下游水位差越大、溃口越大，相应的溃口流量也越大；另一方面，溃口流量过程线与入库流量、发生溃堰时水库库容密切相关。

4. 堰塞体风险等级及洪水标准

堰塞湖风险等级划分主要根据《堰塞湖风险等级划分与应急处置技术规范》（SL 450—2021）确定。由前述分析成果可知，坡体失稳形成堰塞湖的最大高度约 40m，库容最大为 0.3 亿 m^3，而堰塞体物质组成以碎石含土为主，由表 7.6－4 和表 7.6－5 可确定坡体形成的堰塞体危险级别为高危险。

表 7.6－4　堰塞湖规模

堰塞湖规模	堰塞湖库容/亿 m^3	堰塞湖规模	堰塞湖库容/亿 m^3
大型	≥1.0	小（1）型	0.01～0.1
中型	0.1～1.0	小（2）型	＜0.01

表 7.6－5　堰塞体危险级别与分级指标

堰塞体危险级别	分级指标		
	堰塞湖规模	堰塞体物质组成	堰塞体高度/m
极高危险	大型	以土质为主	≥70
高危险	中型	土含大块石	30～70
中危险	小（1）型	大块石含土	15～30
低危险	小（2）型	以大块石为主	＜15

根据堰塞湖影响区的风险人口、重要城镇、公共或重要设施等情况，可采用表 7.6－6 确定坡体形成的堰塞体溃决损失严重性级别为较严重。再根据表 7.6－7 可判断坡体失稳形成的堰塞湖风险等级为Ⅱ级。应急处置期洪水标准按表 7.6－8 确定，为 3～5 年重现期洪水，计算分别取常遇洪水（流量为 1500m^3/s），2 年一遇洪水（流量为 2860m^3/s）和 5 年一遇洪水（流量为 4120m^3/s）。

表 7.6－6　堰塞体溃决损失严重性与分级指标

溃决损失严重性级别	分级指标		
	风险人口/人	重要城镇	公共或重要设施
极严重	≥10^6	地级市政府所在地	国家重要交通、输电、油气干线及厂矿企业和基础设施、大型水利工程或大规模化工厂、农药厂和剧毒工厂
严重	10^5～10^6	县级市政府所在地	省级重要交通、输电、油气干线及厂矿企业、中型水利工程或较大规模化工厂、农药厂
较严重	10^4～10^5	乡镇政府所在地	市级重要交通、输电、油气干线及厂矿企业或一般化工厂和农药厂
一般	＜10^4	乡村以下居民点	一般重要设施及以下

表 7.6－7　堰塞湖风险等级划分表

堰塞湖风险等级	堰塞体危险性级别	溃决损失严重性
Ⅰ	极高危险	极严重、严重
	高危险、中危险	极严重

续表

堰塞湖风险等级	堰塞体危险性级别	溃决损失严重性
Ⅱ	极高危险	较严重、一般
	高危险	严重、较严重
	中危险	严重
	低危险	极严重、严重
Ⅲ	高危险	一般
	中危险	较严重、一般
	低危险	较严重
Ⅳ	低危险	一般

表7.6-8 堰塞湖应急处置期洪水标准

堰塞湖风险等级	洪水重现期/年	堰塞湖风险等级	洪水重现期/年
Ⅰ	≥5	Ⅲ	2～3
Ⅱ	3～5	Ⅳ	<2

5. 计算条件及假定

(1) 边界条件。上边界条件为入库流量过程，下边界条件为给定最下游横断面水位-流量关系曲线。堰塞体及大坝作为水工建筑物加入模型，并设置溃口参数、溃堰条件及运行方式等。

(2) 初始水位。模型在计算非恒定流之前，先根据上游初始入流流量及下边界条件，采用恒定流计算各横断面初始水位，并作为非恒定流计算的初始条件。

(3) 溃堰形式。根据堆积体入江形态计算成果，按方案四堵江将会形成堰塞体，堰塞体顶部高程按1914.90m考虑，由于上游水位不断上涨，最后超过堰顶发生漫顶溃决。

(4) 溃口参数。土石坝的溃决过程是水流与坝体相互作用的一个复杂过程，土石坝的溃决宽度及底高程与坝体的材料、施工质量及外力等因素有关。

由于堰塞体位于库中壅水区，计算拟定堰塞体于1906.00m高程（水库正常蓄水位）以上逐渐溃决，溃口最终底宽与此高程天然河道河宽基本一致，约为120m；溃口边坡与天然河道边坡基本一致，比例取1∶1。

堰体的溃决历时因坝型、坝高、筑坝材料、施工质量及溃决形式的不同而不同，可以从几分钟到数小时。土石坝溃决一般都是渐溃，历时一般为0.5～2h，如我国河南省板桥水库土坝溃决历时1.5h左右。根据堰塞体堰形、堰高及溃口形式，并参考金沙江白格堰塞体实测溃决参数，拟定溃决历时为2h。

6. 计算方案

根据上述堰体溃决形式、溃决历时，考虑不同入库洪水过程，组合拟订溃堰计算方案，见表7.6-9。

7. 计算结果

根据建立的溃堰模型和拟订方案，分别进行溃堰洪水及其洪水演进计算，并分析溃堰洪水对下游电站的影响。

表 7.6-9 溃堰计算方案

方案	堰顶高程/m	溃口底部高程/m	溃口底宽/m	溃口边坡	溃决历时/h	入库流量/(m^3/s)
①	1914.90	1906.00	120	1.0	2.0	1500
②	1914.90	1906.00	120	1.0	2.0	2860
③	1914.90	1906.00	120	1.0	2.0	4120

堰塞体不同溃堰方案溃口处最大洪峰流量及坝前水位见表 7.6-10；不同方案溃堰洪水过程线如图 7.6-21 所示，不同方案堰塞体至坝址河段最高水位成果见表 7.6-11 及图 7.6-22。

表 7.6-10 不同溃堰方案溃口处最大洪峰流量及坝前水位

方案	堰顶高程/m	溃口底部高程/m	溃口底宽/m	溃口边坡	溃决历时/h	入库流量/(m^3/s)	溃堰最大流量/(m^3/s)	坝前最高水位/m
①	1914.90	1906.00	120	1.0	2.0	1500	4030	1906.00
②	1914.90	1906.00	120	1.0	2.0	2860	5460	1906.00
③	1914.90	1906.00	120	1.0	2.0	4120	6890	1906.00

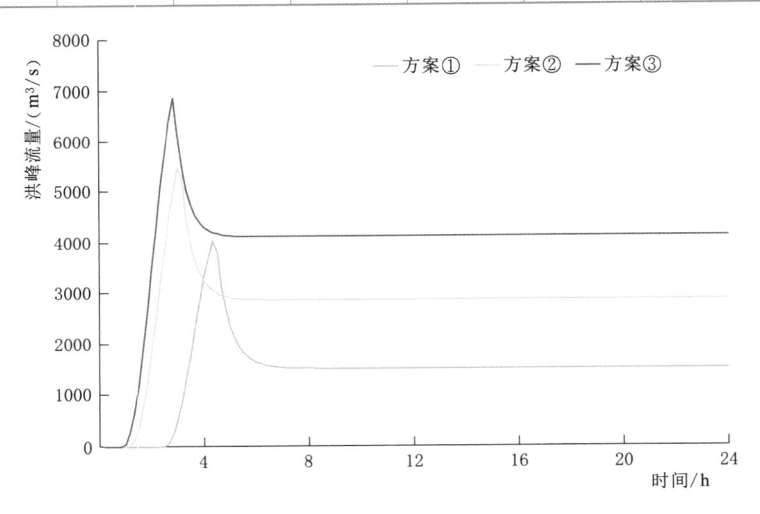

图 7.6-21 不同方案溃堰洪水过程线

表 7.6-11 不同方案堰塞体至坝址河段最高水位

断面编号	距离/km	深泓点高程/m	方案①最高水位/m	方案②最高水位/m	方案③最高水位/m
WK00	0.0	1827.30	1906.00	1906.00	1906.00
WK01	1.3	1814.20	1906.00	1906.00	1906.00
WKBD0	2.7	1818.10	1906.00	1906.00	1906.00
WK02	4.9	1821.30	1906.00	1906.00	1906.00
WK03	6.4	1827.30	1906.00	1906.00	1906.00
WK04	7.2	1829.70	1906.00	1906.00	1906.00

续表

断面编号	距离/km	深泓点高程/m	方案①最高水位/m	方案②最高水位/m	方案③最高水位/m
WK05	8.7	1835.30	1906.00	1906.00	1906.00
WK06	9.7	1838.30	1906.00	1906.00	1906.00
WK07	11.1	1842.60	1906.00	1906.00	1906.00
WK07＋1	12.2	1846.20	1906.00	1906.00	1906.00
WK08	13.6	1848.60	1906.00	1906.00	1906.00
WK09	14.8	1850.90	1906.00	1906.00	1906.00
WK10	15.7	1853.30	1906.00	1906.00	1906.00
WK11	16.6	1856.60	1906.00	1906.00	1906.00
WK12	17.7	1861.90	1906.00	1906.00	1906.00
WK13	18.8	1856.60	1906.00	1906.00	1906.00
WK14	20.6	1863.80	1906.00	1906.00	1906.00
WK15	22.0	1866.80	1906.00	1906.00	1906.00
WK16	23.6	1866.50	1906.00	1906.00	1906.00
ZP（2—2）	24.3	1877.80	1916.70	1918.00	1919.20

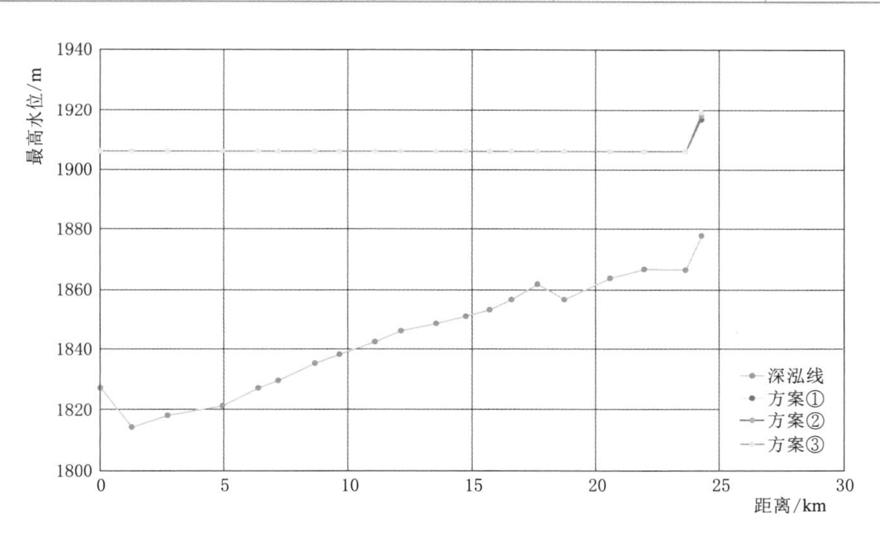

图7.6-22　不同方案堰塞体至坝址河段最高水位示意图

由表7.6-10及图7.6-21可知，堰塞体发生溃决后，不同方案溃口处最大洪峰流量为4030～6890m^3/s；当堰顶高程相同时，入库流量越大，溃堰后最大洪峰流量相应越大。由于拟定的不同堵江方案形成库容相对较小，水位1906.00～1914.90m之间的相应库容为1264.5万m^3，当堰塞体堵江发生时电站仍持续下泄流量，坝前水位持续下降（水位下降速度按水库调度规程执行）；当溃堰洪水发生时，洪峰流量虽大，但洪量有限，按照泄流能力控泄，坝前最高水位不超过正常蓄水位1906.00m，说明库区堰塞体溃堰洪水对电站影响不大。

由表7.6-10及图7.6-22可知，由于堰塞体位于库中段及电站泄流能力较大，溃堰发生后控泄可基本保证坝前水位不抬高，坝址至堰塞体河段（除堰塞体下游局部河段）基本为平水段，最高水位为初始水位1906.00m，仅堰塞体下游局部河段水位较高。

7.6.5 滑坡堵江风险及其影响分析

根据上述分析，坡体失稳形成的堰塞湖风险等级为Ⅱ级。应急处置期洪水标准应为3～5年重现期洪水，壅水风险计算分别取常遇洪水（流量1500m³/s），2年一遇洪水（流量2860m³/s）和5年一遇洪水（流量4120m³/s）。

坡体失稳拟订了5个方案，其中方案一和方案二为局部失稳方案，失稳方量约210万m³，堵江底部高程分别为1892.90m、1894.40m；方案三、方案四和方案五为整体失稳方案，堵江底部高程分别为1899.70m、1914.90m和1876.40m。方案一、方案二、方案三及方案五不完全堵江，底部高程均低于正常蓄水位1906.00m；方案四为堵江形成堰塞体，堰塞体高程为1914.90m。

对不同堰塞体堵江形态的壅水风险进行分析，失稳体上游水位主要与堰前水位密切相关，堰前水位越高回水影响范围越大。其中，方案一、方案二、方案三虽然不完全堵江，但考虑堰上过流，对上游影响相对较大，方案一堰塞体上游河段水位抬升0.16～1.54m；方案二堰塞体上游河段水位抬升0.79～4.9m；方案三堰塞体上游河段水位抬升3.33～8.06m；方案四对应溃堰工况，堰塞体上游河段水位抬升10.7～12.9m；方案五不完全堵江且堵江高程相对较低，对上游影响相对较小，堰塞体上游河段水位抬升0.06～0.62m。

方案四堰塞体发生溃决后，不同方案溃口处最大洪峰流量为4030～6890m³/s；当入库流量相同时，堰顶高程越高，溃堰后最大洪峰流量越大；当堰顶高程相同时，入库流量越大，溃堰后最大洪峰流量越大。由于不同堵江方案形成的库容相对较小，水位在1906.00～1914.90m之间的相应库容约为1264.5万m³，当堰塞体堵江发生时电站仍持续下泄流量，坝前水位持续下降；当溃堰洪水发生时，洪峰流量虽大，但洪量有限，按照电站泄流能力控泄，坝前最高水位不超过正常蓄水位1906.00m，说明库区堰塞体溃堰洪水对电站影响不大。

7.7 孟达天池堵江风险分析

积石峡水电站设计正常蓄水位1856.00m，总库容2.72亿m³，装机容量1000MW，保证出力332MW，年平均发电量34.08亿kW·h。坝址区为白垩系砂岩、砾岩形成的U形河谷，枢纽挡水建筑物为混凝土面板堆石坝，最大坝高100m，左岸布置引水发电系统（坝后为厂房），两岸布置泄洪建筑物。

在积石峡坝址上游0.8～1km的右岸发育有木场沟，沟口上游6km处存在一个由天然滑坡堵沟形成的堰塞湖，当地群众称之为孟达天池[95]。天池拦蓄水量近300万m³。由于天池地处坝址上游支沟内，距坝很近，一旦溃坝，将危及积石峡水电站的安全和木场沟居民的生命财产。因此，须对孟达天池堰塞形成的滑坡坝进行系统研究，首先研究孟达天池有无溃坝的可能；然后研究孟达天池发生溃坝时，溃决水流对库区Ⅰ号滑坡的稳定性有何影响。

7.7.1 孟达天池概况

孟达天池天然平均水位2510.27m，常年洪水位2514.20m，极限高水位2526.00m，水深2.36～9.71m，不同水位下的库容分别为237.16万m^3、331.25万m^3、674.2万m^3，孟达天池全景如图7.7-1所示。天池主要接受大气降水和池脑沟来水的补给，水位随季节变化明显，夏季、秋季降水量大，水位高。根据现场调查及天池两岸岩体洪痕分析，可确定常年最高洪水位2514.20m（图7.7-2），常年平均水位2510.27m。

图7.7-1　孟达天池全景

图7.7-2　孟达天池常年洪水位

7.7.2 堰塞湖的成因

孟达天池两岸山体在河谷不断下切的过程中，形成了坡度较大的岸坡，平均坡度约40°，左岸为河谷凹岸，受日照影响比右岸强烈，岩体经历多期构造运动，使岩体裂隙发育，比较破碎。河水不断冲刷坡角，使其支撑作用降低，抗滑力减小。同时，在坡体应力、卸荷、风化和水的长期作用下，结构面不断扩展，造成倾向坡外的结构面贯通，最终形成滑移-拉裂型滑坡（图7.7-3）。

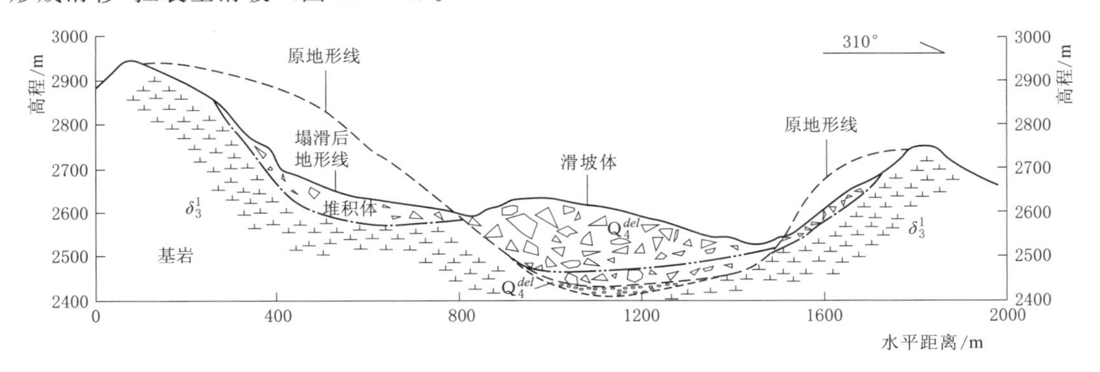

图7.7-3　滑坡坝纵剖面图

天池是由于左、右岸滑坡先后下滑、次第堆积、堵塞溪流沟谷而形成的堰塞湖。由于沟谷狭窄、滑坡方量大、夯砸挤压密实、上下游坡比平缓、堵后初期洪水未曾漫顶或漫顶水量小、历时短等原因而维持了滑坡坝的天然稳定。

根据野外工程地质调查，右岸滑坡发生于左岸滑坡之后，由于左岸滑坡方量不大，未完全堵塞河谷，故右岸滑坡体一部分堆积于河谷底部，一部分冲覆于左岸滑坡体之上。目前滑坡坝的上部均是右岸滑坡形成的堆积体，其表部为0.4～0.8m厚的腐殖质，完全为植被覆盖；下部由大小混杂的加里东期闪长岩块组成。滑坡后缘为一大的滑坡平台，其上发育有一小冲沟，沟深8～15m，走向与滑坡滑动方向垂直。

7.7.3 堰塞坝稳定性分析

7.7.3.1 现状分析

在自然界中，许多滑坡堵江后的地方成为了自然风景名胜区，吸引游客前去参观。目前，在已发现的天然堆石坝中有的已存在了几十年，甚至上千年而未破坏，且坝体稳定，没有溃坝的现象，根据研究资料分析主要有以下原因：

(1) 天然堆石坝比较宽厚，由大的岩块、碎块石和土组成，水通过块体间的空隙渗漏，渗漏量很大，与上游河水流量平衡，堰塞湖水位保持稳定；坝下渗流清澈，水对坝体不再有强冲蚀作用。在洪水季节，堰塞湖水猛涨，即使在坝顶发生溢流，但由于大的块石不易被水冲走，宽厚的坝顶植被茂盛，甚至长起了冲天大树，因而漫流对坝的稳定性不构成威胁。

(2) 堵塞的河流，降雨面积较小，这样不会形成大的洪水和急剧的汇水。

(3) 在有些天然堆石坝的坝肩或坝中已形成了天然的溢洪道。水流对溢洪道两侧不再有冲蚀作用。天然溢洪道的存在防止了湖水漫坝和坝体溃决。

(4) 坝体在长期的存在过程中，经历地震等作用，自身保持超稳定，体型没有发生较大的变化。

孟达天池在形成后能够长期保持稳定，与上述条件完全符合。天池坝体体积和重量较大，其贮存的水量较坝体重量小。按照测绘资料，当天池达到最大水量时，蓄水量为300万m^3，而坝体体积为1400万m^3，水体体积仅为坝体体积的21.4%，水体重量仅为坝体重量的11%，水对坝的作用力以及在水坝相互作用的系统中影响较小，水量的变化对坝体的稳定性影响不大。同时由于组成坝体的岩块较大，下部在长期的水流和微生物作用下已被腐泥阻塞，上部架空现象仍然明显。在洪水到来时，水位升高，渗透流量也随之增大。通过走访木场沟当地村民得知，在每次暴雨过后，坝下游泉水水流清澈，没有出现渗流浑浊现象，说明湖水渗漏没有对坝体造成潜蚀等不良作用。

另外，坝体上的树木直立生长，无任何变形迹象，经树龄分析可知，有的树木已经生长了740余年。据现场调查，木场村村民的祖先由于时局动荡避祸到此之前，天池已经存在，且村中的清真寺据记载已存在600余年，由此可以确定孟达天池形成于600年前。从地质历史分析，天池堰塞坝在六七百年以来经受了许多次地震、洪水的考验，一直处于稳定状态。

7.7.3.2 天池堰塞坝发生共振可能性分析

按照国家地震烈度区划，天池的基本烈度为Ⅶ度。对于地震的作用来讲，最危险的情况是天池土石坝的自振频率与地震产生的频率相同，这时会产生共振现象，使振幅增大很多，会严重损坏坝体，其造成的危害也是最大的。为了论证天池堰塞坝的稳定性，就必须考虑共振的影响，分析坝体自振频率。

坝体第一自振频率 f_0 采用下式计算：

$$f_0=\frac{2.4048}{2\pi H}\frac{B-B_0}{B}\sqrt{\frac{G}{\rho}} \tag{7.7-1}$$

式中：H 为坝高，m；B、B_0 分别为坝的底宽和顶宽，m；G 为刚度模数；ρ 为坝体密度，kN/m^3。

坝体第二自振频率也可通过式（7.7－1）计算，但应将式中的系数 2.4048 改为 5.5201。

坝底宽和顶宽取平均值，横波速度按物探成果取平均值 1000m/s，按照式（7.7－1）计算确定坝体的第一自振频率为 1.64，第二自振频率为 3.77。在土石坝中，根据实际观测的资料，沿坝轴向的自振周期与垂直轴向的周期大致相等。上下方向的自振周期 T_1 为

$$T_1=2.6\frac{H}{V_p} \tag{7.7-2}$$

式中：H 为坝高，m；V_p 为纵波速度，m/s。

坝体的纵波速度采用物探成果，取为 1350m/s，代入式（7.7－2）计算确定自振周期为 0.26s。该地区的地震周期 T 由地震仪根据实际发生的地震测定，周期的变化范围较小，大部分为 0.5～0.6s 及 1.0～1.2s。因此，地震周期与天池滑坡坝体频率不一致，坝体不会在地震作用下发生共振现象。

7.7.3.3　滑坡坝稳定性计算

分别采用瑞典圆弧法和不平衡推力传递系数法对坝体的稳定性展开计算，以相互验证。

1. 瑞典圆弧法

对天池堰塞坝的情况，主要考虑不同水位情况和地震作用下的稳定性分析，水平地震力系数取 0.1。坝体稳定性计算剖面如图 7.7－4 所示，按以下工况考虑：

（1）平水期。平常水位（2510.27m）稳定性分析以及在地震作用下的稳定性分析。

（2）雨季。最高洪痕（2514.20m）稳定性分析以及在地震作用下的稳定性分析。

（3）最高水位（2516.29m）稳定性分析以及在地震作用下的稳定性分析。

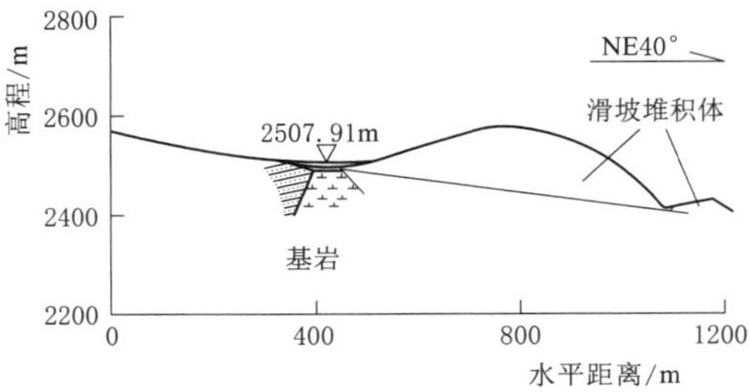

图 7.7－4　坝体稳定性计算剖面

（4）极限水位（2526.00m）稳定性分析以及在地震作用下的稳定性分析。

天池堰塞坝最危险的滑面根据瑞典圆弧法和有限元计算成果互相验证确定。初始以有限元计算成果确定位置，然后通过计算不同圆弧比较确定最危险滑面的存在。在不同计算工况下，瑞典圆弧法稳定性计算结果见表 7.7－1。

表 7.7-1　　瑞典圆弧法稳定性计算结果

序号	计　算　工　况	稳定性系数
1	平水期（2510.27m）	1.481
2	平水期（2510.27m）＋地震	1.241
3	雨季（2514.20m）	1.481
4	雨季（2514.20m）＋地震	1.241
5	最高水位（2516.29m）	1.481
6	最高水位（2516.29m）＋地震	1.241
7	极限水位（2526.00m）	1.465
8	极限水位（2526.00m）＋地震	1.239

由表 7.7-1 可知，在发生地震的情况下，最大水位和平水期的稳定性系数也相同，说明库容和水位变化对坝体稳定性没有影响，因为在最大水位时，库容重量占坝体重量的 12.1%，从平水期上涨至最大水位时，增加的重量只占坝体重量的 6%。因此，天池水位的涨落，在不超过最大水位情况下，对坝体稳定性不会造成影响。

2. 不平衡推力传递系数法

为验证坝体在各种工况条件下的稳定性，利用不平衡推力传递系数法对局部破坏计算剖面作稳定性分析。

计算中为了和瑞典圆弧法进行比较，将条带划分加密，同时底滑面尽可能在一个圆周上。考虑到水位上升后部分条块位于地下水位以下，滑体又有明显架空现象，裂隙发育，透水性强，故在实际计算中，对应于地下水位以下部分的滑体按浮容重考虑。计算参数的选取见表 7.7-2。

表 7.7-2　　计算参数表

项目	容重/(kN/m^3)	内摩擦角/(°)	黏聚力/MPa
天然	22.4	35	0.002
饱和	23.0	33	0.002

为对比分析瑞典圆弧法和不平衡推力传递系数法，选取最危险工况——极限库容＋地震工况进行坝体稳定性验算，并选择了瑞典圆弧法中最不利的两种滑面计算结果进行对比。计算结果对比见表 7.7-3。

表 7.7-3　　计算结果对比

计　算　模　型	瑞典圆弧法	不平衡推力传递系数法
极限库容＋地震工况下坝体稳定性验算（1）	1.284	1.48
极限库容＋地震工况下坝体稳定性验算（4）	1.596	1.65

从上述成果可以看出，天池堰塞坝在最危险工况下，根据不平衡推力传递系数法计算出的稳定性系数和瑞典圆弧法计算出的稳定系数有所不同，不平衡推力传递系数法的计算结果略大，但两种方法计算的结果均为稳定的。

7.7.4 溃坝洪水对下游Ⅰ号滑坡稳定性的影响分析

对孟达天池的稳定性分析结果表明，堰塞坝在最危险工况下仍然稳定。但考虑到天池堰塞坝一旦溃坝可能造成的危害，本节对溃坝情况下下游Ⅰ号滑坡的影响进行了分析。

7.7.4.1 溃坝洪水分析

溃坝洪峰沿程高度是决定溃坝灾害程度的最直接评价指标，谢任之[96]在前人基础上作了进一步的发展，提出了新的洪峰展平公式：

$$H_x = H_0\left[\frac{1}{1+\dfrac{4A^2(2m+1)H_0^{2m+1}}{m(m+1)^2 i_0 W^2}x}\right]^{\frac{1}{2m+1}} \tag{7.7-3}$$

式中：H_x 为距坝址 xm 处的洪峰高度，m；H_0 为溃坝最大水深，m；i_0 为河床比降；W 为堰塞湖库容，m^3；x 为距坝址距离，m；A，m 为河道断面形状系数。

按照孟达天池的最大库容，以全溃决方式计算洪峰展平高度，结果表明，当溃坝洪峰推进至6km时，洪峰高度已衰减至20cm。计算中没有考虑木场沟形态的变化，事实上，木场沟内孟达天池收费站近1km沟段为开阔山谷，沟宽近百米。此沟段对洪峰的衰减将起一定的作用。

根据溃坝洪峰流量经验公式计算得出距坝址6km处的溃坝最大流量为 $Q_{m,l}=4723.8$m/s。溃坝洪峰流量经验公式为

$$Q_{m,l} = \frac{W}{\dfrac{v}{Q_m}+\dfrac{l}{k_v v}} \tag{7.7-4}$$

式中：Q_m 为坝址处的溃坝最大流量，m^3/s；$Q_{m,l}$ 为溃坝最大流量演进至距坝址 lm 处的最大流量，m^3/s；W 为溃坝时的库容，m^3；v 为洪水期间河道断面最大平均流速，m/s；l 为距坝址距离，m；k_v 为经验系数。

v 值相当于洪水传播速度。根据黄河水利科学研究院的资料，对于山区河道，v 取7.15m/s。最大流量传播时间可根据黄河水利委员会试验得出的经验公式计算：

$$\tau = K_\tau \frac{l^{7/5}}{W^{1/5}H_0^{1/2}H_x^{1/4}} \tag{7.7-5}$$

式中：K_τ 为经验系数，K_τ 一般取0.8～1.2，水深时取小值，水量大时取大值，本书取中值1.0；其余符号同前。

得知溃坝后洪峰传播至木场沟口，即Ⅰ号滑坡附近时的传播时间约为13min，同时还知道Ⅰ号滑坡处洪水的水流流速为1.413m/s，洪峰对沟岸横断面的冲击力 $F=2.472\text{kN/m}^2$。

7.7.4.2 Ⅰ号滑坡稳定性分析

（1）尽管研究结果认为孟达天池溃坝对电站和Ⅰ号滑坡无影响。但为慎重起见，本书假定溃坝时洪峰到达Ⅰ号滑坡时的洪峰高度仅降至25m左右，以此进行Ⅰ号滑坡的稳定性校核。

木场沟在Ⅰ号滑坡区位置，由于滑坡前缘突出而形成近90°的沟道急弯，在溃坝洪峰

的冲击下，其上游边界前突部分将最早遭受洪水冲击。假定滑坡的突出部位在洪峰的冲击力和水压力作用下沿沟道中心线（A—A剖面线）位置被切断，取该部分作为分离体，并假定洪流的冲击力全部作用于该分离体上，以此进行分离块体的极限平衡分析。

在A—A剖面线与Ⅵ—Ⅵ剖面线的交线位置量测滑坡体的厚度为84m，沿A—A剖面线截取的分离体长度为195m，考虑到滑坡体的上下边界倾角较大，将A—A剖面概化为矩形，则截面积为16380m^2，垂直A—A剖面的最大横截面积为1718m^2，体积达33.5万m^3。若忽略分割面的抗冲击能力（作为强度储备），其抵抗力仅由分割面的黏聚力作贡献。洪峰到达的瞬间水流尚来不及渗入滑坡体内，计算参数类比积石峡库区Ⅲ～Ⅶ号滑坡的数据。经块体极限平衡方法计算，当仅考虑洪流的冲击力时，分离块体的安全系数为5.41。而同时考虑洪流的冲击力和洪流压力时，安全系数为2.07。可见在洪流的冲击作用下，Ⅰ号滑坡前缘突出部分在不考虑底部抗冲击能力时总体是稳定的，但不排除前缘表部局部冲击垮塌的可能。

（2）溃坝洪流到来时，滑坡前缘25m以下被水淹没。浸水情况及泄水以后的滑坡总体稳定性验算采用不平衡推力传递系数法进行校核，地震系数取0.1，溃坝条件下Ⅰ号滑坡稳定性验算结果见表7.7-4，Ⅰ号滑坡计算剖面如图7.7-5所示。

表7.7-4　溃坝条件下Ⅰ号滑坡稳定性验算结果

水流作用	容重/(kN/m^3)	黏聚力/kPa	内摩擦角/(°)	工　况	安全系数
浸水条件	19.6（天然） 22.6（饱和）	15（天然） 12（饱和）	35（天然） 30（饱和）	自重＋水压力	2.32
				自重＋水压力＋地震力	1.50
泄水条件				自重＋水压力	1.38
				自重＋水压力＋地震力	1.07

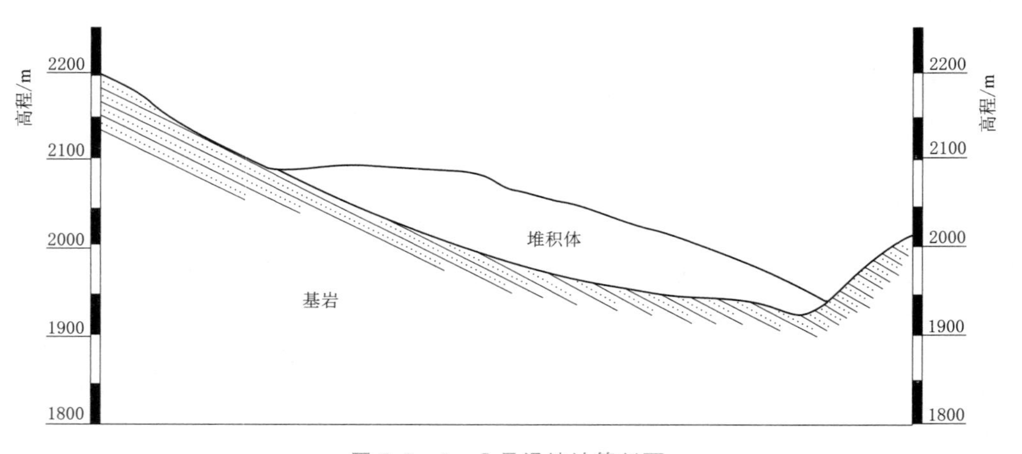

图7.7-5　Ⅰ号滑坡计算剖面

从验算结果看，滑坡在溃坝洪流作用下的稳定性较好，说明即使孟达天池发生全面性溃坝，对Ⅰ号滑坡总体稳定的影响也不大。

（3）利用功能原理计算洪流的搬运能力。在25m水头及1.434m/s的流速作用下，该洪流的整体搬运能力为$8.5223\times10^4 m^3/s$，按照能量守恒，考虑洪流具有的能量完全转化

为对滑坡物质做功，则洪流的搬运功率为

$$P_{h1}=F_cV=42.538176\times10^4\text{N}\cdot\text{m/s} \tag{7.7-6}$$

式中：P_{h1} 为洪流的功率，N·m/s；F_c 为洪流冲击力，10^4N；V 为滑坡体体积，m^3。

当 $P_{h1}=P_{h2}$，即洪流的搬运功率等于滑坡整体下滑体部分与洪流一起运动所需的功率时，滑坡体将转化为泥石流与洪水一起运动。

而滑坡的下滑体部分与洪流一起运动所需的功率（按匀加速运动考虑）为

$$P_{h2}=F_cV_c=maV_c=\rho VV_c^2=2.5V\times1.434^2\approx5.14V \tag{7.7-7}$$

式中：P_{h2} 为洪流搬运滑坡体所需要的功率，N·m/s；F_c 为洪流冲击力，10^4N；V_c 为洪流速度，m/s；V 为滑坡体体积，m^3；m 为滑坡体质量，kg；ρ 为滑坡体密度，kg/m^3；a 为滑坡加速度，m/s^2。

计算得到的与洪流一起运动的滑坡最大当量方量（即洪流单位时间的最大搬运能力）为8.5223万 m^3。若滑坡滑动，其下滑速率按计算值取为4.8m/s，滑出的方量为200万 m^3。实际下滑方量是洪流最大搬运能力的23倍，滑坡下滑的物资供应量远大于洪流搬运的当量方量。根据以上计算，洪流的搬运量远小于下滑体的下滑量，因此，若滑坡失稳，洪流不可能将下滑的滑坡体整体冲走。

参考文献

[1] 中村浩之，王恭先. 论水库滑坡 [J]. 水土保持通报，1990，10 (1)：53-64.

[2] RIEMER W. Landslides and reservoirs (keynote paper) [C]//Proceedings of the 6th International Symposium on Landslides. Christchurch，1992：1373-2004.

[3] 王思敬，王效宁. 根据热释光温度确定滑坡滑动速度的研究 [J]. 科学通报，1990，35 (18)：1409-1412.

[4] 王士天，刘汉超，张倬元，等. 大型水域水岩相互作用及其环境效应研究 [J]. 地质灾害与环境保护，1997 (1)：70-90.

[5] 田一德，汪小莲. 三峡水库库岸崩滑体处理问题初探 [J]. 人民长江，1999，30 (11)：6-7.

[6] 严福章，王思敬，徐瑞春. 清江隔河岩水库蓄水后茅坪滑坡的变形机理及其发展趋势研究 [J]. 工程地质学报，2003，11 (1)：15-24.

[7] 简文星，殷坤龙，马昌前，等. 万州侏罗纪红层软弱夹层特征 [J]. 岩土力学，2005，26 (6)：901-905，914.

[8] RICHARDS L A. Capillary conduction of liquids through porous mediums [J]. physics，1931，1 (5)：318-333.

[9] 彭华，陈胜宏. 饱和-非饱和岩土非稳定渗流有限元分析研究 [J]. 水动力学研究与进展 (A辑)，2002 (2)：253-259.

[10] 陈野鹰，唐红梅，陈洪凯. 三峡水库岸坡渗流自由面求解方法及应用 [J]. 水运工程，2006 (11)：16-19.

[11] 林志红，项伟，吴琼. 库水位涨落和降雨入渗作用下岸坡中浸润线的计算 [J]. 安全与环境工程，2008，15 (4)：22-26.

[12] 魏进兵，邓建辉，高春玉，等. 三峡库区泄滩滑坡非饱和渗流分析及渗透系数反演 [J]. 岩土力学，2008 (8)：2262-2266.

[13] 孙飞. 动水压力型滑坡变形演化特性和稳定性研究 [D]. 宜昌：三峡大学，2016.

[14] 吴琼，唐辉明，王亮清，等. 库水位升降联合降雨作用下库岸边坡中的浸润线研究 [J]. 岩土力学，2009，30 (10)：3025-3031.

[15] 杨金，简文星，杨虎锋，等. 三峡库区黄土坡滑坡浸润线动态变化规律研究 [J]. 岩土力学，2012，33 (3)：853-858.

[16] 黄志全，樊柱军，潘向丽，等. 水位变化下膨胀土岸坡渗流场和稳定性分析 [J]. 人民黄河，2012，34 (1)：120-122，125.

[17] 周建烽，王均星，陈炜. 非饱和非稳定渗流作用下边坡稳定的有限元塑性极限分析下限法 [J]. 岩土工程学报，2014，36 (12)：2300-2305.

[18] 王锦国，周云，黄勇. 三峡库区猴子石滑坡地下水动力场分析 [J]. 岩石力学与工程学报，2006 (S1)：2757-2762.

[19] 廖红建，姬建，曾静. 考虑饱和-非饱和渗流作用的土质边坡稳定性分析 [J]. 岩土力学，2008，29 (12)：3229-3234.

[20] HAMMOURI N A，MALKAWI A I H，YAMIN M M A. Stability analysis of slopes using the finite element method and limiting equilibrium approach [J]. Bulletin of Engineering Geology & the Environment，2008，67 (4)：471-478.

[21] SIMONI S, ZANOTTI F, BERTOLDI G, et al. Modelling the probability of occurrence of shallow landslides and channelized debris flows using GEOtop - FS [J]. Hydrological Processes, 2008, 22 (4): 532 - 545.

[22] MUKHLISIN M, KOSUGI T K. Numerical analysis of effective soil porosity and soil thickness effects on slope stability at a hillslope of weathered granitic soil formation [J]. Geosciences Journal, 2008, 12 (4): 401 - 410.

[23] ARNONE E, NOTO L V, LEPORE C, et al. Physically - based and distributed approach to analyze rainfall - triggered landslides at watershed scale [J]. Geomorphology, 2011, 133 (3 - 4): 121 - 131.

[24] LU N, GODT J. Infinite slope stability under steady unsaturated seepage conditions [J]. Water Resources Research, 2008, 44 (11): 63 - 75.

[25] LING H, LING H I. Centrifuge Model Simulations of Rainfall - Induced Slope Instability [J]. Journal of Geotechnical & Geoenvironmental Engineering, 2012, 138 (9): 1151 - 1157.

[26] LANNI C. Hydrological controls on the triggering of shallow landslides: from local to landscape scale [D]. Trento, University of Trento, 2012.

[27] 向杰，唐红梅，陈鑫，等. 库水位升降过程中土质岸坡地下水变化试验分析 [J]. 重庆交通大学学报（自然科学版），2014，33（3）：79－85.

[28] LANE P A, GRIFFITHS D V. Assessment of stability of slopes under drawdown conditions [J]. Journal of Geotechnical and Geoenvironmental Engineering, 2000, 126 (5): 443 - 450.

[29] DESAI C S, REESE L C. Analysis of circular footings on layered soils [J]. Journal of the Soil Mechanics and Foundations Division, 1970, 96 (4): 1289 - 1310.

[30] 丁秀丽，付敬，张奇华. 三峡水库水位涨落条件下奉节南桥头滑坡稳定性分析 [J]. 岩石力学与工程学报，2004（17）：2913－2919.

[31] 刘新喜，夏元友，张显书，等. 库水位下降对滑坡稳定性的影响 [J]. 岩石力学与工程学报，2005（8）：1439－1444.

[32] 郑颖人. 库水作用下的边（滑）坡稳定性分析 [C]//中国水利学会岩土力学专业委员会. 第一届中国水利水电岩土力学与工程学术讨论会论文集（上册），2006：7－11.

[33] 刘红岩，秦四清. 库水位上升条件下边坡渗流场模拟 [J]. 工程地质学报，2007（6）：796－801.

[34] 柳群义，朱自强，何现启，等. 水位涨落对库岸滑坡孔隙水压力影响的非饱和渗流分析 [J]. 岩土力学，2008，29（S1）：85－89.

[35] 郝飞，任光明，蒋权翔. 库水位变化对某电站库岸边坡稳定性的影响 [J]. 山西建筑，2008（33）：19－21.

[36] 谭建民，韩会卿，伏永朋. 库水位升降条件下滑坡的稳定性极小状态——以三峡库区为例 [J]. 工程勘察，2012，40（4）：42－46，54.

[37] 肖先煊，夏克勤，许模，等. 三峡库区某滑坡稳定性模型试验研究 [J]. 工程地质学报，2013，21（1）：45－52.

[38] 彭浩，许模，郭健，等. 水库水位下降速率对滑坡稳定性控制作用研究 [J]. 人民黄河，2013，35（4）：131－134.

[39] 张少琴，向玲，王力. 降雨作用下不同库水位升降速率对某滑坡稳定性的影响 [J]. 浙江水利科技，2014，42（2）：69－72，76.

[40] 刘广润，晏鄂川，练操. 论滑坡分类 [J]. 工程地质学报，2002，10（4）：339－342.

[41] 张倬元，王士天，王兰生，等. 工程地质分析原理 [M]. 北京：地质出版社，2017.

[42] 晏同珍，杨顺安，方云. 滑坡学 [M]. 武汉：中国地质大学出版社，2000.

[43] 崔政权，李宁. 边坡工程——理论与实践最新发展 [M]. 北京：中国水利水电出版社，1999.

[44] 柳侃，吴钦文. 福建省土质滑坡分类探讨 [J]. 探矿工程（岩土钻掘工程），2003（S1）：91-92.

[45] 孙英勋. 滑坡的处治分类与治理模式探讨 [J]. 地质与勘探，2006，42（1）：85-88.

[46] 戴敬儒，周泽平，吴昕. 山丘区工程滑坡分类与灾害防治 [J]. 山地学报，2005，23（6）：709-713.

[47] 谢宝堂. 滑坡的分类与治理探讨 [J]. 中国高新技术企业杂志，2007，42（1）：172-174.

[48] 肖诗荣，胡志宇，卢树盛，等. 三峡库区水库复活型滑坡分类 [J]. 长江科学院院报，2013，30（11）：39-44.

[49] SEMENZA E，GHIROTTI M. History of the 1963 Vaiont slide：the importance of geological factors [J]. Bulletin of Engineering Geology and the Environment，2000，59（2）：87-97.

[50] MÜLLER L. New considerations on the Vaiont slide [J]. Rock Mechanics & Engineering Geology，1968，6（1/2）：4-91.

[51] HENDRON A J，PATTEN F D. The Vaiont Slide [J]. US Corps of Engineers Technical Report GL-85-8，1985.

[52] 金德濂. 水利水电工程边坡的工程地质分类（上）[J]. 西北水电，2000（1）：10-15.

[53] 李季，苏怀智，赵斌. 龙羊峡近坝库岸滑坡成因机理研究 [J]. 水电能源科学，2008（1）：115-118.

[54] FREDLUND D G，HARIANTO R，DMEVICH V，et al. Unsaturated soil consolidation theory and laboratory experimental data [J]. Astm Special Technical Publication，1994（892）：16.

[55] VAN GENUCHTEN M T，NIELSEN D R. On describing and predicting the hydraulic properties [C]//Annales Geophysicae. 1985，3（5）：615-628.

[56] 包承纲. 非饱和土的性状及膨胀土边坡稳定问题 [J]. 岩土工程学报，2004（1）：1-15.

[57] 戚国庆，黄润秋. 土水特征曲线的通用数学模型研究 [J]. 工程地质学报，2004，12（2）：182-186.

[58] 周冬. 应力作用下非饱和土土水特征曲线及渗透性研究 [D]. 西安：西安理工大学，2010.

[59] CHILDS E C，COLLIS-GEORGE N. The permeability of porous materials [J]. Proceedings of the Royal Society of London. Series A. Mathematical and Physical Sciences，1950，201（1066）：392-405.

[60] BURDINE N T. Relative permeability calculations from pore size distribution data [J]. Journal of Petroleum Technology，1953，5（3）：71-78.

[61] MUALEM Y. A new model for predicting the hydraulic conductivity of unsaturated porous media [J]. Water Resources Research，1976，12（3）：513-522.

[62] 丁少林，左昌群，刘代国，等. 非饱和残积土土-水特性研究及基质吸力估算 [J]. 长江科学院院报，2016，33（3）：98-103.

[63] 王靖安. 基于土性参数预测土水特征曲线初探 [D]. 北京：北京交通大学，2009.

[64] 赵丽晓. 土水特征曲线的预测模型研究 [D]. 南京：河海大学，2007.

[65] 毛昶熙. 渗流计算分析与控制 [M]. 北京：水利电力出版社，1988.

[66] SKEMPTON A W，BROGAN J M. Experiments on piping in sandy gravels [J]. Geotechnique，1994，44（3）：449-460.

[67] 黄种为，董兴林. 水库库岸滑坡激起涌浪的试验研究 [C]//中国科学院水利电力部水利水电科学研究院科学研究论文集　第13集（水力学）. 北京：水利电力出版社，1983：157-170.

[68] 刘艺梁. 三峡库区库岸滑坡涌浪灾害研究 [D]. 武汉：中国地质大学，2013.

[69] 汪洋. 水库库岸滑坡速度及其涌浪灾害研究 [D]. 武汉：中国地质大学，2005.

[70] 胡广韬，毛延龙，赵法锁．论基岩滑坡的启程弹冲与行程高速 [J]．灾害学，1992，7 (3)：1-7.

[71] 程谦恭，张倬元，黄润秋．高速远程崩滑动力学的研究现状及发展趋势 [J]．山地学报，2007，25 (1)：13.

[72] 潘家铮．建筑物的抗滑稳定和滑坡分析 [M]．北京：水利出版社，1980.

[73] 董孝璧，王兰生．斜坡破坏后滑体的运动学研究 [J]．地质灾害与环境保护，2000，11 (1)：31-37.

[74] 王思敬，王效宁．根据热释光温度确定滑坡滑动速度的研究 [J]．科学通报，1990，35 (18)：1409-1412.

[75] 王思敬，王效宁．大型高速滑坡的能量分析及其灾害预测 [J]．1987年全国滑坡学术讨论会滑坡论文选集，1989：117-124.

[76] CUNDALL P A. The measurement and analysis of accelerations in rock slopes [D]. London, University of London, 1971.

[77] CUNDALL P A, STRACK O D L. Discussion: a discrete numerical model for granular assemblies [J]. Geotechnique, 1980, 30 (3): 331-336.

[78] 王泳嘉，邢纪波．离散单元法同拉格朗日元法及其在岩土力学中的应用 [J]．岩土力学，1995，16 (2)：1-14.

[79] CUNDALL P A, HART R D. Numerical modelling of discontinua [J]. Engineering Computations, 1992.

[80] CUNDALL P A. UDEC-A Generalised Distinct Element Program for Modelling Jointed Rock [R]. Cundall (Peter) Associates Virginia Water (England), 1980.

[81] NODA E. Water waves generated by landslides [J]. Journal of the Waterways, Harbors and Coastal Engineering Division, 1970, 96 (4): 835-855.

[82] KAMPHUIS J W, BOWERING R J. Impulse waves generated by landslides [J]. Coastal Engineering, 1972, 1 (12): 575-588.

[83] SLINGERLAND R L, VOIGHT B. Occurrences, properties, and predictive models of landslide-generated water waves [J]. Developments in Geotechnical Engineering, 1979 (14): 317-394.

[84] 陈学德．水库滑坡涌浪研究的综合评述 [J]．水电科研与实践，1984，1 (1)：78-96.

[85] 余仁福，杨英群．甘肃东乡洒勒山滑坡简介 [J]．西北水电，1983 (4)：55-59.

[86] 吴其伟，王成华．查纳半成岩巨型滑坡 [C]//中国岩石力学与工程学会地面岩石工程专业委员会，中国地质学会工程地质专业委员会．中国典型滑坡．北京：科学出版社，1986：6.

[87] 郭志明．黄河龙羊峡近坝库岸龙西陡边坡下部坡体失稳分析 [J]．西北水电，1986 (4)：3-8.

[88] 余仁福．黄河龙羊峡工程近坝库岸滑坡涌浪及滑坡预警研究 [J]．水力发电，1995 (3)：14-16，37.

[89] 王领元．丹麦 MIKE11 水动力模块在河网模拟计算中的应用研究 [J]．中国水运（学术版），2007 (2)：108-109.

[90] DE ST VENANT B. Théeorie du mouvement non permanent des eaux, avec application aux crues des rivières et à l'introduntion des marées dans leur lit [J]. Computer Rendus Hebdomadaires des Séances de I'Académie des Science, 1871, 73 (99): 148-154.

[91] DELONG L L. Mass conservation: 1-D open channel flow equations [J]. Journal of Hydraulic Engineering, 1989, 115 (2): 263-269.

[92] 杜志水，王毅．应用 DAMBRK 模型进行溃堰洪水分析计算 [J]．西北水电，2010 (4)：1-4.

[93] 孙汉贤，施嘉斌．DAMBRK 程序用于水电站日调节不稳定流演算的一个实例 [J]．西北水电，1990 (1)：6-14.

[94] 罗琳，郭术芳，黄吉奎．基于 MIKE11 模拟的玉水水库工程溃坝洪水计算及影响分析［J］．陕西水利，2021（11）：61－64．
[95] 马建青，李小林，吴文新，等．孟达天池地学价值分析［J］．青海环境，2009，19（2）：61－63．
[96] 谢任之．溃坝坝址流量计算［J］．水利水运科学研究，1982（1）：46－61．

索 引

《中国水电关键技术丛书》编辑出版人员名单

总 责 任 编 辑：营幼峰
副总责任编辑：黄会明　刘向杰　吴　娟
项 目 负 责 人：刘向杰　冯红春　宋　晓
项 目 组 成 员：王海琴　刘　巍　任书杰　张　晓　邹　静
李丽辉　夏　爽　郝　英　范冬阳　李　哲
石金龙　郭子君

《水库岸坡蠕变机理与灾变效应》

责任编辑：李　哲　冯红春
文字编辑：李　哲
审稿编辑：方　平　孙春亮　冯红春
索引制作：吕庆超
封面设计：芦　博
版式设计：芦　博
责任校对：梁晓静　王凡娥
责任印制：崔志强　焦　岩　冯　强
排　　版：吴建军　孙　静　郭会东　丁英玲　聂彦环

Contents

technology of China.

As same as most developing countries in the world, China is faced with the challenges of the population growth and the unbalanced and inadequate economic and social development on the way of pursuing a better life. The influence of global climate change and extreme weather will further aggravate water shortage, natural disasters and the demand & supply gap. Under such circumstances, the dam and reservoir construction and hydropower development are necessary for both China and the world. It is an indispensable step for economic and social sustainable development.

The hydropower engineering technology is a treasure to both China and the world. I believe the publication of the *Series* will open a door to the experts and professionals of both China and the world to navigate deeper into the hydropower engineering technology of China. With the technology and management achievements shared in the *Series*, emerging countries can learn from the experience, avoid mistakes, and therefore accelerate hydropower development process with fewer risks and realize strategic advancement. The *Series*, hence, provides valuable reference not only to the current and future hydropower development in China but also world developing countries in their exploration of rivers.

As one of the participants in the cause of hydropower development in China, I have witnessed the vigorous development of hydropower industry and the remarkable progress of hydropower technology, and therefore I am truly delighted to see the publication of the *Series*. I hope that the *Series* will play an active role in the international exchanges and cooperation of hydropower engineering technology and contribute to the infrastructure construction of B&R countries. I hope the *Series* will further promote the progress of hydropower engineering and management technology. I would also like to express my sincere gratitude to the professionals dedicated to the development of Chinese hydropower technological development and the writers, reviewers and editors of the *Series*.

Ma Hongqi

Academician of Chinese Academy of Engineering

October, 2019

river cascades and water resources and hydropower potential. 3) To develop complete hydropower investment and construction management system with the aim of speeding up project development. 4) To persist in achieving technological breakthroughs and resolutions to construction challenges and project risks. 5) To involve and listen to the voices of different parties and balance their benefits by adequate resettlement and ecological protection.

With the support of H. E. Mr. Wang Shucheng and H. E. Mr. Zhang Jiyao, the former leaders of the Ministry of Water Resources, China Society for Hydropower Engineering, Chinese National Committee on Large Dams, China Renewable Energy Engineering Institute, and China Water & Power Press in 2016 jointly initiated preparation and publication of *China Hydropower Engineering Technology Series* (hereinafter referred to as "the *Series*"). This work was warmly supported by hundreds of experienced hydropower practitioners, discipline leaders, and directors in charge of technologies, dedicated their precious research and practice experience and completed the mission with great passion and unrelenting efforts. With meticulous topic selection, elaborate compilation, and careful reviews, the volumes of the *Series* was finally published one after another.

Entering 21st century, China continues to lead in world hydropower development. The hydropower engineering technology with Chinese characteristics will hold an outstanding position in the world. This is the reason for the preparation of the *Series*. The *Series* illustrates the achievements of hydropower development in China in the past 30 years and a large number of R&D results and projects practices, covering the latest technological progress. The *Series* has following characteristics. 1) It makes a complete and systematic summary of the technologies, providing not only historical comparisons but also international analysis. 2) It is concrete and practical, incorporating diverse disciplines and rich content from the theories, methods, and technical roadmaps and engineering measures. 3) It focuses on innovations, elaborating the key technological difficulties in an in-depth manner based on the specific project conditions and background and distinguishing the optimal technical options. 4) It lists out a number of hydropower project cases in China and relevant technical parameters, providing a remarkable reference. 5) It has distinctive Chinese characteristics, implementing scientific development outlook and offering most recent up-to-date development concepts and practices of hydropower

General Preface

China has witnessed remarkable development and world-known achievements in hydropower development over the past 70 years, especially the 4 decades after Reform and Opening-up. There were a number of high dams and large reservoirs put into operation, showcasing the new breakthroughs and progress of hydropower engineering technology. Many nations worldwide played important roles in the development of hydropower engineering technology, while China, emerging after Europe, America, and other developed western countries, has risen to become the leader of world hydropower engineering technology in the 21st century.

By the end of 2018, there were about 98,000 reservoirs in China, with a total storage volume of 900 billion m^3 and a total installed hydropower capacity of 350GW. China has the largest number of dams and also of high dams in the world. There are nearly 1000 dams with the height above 60m, 223 high dams above 100m, and 23 ultra high dams above 200m. There are also 4 mega-scale hydropower stations with an individual installed capacity above 10GW, such as Three Gorges Hydropower Station, which has an installed capacity of 22.5 GW, the largest in the world. Hydropower development in China has been endeavoring to support national economic development and social demand. It is guided by strategic planning and technological innovation and aims to promote project construction with the application of R&D achievements. A number of tough challenges have been conquered in project construction and management, realizing safe and green development. Hydropower projects in China have played an irreplaceable role in the governance of major rivers and flood control. They have brought tremendous social benefits and played an important role in energy security and eco-environmental protection.

Referring to the successful hydropower development experience of China, I think the following aspects are particularly worth mentioning. 1) To constantly coordinate the demand and the market with the view to serve the national and regional economic and social development. 2) To make sound planning of the

Informative Abstract

This book is one of *China Hydropower Engineering Technology Series* funded by the National Publication Foundation. Taking the slope engineering of large-scale reservoirs at Longyangxia, Laxiwa, Lijiaxia, Gongboxia, and Jishixia hydropower stations on the upstream of the Yellow River as typical cases, it systematically introduces the creep deformation mechanism and catastrophic impacts of reservoir bank slopes. The book consists of seven chapters. The first chapter briefly introduces the cases of bank instability and the current research status at home and abroad. The second and third chapters classify and analyze the creep failure modes and deformation mechanisms of bank landslides from a geological perspective. The fourth chapter focuses on the failure modes and formation mechanisms of bank collapse during reservoir impoundment. The fifth and sixth chapters introduce the distribution patterns of the saturation line and stability analysis methods during drawdown of the reservoir water level. The seventh chapter focuses on the study of the swell and river blockage catastrophic effects caused by bank landslides.

This book can be used as a reference for researchers, designers, construction technicians, and relevant university teachers and students in large-scale water conservancy and hydropower project. The relevant research results can also serve industries and fields such as highways, railways, factories and mines, towns, docks, as well as land, agriculture, and forestry along the reservoir banks.

China Hydropower Engineering Technology Series 

Creep Deformation Mechanism and Catastrophic Impacts of Reservoir Bank Slope

Shi Li　Zhao Zhixiang　Lyu Qingchao　Tu Guoxiang　et al.

中国水利水电出版社
China Water & Power Press
· Beijing ·